全国水利行业“十三五”规划教材（职业技术教育）
中国水利教育协会策划组织

水泵与水泵站

（修订版）

主　编　王建军
副主编　张振旭　张　鹏　张云清
　　　　刘甘华　潘永胆
主　审　高秀清

黄河水利出版社
·郑州·

内 容 提 要

本书是全国水利行业“十三五”规划教材，是根据中国水利教育协会职业技术教育分会高等职业教育教学研究会制定的水泵与水泵站课程标准编写完成的。本书共分十一个项目，主要内容包括绪论、水泵的基本知识、叶片泵工作点的确定与调节、水泵的选型和安装高程的确定、泵站工程规划、泵站进出水建筑物、泵房设计、其他类型的水泵及泵站、泵站施工、泵站运行与管理、泵站设计实例等内容。

本书可供高职高专水利工程、水利水电工程专业教学使用，也可供水利类相关专业教学使用及相关专业工程技术人员学习参考。

图书在版编目(CIP)数据

水泵与水泵站/王建军主编.—郑州：黄河水利出版社，2020.5 （2025.1 修订版重印）

全国水利行业“十三五”规划教材.职业技术教育

ISBN 978-7-5509-0935-9

Ⅰ.①水… Ⅱ.①王… Ⅲ.①水泵-高等职业教育-教材②泵站-高等职业教育-教材 Ⅳ.①TV675

中国版本图书馆 CIP 数据核字(2019)第 273209 号

出版顾问：王路平 电话：13623813888 E-mail：hhslwlp@163.com

组稿编辑：田丽萍 0371-66025553 912810592@qq.com

出 版 社：黄河水利出版社 网址：www.yrcp.com

地址：河南省郑州市顺河路黄委会综合楼 14 层 邮政编码：450003

发行单位：黄河水利出版社

发行部电话：0371-66026940、66020550、66028024、66022620(传真)

E-mail：hhslcbs@126.com

承印单位：河南承创印务有限公司

开本：787 mm×1 092 mm 1/16

印张：13.75

字数：320 千字 印数：7 001—10 000

版次：2020 年 5 月第 1 版 印次：2025 年 1 月第 4 次印刷

2025 年 1 月修订版

定价：42.00 元

前　言

本书是贯彻落实《国家中长期教育改革和发展规划纲要(2010~2020年)》、《国务院关于加快发展现代职业教育的决定》(国发〔2014〕19号)、《现代职业教育体系建设规划(2014~2020年)》和《水利部 教育部关于进一步推进水利职业教育改革发展的意见》(水人事〔2013〕121号)等文件精神,依据中国水利教育协会水教协〔2016〕16号文《关于公布全国水利行业"十三五"规划教材名单的通知》,在中国水利教育协会精心组织和指导下,由中国水利教育协会职业技术教育分会组织编写的全国水利行业"十三五"规划教材。教材以学生能力培养为主线,具有鲜明的时代特点,体现了实用性、实践性、创新性的特色,是一套水利高职教育精品规划教材。

为了不断提高教材质量,编者于2025年1月,根据近年来国家及行业最新颁布的规范、标准、规定等,以及在教学实践中发现的问题和错误,对全书进行了修订完善。

本书力求突出高等职业教育教材的特点,从培养高素质技能型人才的目标出发,按照教学设计要求,着重于教材的实用性和实践性。教材内容紧密结合水利、水电工程实际,突出专业技术应用,注意反映本领域的新技术、新工艺、新方法和新规范。为适应现代高职教学改革要求,本书按照"项目导向"安排教材内容,结构合理,语言简练,力求使教学目标明确,任务清楚;书中编入了大量的插图、例题、工程实例、复习思考题,以便于学生对教材内容的理解和掌握。

本书编写人员及编写分工如下:项目一、项目三、项目八由河南水利与环境职业学院王建军编写,项目二由长江工程职业技术学院潘永胆编写,项目四、项目五由湖北水利水电职业技术学院张振旭编写,项目六由安徽水利水电职业技术学院刘甘华编写,项目七、项目十一由山东水利职业学院张云清编写,项目九、项目十由广东水利电力职业技术学院张鹏编写。本书由王建军担任主编并负责全书统稿;由张振旭、张鹏、张云清、刘甘华、潘永胆担任副主编;由北京农业职业学院高秀清担任主审。

本书在编写过程中,得到了各院校的专家、教授以及黄河水利出版社的支持、帮助,同时,参考了不少相关资料、著作、教材,对提供帮助的同仁及资料、著作、教材的作者,在此一并致以诚挚的谢意!

由于编者水平有限,书中难免存在错漏和不足之处,恳请广大师生及专家、读者批评指正。

编　者

2025年1月

目 录

项目一　绪　论

任务一　水泵与水泵站的初步认识

【学习目标】1. 理解水泵与水泵站的定义。
2. 认识水泵与水泵站的类型。

一、水泵与水泵机组

（一）水泵的定义与分类

1. 水泵的定义

泵是一种通用机械，它把动力机的机械能或其他形式的能量传递给所输送的液体，并使其能量（位能、动能和压能）增加，从而将液体提升或输送到所需之处。通常把输送水或给水增加能量的泵称为水泵。

2. 水泵的分类

水泵的品种繁多，结构各异，对其分类的方法也各不相同。农用水泵一般按其构造和工作原理的不同分为三大类：叶片式泵、容积式泵和其他类型泵。

1）叶片式泵

叶片式泵是通过水泵叶轮的旋转把机械能传递给水体的，由于其工作体是由若干弯曲状叶片组成的一个叶轮，故称为叶片式泵，简称叶片泵。叶片泵按其工作原理和结构的不同，可分为离心泵、轴流泵和混流泵三种。

（1）离心泵。是利用叶轮高速旋转时产生的惯性离心力来工作的泵。它的特点是高扬程、小流量，因而获得广泛应用。离心泵按照泵轴的装置方式可分为卧式泵和立式泵；按照水流进入叶轮的方式可分为单吸泵和双吸泵；按照轴上安装叶轮的个数可分为单级泵和多级泵。图 1-1 和图 1-2 为常见的单级单吸离心泵和单级双吸离心泵。

（2）轴流泵。是利用叶轮旋转时对水体产生的轴向推力工作的水泵。它的特点是流量较大，扬程较低（大都在 10 m 以下），多用于低扬程、大流量的提水场合。轴流泵按照泵轴的装置方式可分为立式、卧式和斜式三种；按照叶片固定方式的不同，可分为固定式、半调节式和全调节式。

（3）混流泵。是利用叶轮高速旋转时产生的离心力和轴向推力的双重作用来工作的水泵。混流泵的适用范围介于离心泵和轴流泵之间，按照其结构形式可分为蜗壳式和导叶式两种。

2）容积式泵

容积式泵是利用工作室容积的周期性变化输送液体的。按照工作室容积改变方式的

图 1-1 卧式单级单吸离心泵

图 1-2 卧式单级双吸离心泵

不同,容积式泵可分为往复式泵和回转式泵两种。

(1)往复式泵。是利用柱塞在泵缸内做往复运动来改变工作室容积而输送水体的,手压井就是一种往复式泵。

(2)回转式泵。是利用转子做回转运动来改变工作室容积而输送水体的,常见的回转式泵有螺杆泵、齿轮泵等。

3)其他类型泵

其他类型泵是指除叶片式泵和容积式泵以外的水泵,在灌排泵站中有射流泵、水锤泵、气升泵(又称空气扬水机)、螺旋泵、内燃泵等。

在上述三种类型的泵中,容积式泵和其他类型泵只适用于某些特定场合,远不如叶片式泵使用广泛,叶片式泵覆盖了从低扬程到高扬程、从小流量到大流量的广阔区间。叶片式泵还具有效率高、成本低、适用性强等特点,是目前我国农田排灌、城乡给排水、跨流域调水等广泛采用的泵型。

3. 水泵的型号

水泵的种类繁多、规格各异,为了方便识别和选用,有关部门对不同类型的水泵,根据其用途、尺寸、结构及性能等不同情况,分别编制了相应的型号。国产水泵的型号大部分按汉语拼音等编制,型号通常分首、中、尾三部分。现将几类常用水泵的型号说明如下。

IS50 - 32 - 125:IS 表示单级单吸离心泵,50 表示水泵进口直径为 50 mm,32 表示水泵出口直径为 32 mm,125 表示叶轮名义直径为 125 mm 。

20Sh - 13:20 表示水泵进口直径为 20 英寸(1 英寸 = 25.4 mm,下同),Sh 表示单级双吸卧式离心泵,13 表示该泵的比转数为 130。

150D - 30 × 10 :150 表示水泵进口直径为 150 mm, D 表示分段多级式离心泵,30 表示单级叶轮额定扬程为 30 m,10 表示泵的级数为 10 级。

300HW - 7:300 表示水泵进出口直径为 300 mm,HW 表示卧式蜗壳式混流泵,7 表示水泵扬程为 7 m。

14ZLB - 4:14 表示水泵出口直径为 14 英寸,ZLB 表示立式半调节轴流泵,4 表示水泵扬程为 4 m。

100JC10 - 3.8 × 13:100 表示适用的最小井径为 100 mm,JC 表示长轴深井泵,10 表示额定流量为 10 m^3/h,3.8 表示单级扬程为 3.8 m,13 表示叶轮级数为 13 级。

200QJ30 - 72/6:200 表示适用的最小井径为 200 mm,QJ 表示井用潜水泵,30 表示额定流量为 30 m^3/h,72 表示扬程为 72 m,6 表示叶轮级数为 6 级。

(二)水泵机组

水泵机组也称抽水机组,由水泵、动力机和传动设备组成。

水泵是转换、传递能量的机械,自己不能产生能量,单独一个水泵无法工作,它必须和动力机组成水泵机组才能运转。水泵机组要和进出水管路、管路附件、进出水池组成水泵装置才能发挥水泵的抽水作用。

图 1-3 和图 1-4 为常见的卧式和立式离心泵机组。

图 1-3　卧式双吸离心泵机组

图 1-4　立式单级离心泵机组

二、水泵站

水泵站是由水泵机组、进出水管路及管路附件、进出水建筑物、泵房及输配电系统等组成的多功能、多目标的综合水利枢纽。水泵站是水利工程的重要组成部分,广泛应用于工业、农业、城镇给排水及跨流域调水等国民经济各个行业。

图 1-5 为灌溉水泵站的图片。

图 1-5　灌溉水泵站

为满足国民经济各个行业不同的生产要求，水泵站有多种形式和规模。水泵站按照其功能可分为供水泵站、排水泵站、加压泵站、调水泵站、抽水蓄能泵站等；按照其所使用的水泵的类型可分为离心泵站、轴流泵站、混流泵站、潜水泵站、井泵站等；按照其所使用的动力可分为电力泵站、机动泵站、水轮泵站、太阳能泵站等。

为农业生产服务的泵站，按照其工程用途可分为灌溉泵站、排水泵站、排灌结合泵站；按照其规模的大小可分为大、中、小型泵站。

灌溉排水泵站分等指标如表1-1所示。

表1-1 灌溉排水泵站分等指标

泵站等别	泵站规模	分等指标	
		装机流量(m^3/s)	装机功率(万kW)
Ⅰ	大(1)型	≥200	≥3
Ⅱ	大(2)型	50~200	1~3
Ⅲ	中型	10~50	0.1~1
Ⅳ	小(1)型	2~10	0.1~0.01
Ⅴ	小(2)型	<2	<0.01

任务二 水泵及水泵站在经济建设中的作用

【学习目标】1. 了解水泵与水泵站在经济建设中的作用。
2. 了解我国水泵与水泵站发展概况及趋势。

一、水泵与水泵站在经济建设中的作用

水利是农业的命脉，水泵站是农业水利工程的重要组成部分，水泵是除电动机以外使用范围最广泛的机械，国民经济的各个部门都要使用水泵。水泵与水泵站在发展工农业生产、提高现代化的物质文化生活水平和保障人民群众生命财产安全方面都有着其他机械无法替代的重要作用。

(一)水泵与水泵站在农业生产中的作用

水泵站提水灌溉农作物是直接为农业生产服务的。我国地域辽阔，气候跨度比较大，降雨在时空及地域上分布都不均。南方地区降水量较大，但多集中在夏季，冬春季节降雨较少，不能满足南方地区主要农作物(水稻、油菜等)的生长要求，需要用水泵站从江、河、湖泊抽水灌溉农田。西北地区冬春旱情较重，水源也十分缺乏，更需要用水泵站解决农作物灌溉用水问题。“堤防保命、泵站保收”是干旱地区对水泵站重要地位的形象描述。

节水灌溉技术很好地解决了干旱缺水地区的农业用水问题，不仅能节省水资源、提高粮食产量，而且能实现农田灌水的自动化控制，有利于大力发展现代化农业。水泵站是喷灌、微喷灌、滴灌等节水灌溉系统的核心，是节水灌溉系统的首部控制工程，离开了水泵站，整个系统将无法运行。

在防洪和排涝方面,水泵站还承担区域性排水任务,包括低洼农田的排水和低洼地区村镇的排水。在沿江、滨湖、河网圩区,许多地方的地势较低,暴雨季节积水不能自流外排,很容易被淹,需要用水泵站提水排涝,使农田和村镇免除洪涝灾害。个别地区田间的地下水位较高,需要用水泵站抽水降低地下水位,以利于农作物生长。

(二)水泵与水泵站在工业生产中的作用

工业生产要消耗大量的水,如造纸、纺织、印染、食品加工、制药、电力等行业都是用水大户,都需要水泵站为其提供生产用水。

在火电生产中,由水泵向锅炉供水,锅炉产生水蒸气推动汽轮机旋转并带动发电机发电。汽轮机排出的废汽被冷却塔冷凝成水,由水泵将冷凝水压入锅炉进行再次循环,冷却塔用的循环冷却水也由水泵提供。

在化工生产中,不管是工艺流程中的工艺用水,还是化工液体的输送,都是利用水泵(包括化工用水泵)来实现的。水泵被誉为化工生产工艺流程的心脏,许多先进的生产工艺都离不了水泵。

在矿业生产中,矿井的井底排水、水力掘进、水力采矿、水力输送等任务都需要水泵及水泵站来完成。在矿业生产中,水泵还担负着一项更艰巨的任务——矿山抢险,及时排除矿井冒水险情,确保工作人员人身安全和生产安全。

随着工业生产的自动化、现代化程度的提高,工业生产也越来越依赖水泵与水泵站,水泵与水泵站在现代工业生产中具有非常重要的作用。

(三)水泵与水泵站在城乡给排水中的作用

给排水工程是城乡不可缺少的基础设施,是城乡居民生活和发展生产的可靠保证。水泵站是城乡给水排水工程中的重要组成部分,是保证给排水系统正常运行的核心部分。

在遍布全国城乡的自来水供应系统中,给水系统利用取水泵站从水源地取水输送到水处理厂,净化后的清水再由送水泵站送到城乡的各个用水单位。城乡排出的生活污水和生产废水,经排水管(渠)汇集后由排水泵站将其输送至污水处理厂,经过处理达到排放标准的污水由另一个排水泵站提排或自排到江河湖田中去。大中型城市都设有雨水泵站,城区的降雨先由雨水管网汇集,再由雨水泵站提升外排。

随着我国城镇化建设的大力推进,以及城乡建设水平和人民生活水平的不断提高,城乡用水和排水量越来越大,城乡防洪减灾越来越离不开水泵站,水泵与水泵站的作用也越来越重要。

(四)水泵与水泵站在跨区域调水中的作用

我国水资源的分布呈现以下主要特点:

(1)总量并不丰富,人均占有量更低。中国水资源总量居世界第6位,人均占有量为2 240 m^3,约为世界人均的1/4,在世界银行集团统计的153个国家中居第88位。

(2)地区分布不均,水土资源不相匹配。长江流域及其以南地区国土面积只占全国的36.5%,其水资源量占全国的81%;淮河流域及其以北地区国土面积占全国的63.5%,其水资源量仅占全国水资源总量的19%。

(3)年内年际分配不均,旱涝灾害频繁。大部分地区年内连续4个月降水量占全年的70%以上,连续丰水或连续枯水较为常见。

为解决缺水地区工农业生产和城乡居民生活用水问题，国家和地方政府兴建了许多跨地区、跨流域调水工程，水泵与水泵站在调水工程中发挥着重要作用。

引滦入津工程是我国大型供水工程，它将河北省境内的滦河水跨流域引入天津市。工程自大黑汀水库开始，通过输水干渠经迁西、遵化进入天津市蓟县于桥水库，再经宝坻区至宜兴埠泵站，全长 234 km。工程包括河道整治、进水闸枢纽、平原水库、输水渠（管）、供电工程、通信工程、水厂、提升泵站和加压泵站等，采用 5 级提水，全线共兴建大型泵站 4 座，安装大型水泵 27 台，年输水量约 10 亿 m^3，最大输水能力达 60 ~ 100 m^3/s。引滦入津工程建成通水一举结束了天津人民喝咸水、苦水的历史，并为新建企业提供了可靠水源，加速了工业发展，改善了投资环境，成为天津经济和社会发展赖以生存的“生命线”。

南水北调东线工程是我国建设的跨世纪水利工程，是南水北调总体布局中的重要组成部分。工程从江苏省扬州附近的长江干流引水，利用京杭大运河以及与其平行的河道输水，连通洪泽湖、骆马湖、南四湖、东平湖，并作为调蓄水库，经泵站逐级提水进入东平湖后，分水两路。一路向北穿黄河后自流到天津，从长江到天津北大港水库输水主干线长约 1 156 km；另一路向东经新辟的胶东地区输水干线接引黄济青渠道，向胶东地区供水。图 1-6 为南水北调工程线路图。

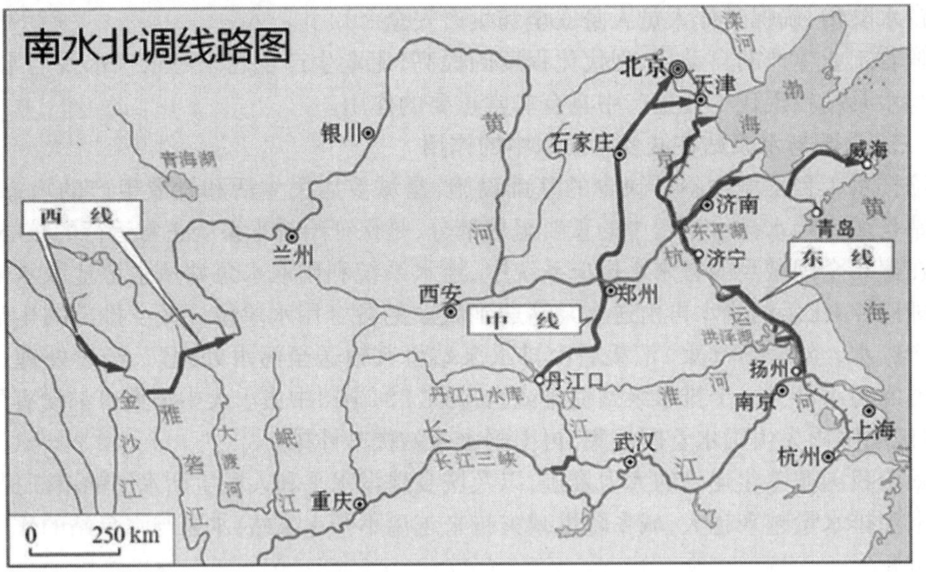

图 1-6　南水北调工程线路图

南水北调东线工程所处地区的地势高低起伏较大，沿渠线的地势及其水面变化如图 1-7所示。

为了顺利地将长江水调往北方，我国创造了世界上规模最大的泵站群工程——东线泵站群工程。南水北调东线一期工程输水干线长 1 467 km，全线共设立 13 个梯级泵站，共 22 处枢纽、34 座泵站，总扬程 65 m，总装机台数 160 台，总装机容量 36.62 万 kW，总装机流量 4 447.6 m^3/s，具有规模大、泵型多、扬程低、流量大、年利用小时数高等特点。南水北调东线工程的建设，将极大地促进地区经济发展和社会进步，有效扼制生态环境不断恶化的状况，提高人民生活质量。

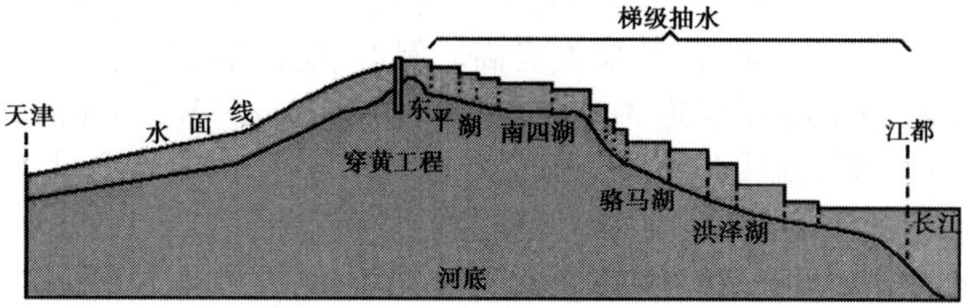

图 1-7　南水北调东线地势及水面变化示意图

二、我国水泵与水泵站发展概况及趋势

（一）我国水泵与水泵站的发展概况

我国水泵的生产经历了从无到有，从简单仿制到开发研制的过程。我国提水机具的发展可以追溯到公元前 17 至前 16 世纪，春秋时期制造了符合绞盘原理的辘轳，东汉时期发明了水车、水排，隋代发明了筒车，元代开始使用畜力带动翻车，明末制造出了构造比较复杂的斗子水车——八卦水车。

我国利用现代提水机械是在 1909 年，江苏武进县第一次使用现代水泵进行排水。1915 年厚生制造厂生产出了我国第一台水泵，1924 年在江苏武进县修建了我国第一座电力泵站，安装了一台口径 150 mm 的离心泵。目前，我国已经生产出来数量众多的系列化、标准化、通用化的水泵，产品有 100 多个系列数千种规格，包括离心泵、混流泵、轴流泵、潜水电泵、深井泵、水轮泵等。水泵的进出口直经从 32 mm 到 6 m，流量从 3 m^3/h 到 100 m^3/h，扬程从 1.5 m 到 600 m，深井泵提水扬程可达 400 m 以上，能够满足各行各业的不同用水要求。

我国水泵站建设的特点是发展速度快、类型多、规模大、范围广。中华人民共和国成立后，我国机电灌排事业获得了快速发展，水泵与水泵站在社会主义经济建设中得到了广泛应用。到 2008 年，全国机电灌排装机容量 4 200 多万 kW，其中固定机电灌排泵站装机容量 2 400 多万 kW，共有灌排泵站 44 万多处，有效灌排面积 2.3 亿多亩（1 亩 = 1/15 hm^2，下同），约占全国机电灌排总面积的 41.0%。

小型泵站大多分布在平原河网、圩垸等多水源地区，如长江三角洲、珠江三角洲等河网密布地区。这些地区水源丰富，水源水位变幅不大，兴建了许多安装低扬程轴流泵的小型泵站。华北、西北等地区地表水源较少，常用井泵抽取地下水灌溉农田和向城乡供水，井泵站多集中在这些地区，井泵站的规模也都不大。

大型排灌泵站的建设始于 20 世纪 60 年代初期，如江苏的江都排灌站、湖北的黄山头泵站、安徽的驷马山泵站和山西省夹马口电灌站等陆续建成。其中，江都排灌站是我国建设最早、规模最大的综合利用泵站工程，它是由 4 座大型泵站和 10 余座船闸、节制闸组成的联合运行水利枢纽。江都排灌站共安装大型轴流泵 33 台，总装机容量 49 800 kW，设计流量达 473 m^3/s，发挥着灌溉、防洪、排涝、发电、供水、航运等多种作用，现已成为南水北调东线工程的起点泵站。这些早期建成的泵站，在防御旱涝灾害、确保粮食高产稳产及促进经济发展中取得了十分显著的成效。

20 世纪 70 年代至 80 年代初期，是我国大型泵站建设快速发展时期，大型水泵制造技术和泵站设计建设水平都有了很大提高。例如，陕西的东雷提黄工程，设计流量 60 m^3/s，8 级提水，累计净扬程达 311 m，总装机容量 12 万 kW；湖北的樊口泵站，装有 4 000 mm 口径的大型轴流泵 4 台，泵站设计流量 214 m^3/s，总装机容量 2.4 万 kW，排涝控制面积 47 万亩，灌溉受益面积 20 万亩；甘肃的景泰二期工程，设计提水流量 18 m^3/s，灌溉面积 52.05 万亩，分 19 级提水，总扬程 721.88 m，共设泵站 30 座，装机 204 台套，总装机容量达 18.09 万 kW。另外，还有天津的引滦入津调水工程、江苏的皂河泵站、山西的尊村抽黄工程、湖北的新滩口泵站、宁夏的固海扬水工程、山东的引黄济青工程等都是这个时期的水利建设成果，从工程设计、施工安装到设备的设计制造、通信调度等方面都采用了一些先进技术。例如，江苏淮安二站安装了国内最大叶轮的轴流泵，叶轮直径 4.5 m，单泵流量 60 m^3/s，配套功率 5 000 kW；江苏皂河泵站安装的混流泵，叶轮直径 6.0 m，单泵流量 97.5 m^3/s，配套功率 7 000 kW；陕西东雷抽黄灌溉工程二级站，安装了单机功率最大的离心泵，最大单机容量 8 000 kW，单泵扬程 225 m。

20 世纪 80 年代以来，我国的泵站建设在工程规模、质量及功能等方面都得到了提高和发展。江苏省为解决苏北里下河地区、苏北灌溉总渠、大运河的灌溉、航运水源和排涝，并结合南水北调东线工程兴建了一批大型泵站。例如，泰州高港站，安装立式轴流泵 9 台，设计流量 300 m^3/s，1999 年建成；淮安三站，位于淮安市南郊苏北灌溉总渠与京杭大运河交汇处，与淮安一、二站一起共同构成江水北调第二级泵站，于 1997 年 6 月建成，安装可逆式灯泡型贯流泵 2 台套，设计总流量 66 m^3/s；宝应泵站，是南水北调东线工程第一梯级泵站的组成部分，于 2005 年建成，安装了叶轮直径为 3.2 m 的立轴导叶式混流泵 4 台，设计流量 200 m^3/s，总装机容量 1.36 万 kW。另外，为了提引长江水灌溉和提排太湖地区涝水，于 1998 年 12 月建成了常熟水泵站。该站与节制闸组成常熟枢纽，共安装 9 台轴流泵，设计总流量 180 m^3/s。该站为闸站结合式工程，两侧为节制闸，中间为抽水站，采用双层矩形开敞式流道，可实现双向运用，提引长江水灌溉和提排太湖地区涝水，并可利用下层流道自流引水排水，具有泄洪、排涝、引水等综合功能。

20 世纪 90 年代以来，广东珠江三角洲各地区建设了一批适应当地特点的低扬程大中型立式、斜轴式和卧式排水泵站。例如，中山市于 2001 年建成并投入运行的东河泵站，安装叶轮直径 3.25 m 的立式轴流泵 6 台，总装机容量达 1.08 万 kW，泵站设计扬程 2.4 m，最大扬程 2.93 m，设计总排涝流量 273 m^3/s；1997 年建成的顺德桂畔海泵站，安装叶轮直径为 2.1 m 的斜轴式轴流泵 4 台，单泵设计流量 17 m^3/s，配套电机功率 630 kW，总装机容量 2 520 kW，泵站设计扬程 2.69 m，总排水流量 68 m^3/s。另外，早期建设的灌排泵站严重老化问题逐渐得到各级政府部门的重视，国家投入大量资金对 1 700 多座大型灌排泵站进行了工程技术改造，使这些老泵站的技术装备水平有了很大提高，灌排效益更加显著。

经过多年的努力，全国目前已有 450 多处大型泵站，装机总功率近 600 万 kW。大型灌排泵站分布比较集中的地区主要有长江中下游地区、黄河上游地区、东北地区，已初步形成了以大型泵站为骨干，重点中型泵站为主体，小型泵站为补充的灌溉、排涝工程体系。我国机电排灌事业的发展，特别是大型泵站和跨流域调水泵站的发展，有力地提高了各地抗御自然灾害的能力,彻底解决了缺水地区工农业生产及城乡居民用水问题,促进了国民经济的快速、稳定发展。

随着计算机技术与信息技术的不断发展,我国泵站工程中采用计算机进行控制与保护越来越普及,自动控制系统的开发与研究也进入了一个全新的阶段。东深供水改造工程中,计算机监控系统综合应用自动控制技术、计算机和lP技术及通信技术,构成了大型跨流域梯级调水工程的分层分布式和开放式的监控系统。同时,该计算机监控系统对不同的现场总线技术进行集成,实现了众多设备现场数据采集的全面数字化。

(二)我国水泵与水泵站的发展趋势

我国的机电排灌工程在数量上居于世界首位,在工程规模上也已接近国际先进水平,但是,水泵与水泵站在技术水平、工程质量、工程管理以及经济效益指标等方面与国际先进水平相比,许多方面有待完善和提高,还有较大的发展空间。我国水泵与水泵站总的发展趋势如下。

(1)为降低泵站建设投资,大型水泵正在向着高转速、小体积、大流量、高扬程及运行稳定性增强的方向发展。

(2)为便于水泵的生产和选型配套,水泵产品向着系列化、通用化、标准化方向发展。

(3)泵站应用范围日益扩大。除农业灌溉排水、城乡给排水和城镇热网供水外,泵站正在越来越广泛地用于石油、煤炭、化工、火电生产等领域。

(4)泵站的功能多样化。新建泵站工程一般是服务多目标的,如兼顾工业和城镇生活供水、兼顾灌溉与排涝、兼顾调水与灌溉等,这样可以充分发挥泵站工程的效益。

(5)泵站规模在逐渐增大。大型泵站越来越多,一方面向着高扬程发展,如锅炉给水和长距离管道输水工程;另一方面向着低扬程、大流量发展,如南水北调工程。

(6)调水泵站逐渐增多。随着我国水资源紧缺的加剧,兴建跨流域、跨地区的调水工程逐渐成为我国水泵站的发展趋势。

(7)更加注重泵站工程投资效益。泵站工程建设越来越注重工程的投入产出,运用系统工程的观点和方法,优化工程投资、运行费用和工程效益之间的关系,从而使泵站的建设及管理水平更高。

(8)泵站的安全可靠要求更高。随着多级泵站提水、跨流域长距离调水、抗洪抢险以及工业工艺流程的需要,对水泵站的安全可靠性的要求也越来越高,泵站工程的安全性、可靠性及安全防护措施已引起人们的普遍重视。

(9)泵站的自动化水平在逐渐提高。泵站自动化的主要内容包括巡回检测、自动记录、事故报警和优化控制等,我国很重视这方面的研究,已有不少泵站实现了自动控制。

任务三　本课程的学习任务与要求

【学习目标】 1. 明确本课程的学习任务。
2. 明确本课程的学习要求。

本课程的学习任务是使学生掌握水泵与水泵站的基础理论知识和生产实践技能,具备中小型水泵站的规划、设计、安装、运行、管理等方面的基本知识，能从事水利工程中的中小型水泵站的施工安装、运行管理和维护等工作。

本课程的学习要求如下：

(1)掌握本专业常用水泵的分类、构造、工作原理、工作特性、调节等基本知识。

(2)具备中小型水泵站的施工安装、运行管理、维护等方面的知识。

(3)能正确地选择水泵机组，合理地组合水泵装置。

(4)认识水泵站施工图纸，具有中小型水泵站设计的初步能力。

(5)能胜任水利工程中中小型水泵站的规划、设计工作。

项目小结

本项目设置了三项任务，主要讲述了水泵与水泵站的初步知识。

水泵是一种通用水利机械，用于提升、输送水体或给水体加压。水泵有多种类型、多种规格，广泛应用于工农业生产、城乡给排水及消防救灾等许多领域，在我国经济建设中发挥着重要作用。水泵站是水泵的工作场所，是由水泵机组、进出水管路及管路附件、进出水建筑物、泵房及输配电系统等组成的多功能、多目标的综合水利枢纽。水泵站有多种类型，其规模和组成也有明显区别。

我国水泵与水泵站的发展经历了由无到有、由简单仿制到开发设计的过程，种类越来越多，适用范围越来越广，生产、建设的质量越来越高。

本课程的学习任务是使学生掌握水泵与水泵站的基础理论知识和生产实践技能，能从事水利工程中的中小型水泵站的施工安装、运行管理和维护等工作。

复习思考题

1.什么是水泵？水泵如何分类？

2.简述水泵型号的意义。

3.什么是水泵机组？什么是水泵装置？

4.什么是水泵站？水泵站有哪些种类？

5.水泵站的规模如何划分？

6.水泵与水泵站有哪些重要作用？

7.我国水泵与水泵站的发展有哪些特点？

项目二　水泵的基本知识

任务一　叶片泵的工作原理和构造

【学习目标】1. 熟悉常用水泵的类型、构造、工作原理。
2. 掌握水泵的性能及抽水装置的基本组成。

由项目一可知，农田排灌及城乡给排水常用水泵分三类，即叶片式泵、容积式泵和其他类型泵。叶片式泵是应用最为广泛的一种泵，按照其工作原理和结构不同，叶片式泵又分为离心泵、混流泵和轴流泵。

一、离心泵

（一）离心泵的工作原理

离心泵是利用叶轮旋转而使水产生离心力来工作的，如图 2-1 所示。

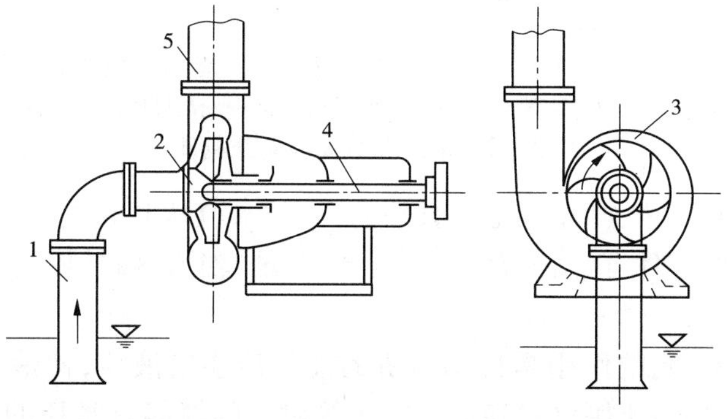

1—进水管；2—叶轮；3—泵体；4—泵轴；5—出水管

图 2-1　离心泵工作原理示意图

离心泵在启动前，应先将泵壳和进水管灌满水，或用真空泵抽气充水。当动力机带动叶轮旋转时，叶片拖带泵壳内水体做旋转运动。水在离心力的作用下甩向叶轮外缘，并汇集到泵壳内。由于泵体的断面逐步增大，水流速度减慢，压力增加，于是有压水沿出水管输送出去。叶轮内的水被甩出后，在叶轮进口处形成负压或真空，而作用于水源水面上的压力为一个大气压，所以水源的水就通过进水管吸进了叶轮。叶轮连续地旋转，水就不断地被甩出叶轮，又不断地被补充，这样连续不断地把水排出去又吸上来，这就是离心泵的工作原理。

（二）离心泵的构造

离心泵的类型很多，型号及规格各异，但其主要零件组成基本相同。下面简略介绍单级单吸离心泵、单级双吸离心泵和单吸多级离心泵的构造。

1. 单级单吸离心泵

单级单吸离心泵常为卧式，其结构组成如图 2-2 所示。

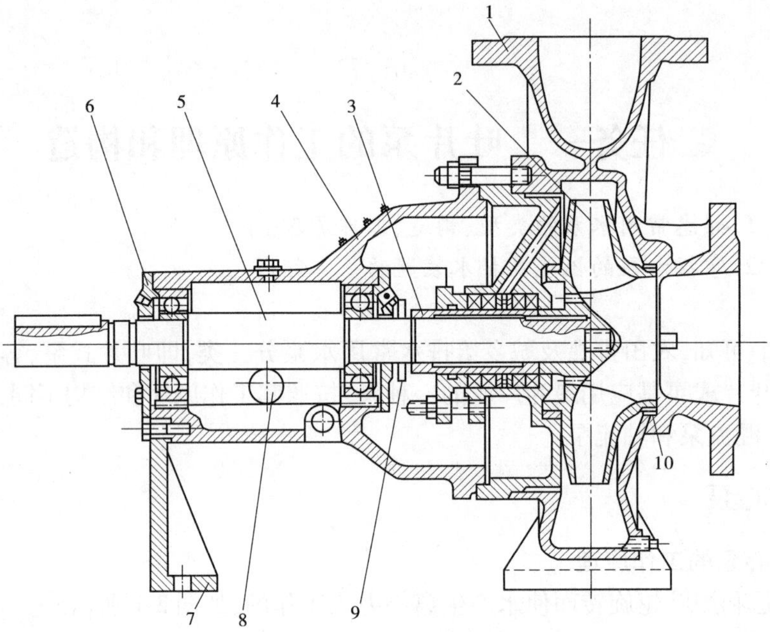

1—泵体；2—叶轮；3—轴套；4—轴承体；5—轴；6—轴承端盖；
7—支架；8—油标；9—挡水圈；10—密封环

图 2-2　单级单吸离心泵结构图

这种泵叶轮只有一个，叶轮固定在泵轴的一端，水流从叶轮的一侧吸入，泵的进出水口互相垂直。其主要零件有叶轮、泵壳、密封环、泵轴、轴承、轴封装置等。

1）叶轮

叶轮是泵的核心，它的作用是将动力机的能量传递给液体，使液体的能量增加。所以，它的几何形状、尺寸、所用材料和加工工艺等对泵的性能有密切的关系。单吸离心泵的叶轮单边进水，其形式可分为封闭式、半开式和开敞式三种，如图 2-3 所示。

农用单级单吸离心泵一般采用封闭式叶轮，它由前盖板、叶片、后盖板和轮毂组成，如图 2-4 所示。其前后盖板间一般有 4 ~ 12 片向后弯曲的叶片，叶片和盖板的内壁构成了叶槽。叶轮前盖板中间有一个进水口，水从进水口吸入，流过叶槽后再从叶轮四周甩出，水在叶轮中的流动方向是轴向进水、径向出水。叶轮应具有高强度、抗腐蚀、抗冲刷的能力，因此制造叶轮的材料一般为铸铁、铸钢、青铜等。

2）泵壳

泵壳由进水接管、壳体和出水接管三部分组成。进水接管是一段渐缩管，其作用是把水流平顺、均匀地引向叶轮。壳体为一断面逐渐增大的螺旋形流道，外形像蜗牛壳，故又称蜗壳。其作用是汇集从叶轮甩出的水流并借助其过水断面的逐渐增大保持蜗壳中水流速度基本不变。出水接管为一扩散锥管，其作用是使水流流速逐渐减小，从而将水流的部

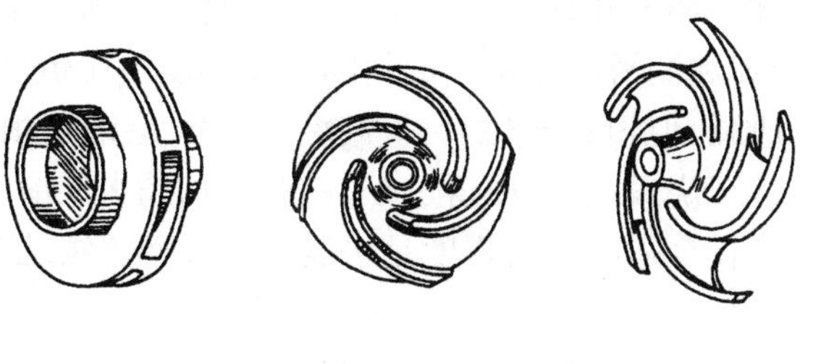

(a)封闭式　(b)半开式　(c)开敞式

图 2-3　离心泵叶轮

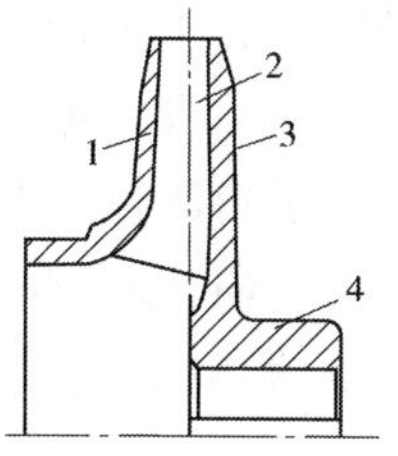

1—前盖板;2—叶片;3—后盖板;4—轮毂

图 2-4　封闭式叶轮

分动能转化为压能。

泵壳的进出水接管上各有一螺孔,用以安装测量水泵进出口压力的真空表和压力表。泵壳顶部设有灌水孔或抽气孔,以便在水泵启动前向泵中充水、排气;泵壳底部设有放水孔,用以停泵后或检修时放空泵中积水。

3)密封环

叶轮进口外缘与泵盖内缘之间留有间隙,若此间隙过大,则泵体内的高压水就会通过此间隙漏回到叶轮进水侧,从而减少泵的出水量,降低水泵的效率;若间隙过小,则叶轮转动时就会和泵盖发生摩擦,引起机械磨损。为了能减少漏损和磨损,又使磨损后便于修复或更换,在泵盖上或泵盖和叶轮上分别镶装一铸铁圆环。由于此环既可减少漏水,又能承受磨损,且位于水泵叶轮进口,故称密封环,又称减漏环、承磨环、口环等。

4)泵轴

泵轴是用来带动叶轮旋转的,作用是传递动力。泵轴为受扭、受弯构件,故要有足够的抗扭、抗弯强度及刚度,其挠度不得超过允许值。泵轴常用优质碳素钢和不锈钢制造。叶轮用平键连于泵轴的一端,因这种键只能传递扭矩,而不能固定叶轮的轴向位置,所以一般用轴套和反向螺母来固定。采用反向螺母,可以使螺母随轴旋转时处于拧紧状态。

5)轴承

轴承用以支承转动部分的重量并承受泵运行时的径向力和轴向力。根据轴承结构的不同,可分为滚珠轴承和滑动轴承两种,单级单吸式离心泵一般采用滚动轴承。滚动轴承又分为滚珠轴承和滚柱轴承,一般荷载小的采用滚珠轴承,荷载大的采用滚柱轴承。滑动轴承常用于大中型水泵(一般泵轴直径大于 75 mm),有的用青铜和具有巴士合金衬里的铸铁等金属材料制造,也有的用橡胶、合成树脂、石墨等非金属材料制造。前者用油润滑,后者用水润滑和冷却。按荷载特性又可分为径向轴承(只承受径向荷载)和止推轴承(只承受轴向荷载),以及同时承受径向荷载和轴向荷载的径向止推轴承。

6)轴封装置

在泵轴穿过泵体处,为了防止高压水通过该处的间隙向外大量流出和空气进入泵内,必须设置轴封装置。填料函就是水泵常用的一种轴封装置,如图 2-5 所示。它由水封环、水封管、填料、填料压盖等组成。

填料又名盘根,常用石棉绳编制并用黄油浸透,外表涂以石墨粉,具有耐磨、耐高温和略有弹性等特点。填料压盖通常用铸铁制造,套在轴上填料的前端,用来阻挡和压紧填料。水封环套装于泵轴上，位于填料中部。环上开有若干小孔，泵内的高压水通过水封管进入这些小孔并渗入填料，起着水封、冷却和润滑的作用。填料的压紧程度用压盖上的螺丝来调节。填料压得过紧，虽然可减少泄漏，但填料与轴套的摩擦力增大，会缩短填料和轴套的使用寿命，会使填料和轴套发热甚至烧毁；填料压得过松，则会增加漏水或漏气，降低泵的效率，影响泵的吸水性能。一般比较合适的压紧程度是水能一滴一滴连续地漏出。

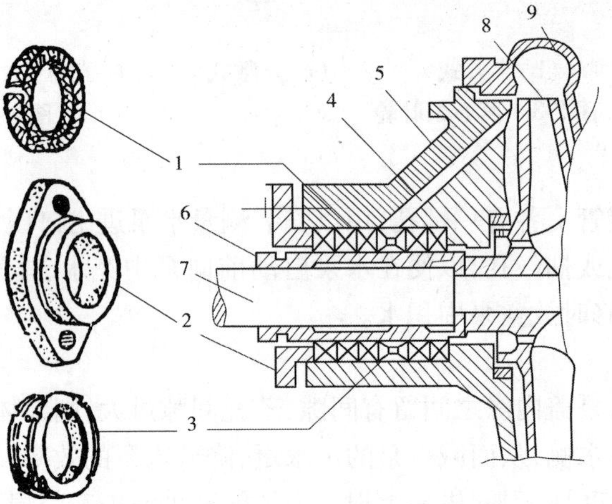

1—填料；2—填料压盖；3—水封环；4—水封管；
5—泵盖；6—轴套；7—泵轴；8—叶轮；9—泵壳

图 2-5 离心泵的填料密封

填料密封结构简单，工作可靠，但填料使用寿命不长。当泵抽送的介质为高温、高压，或泵轴转速过高时，不宜采用此种轴封装置，而应采用机械密封、橡胶密封等其他轴封装置。

单级单吸离心泵的特点是扬程较高，流量较小；结构简单，维修容易；体积小，质量轻，移动方便；泵的出水口方向可根据使用要求做 90°、180°及 270°的调整。目前，该产品有 IS、IB 等系列，其转速有 1 450 r/min、2 900 r/min 两种，流量为 6.3 ~ 400 m^3/h，扬程为 5 ~ 125 m。它适用于丘陵山区的一些小型灌区的农田灌溉及城乡供水等。

2. 单级双吸离心泵

单级双吸离心泵结构图如图 2-6 所示。其主要零件与单级单吸离心泵基本相似，但结构组成有所不同。双吸离心泵的泵壳由泵体、泵盖组成，且水平中开；泵轴两端用轴承支撑，泵轴穿出泵体两端装有两套填料密封装置；叶轮形状是对称的，水从两面进入叶轮；双吸泵在泵体与叶轮外缘的两个结合处装有两个密封环，水泵的进水口与出水口水流方向一致，都是水平方向。

单级双吸离心泵的特点是流量较大，扬程较高，运转平稳，安装维修方便。我国常用的单级双吸离心泵，其进口直径为 150 ~ 400 mm，扬程为 12 ~ 125 m，流量为 162 ~ 18 000 m^3/h。单级双吸离心泵广泛应用于丘陵区较大面积的农田灌溉和城乡供水。

3. 单吸多级离心泵

单吸多级离心泵分为 DA、D 等型，图 2-7 为 D 型多级离心泵结构图。它是将若干个单吸式叶轮装在一根轴上串联而成的，水流经过多个叶轮的加能获得了较多的能量，可以

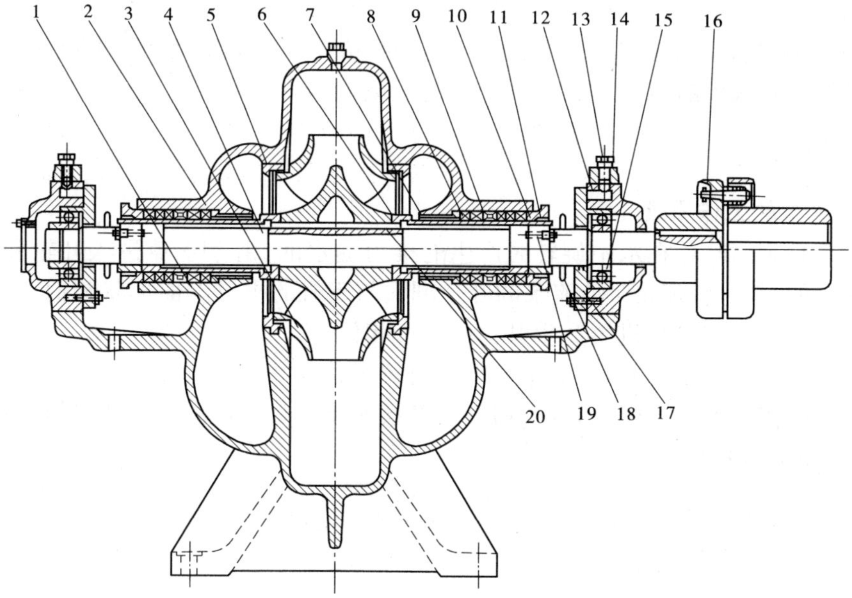

1—泵体；2—泵盖；3—叶轮；4—泵轴；5—双吸减漏环；6—轴套；7—填料套；8—填料；9—填料环；10—压盖；11—轴套螺母；12—轴承体；13—固定螺钉；14—轴承体压盖；15—单列向心球轴承；16—联轴器；17—轴承端盖；18—挡水圈；19—螺柱；20—键

图 2-6 单级双吸离心泵结构图

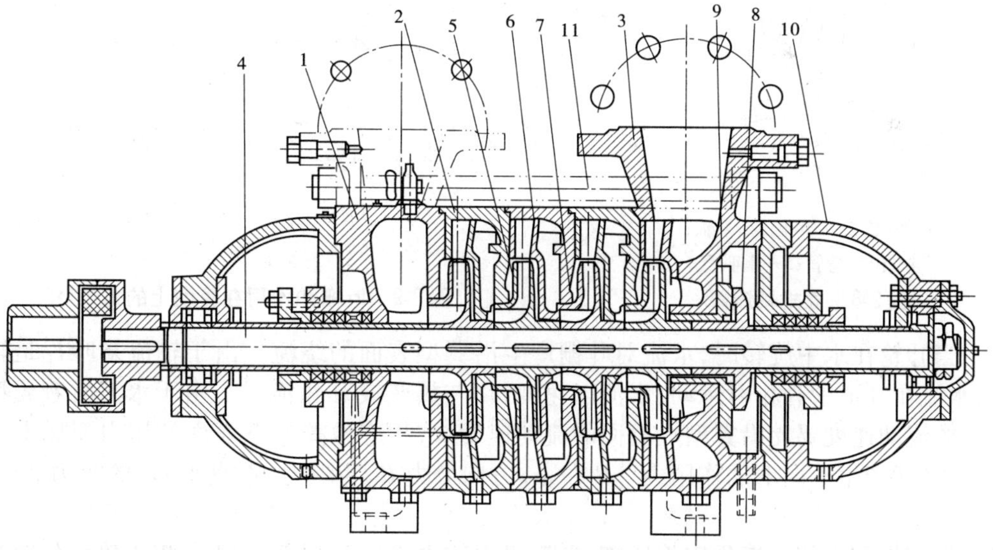

1—吸入段；2—中段；3—压出段；4—轴；5—叶轮；6—导叶；7—密封环；8—平衡盘；9—平衡圈；10—轴承部件；11—穿杠

图 2-7 D 型多级离心泵结构图

达到很高的扬程。泵壳连接方式为分段式，泵壳分进水段、中段和出水段，用长螺栓将各段连成整体。与单级离心泵相比，多级离心泵增加了导流装置（导叶）和轴力平衡装置

(平衡盘)。

常用D型多级离心泵的流量为3.75～1 100 m^3/h，扬程为54～1 050 m。它适用于山区人畜供水和农田灌溉。

二、轴流泵

(一)水泵的工作原理

轴流泵是利用叶轮在水中旋转时产生的推力提水的，由于水流进入叶轮和流出导叶都是沿轴向的，故称轴流泵。轴流泵的叶片剖面与飞机的机翼剖面形状相似，叶片对水产生轴向推力的原理与飞机机翼产生升力的原理相仿。

轴流泵叶轮上常安装有4～6个类似于机翼形状的叶片，如图2-8所示。如果用同轴圆柱面切割轴流泵叶轮，并将得到的截面展开成平面，就得到等距离排列的一系列翼型，称为叶栅，如图2-9所示。

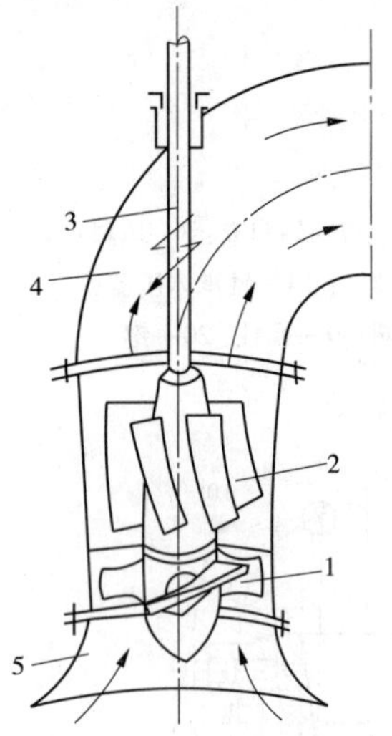

1—叶轮；2—导叶；3—泵轴；
4—出水弯管；5—喇叭管

图2-8 立式轴流泵

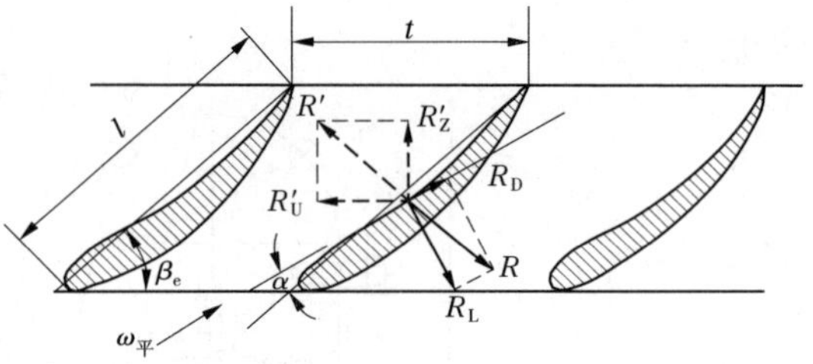

图2-9 叶栅和作用在翼型上的力

当叶轮在水中旋转时，水流对叶栅产生沿翼型表面的绕流。由于轴流泵叶片是转动的，水流在叶道中为相对运动，水流以速度$\omega_{平}$与翼弦成α角流过。由于水流沿着翼型下表面的流动速度要比沿翼型上表面的流动速度快，相应地翼型下表面的压力要比上表面小，所以就产生了向下的作用力。R在$\omega_{平}$方向分力R_D为阻力，垂直于$\omega_{平}$的分力R_L为升力。

根据作用力等于反作用力原理，翼型对水流也产生一个反作用力R'。R'可分解为沿轴向的分力R'_Z和垂直于轴向的分力R'_U，前者使水流沿轴向上升，后者使水流绕泵轴旋转。为了消除水流的旋转运动，并使水流的一部分动能转变为压能，在叶轮后设有导叶，把斜向流向整理成轴向，使水流平顺地进入出水弯管。

(二)轴流泵的构造

轴流泵按泵轴的安装方式分为立式、卧式和斜式三种，它们的结构基本相同。生产中使用较多的是立式轴流泵，如图 2-8 所示。其主要零部件有喇叭管、叶轮、导叶体、出水弯管、泵轴、轴承和填料函等。

1. 喇叭管

喇叭管为中小型立式轴流泵的吸水室，为一流线型呈喇叭状的进水管。它的作用是把水以最小的损失均匀地引向叶轮，其进口直径为叶轮直径的 1.5 倍左右，用铸铁制造。

2. 叶轮

轴流泵的叶轮是开敞式的，通常由叶片、轮毂、导水锥等组成。其叶片一般为 4～6 片，呈扭曲形，安装在轮毂体上。按叶片在轮毂上的固定方式分为固定式、半调节式和全调节式三种。叶片的材料要求能抗腐蚀、抗汽蚀，一般采用优质铸铁或铸钢制造，大型泵多采用铸钢制造。

3. 导叶体和出水弯管

导叶体为轴流泵的压水室，它由导叶、导叶毂和泵外壳组成，用铸铁制造。导叶体的主要作用是将从叶轮流出的水流的旋转运动变为轴向运动，并使流速逐渐降低，从而将部分动能转化为压能。导叶一般有 6～12 片，固定于导叶毂和外壳上，外壳呈倒圆锥状。

进入导叶的水流经导叶后转为轴向出流，从导叶流出的水流经过一段直锥管进入出水弯管。出水弯管一般由铸铁制造，转弯角度一般为 60°。

4. 轴和轴承

泵轴是传递扭矩的，一般用优质碳素钢制成。中小型立式轴流泵采用实心泵轴，大型全调节式轴流泵采用空心轴，以便于在空管内安装叶片的调节装置。

轴流泵的轴承有两种：一种是导轴承，另一种是推力轴承。导轴承主要用于承受径向力，起径向支承定位作用。中小型立式轴流泵多采用水润滑的橡胶导轴承，上、下各设置一个。在上导轴承处设有引水管，用于在水泵启动前向该轴承体内加注清水进行润滑，以免干转烧坏橡胶轴承，待水泵启动出水后，停止供润滑清水。推力轴承一般设于电动机机座处，主要作用是承受水流作用在叶片上的轴向压力以及水泵、电动机转动部件的重量，维持转子的轴向位置，并将全部轴向力传到电机梁上。

5. 填料函

轴流泵的填料函位于出水弯管泵的轴孔处。其构造与离心泵的填料函相似，只是没有水封管和水封环，泵内压力水可直接进入填料中进行润滑和冷却。

轴流泵的特点是大流量、低扬程，适用于圩区和平原地区的灌溉与排涝。常用型号为 ZLB 型和 ZLQ 型，其性能范围是：流量 464～7 020 m^3/h，扬程 1.17～9.36 m。

三、混流泵

（一）混流泵的工作原理

混流泵是介于离心泵和轴流泵之间的一种泵，它是靠叶轮旋转而使水产生的离心力和叶片对水产生的推力双重作用而工作的。

（二）混流泵的构造

混流泵按其结构特点可分为蜗壳式和导叶式两种。蜗壳式混流泵又有卧式和立式之分，中小型混流泵多为卧式，大型混流泵常为立式。卧式蜗壳式混流泵的结构与单级单吸离心泵相似，如图 2-10 所示。但是，其叶轮形状不同，混流泵叶片出口边是倾斜的，叶片数较少，流道宽阔，如图 2-11 所示。水流通过该叶轮是轴向流进、斜向流出。此外，同口径混流泵的蜗壳比离心泵要大。

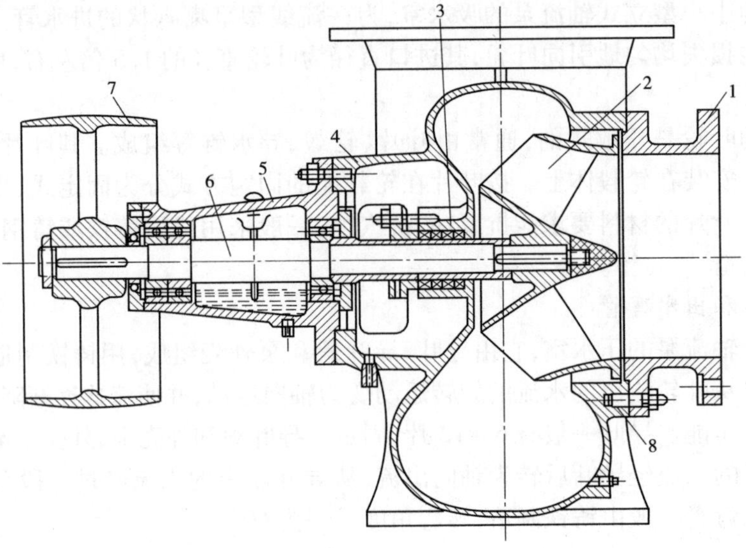

1—泵盖；2—叶轮；3—填料；4—蜗形体；5—轴承体；
6—泵轴；7—带轮；8—双头螺丝

图 2-10 卧式蜗壳式混流泵结构图

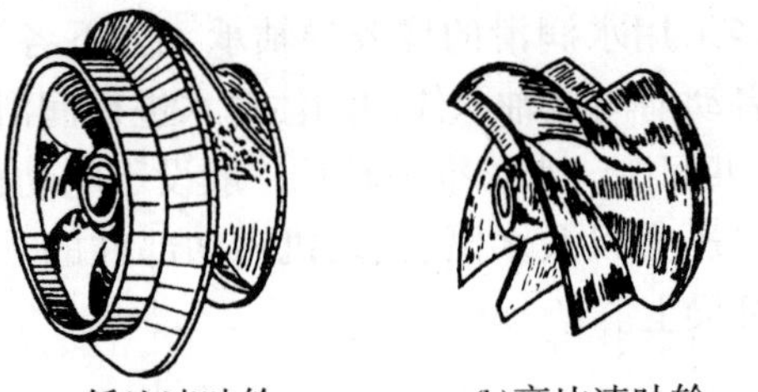

(a)低比速叶轮 (b)高比速叶轮

图 2-11 混流泵叶轮

导叶式混流泵有立式和卧式两种，其结构与轴流泵相似。按其叶片角度调节方式又可分为固定式、半调节式与全调节式。

混流泵兼有离心泵和轴流泵的优点，是一种较为理想的泵型。其流量、扬程介于离心泵和轴流泵之间，广泛用于平原地区、圩区，以及丘陵山区的灌溉与排涝。目前，我国生产的中小型蜗壳式混流泵的扬程为 3～20 m、流量为 50～4 500 m^3/h，导叶式混流泵的扬程为 3～25 m、流量为 45～8 000 m^3/h。

任务二 抽水装置及抽水过程

【学习目标】 1. 理解叶片泵抽水装置组成。

2. 理解叶片泵抽水装置的抽水过程。

由水泵、动力机、传动设备、管路与管路附件，以及进、出水池所组成的抽水总体，统称为抽水装置，也称水泵装置。水泵只有在抽水装置中才能发挥其抽水作用。

一、离心泵抽水装置及抽水过程

图 2-12 为卧式离心泵抽水装置示意图。水泵安装在进水池水面之上,水泵的动力机为电动机,机组采用联轴器传动。抽水装置的管路系统由进水管、出水管、底阀、闸阀、逆止阀或拍门,以及弯管、渐变接管和测量仪表等组成。

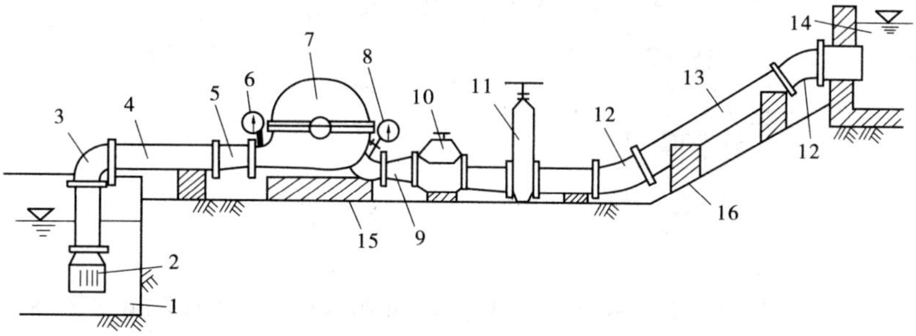

1—进水池;2—滤网与底阀;3—90°弯头;4—进水管;5—偏心渐缩接管;6—真空表;7—水泵;8—压力表;9—正心渐扩接管;10—缓闭逆止阀;11—闸阀;12—任意弯头;13—出水管;14—出水池;15—水泵基础;16—支墩

图 2-12 卧式离心泵抽水装置示意图

离心泵抽水装置管路系统各部分的作用如下:

(1)滤网与底阀。采用人工灌水时,在进水管口装有底阀,用以防止水流回进水池。底阀为单向阀,在水泵充水排气后泵启动,阀门向上推开,开始吸水,底部有滤网。因底阀水头损失大,对于吸入口径大于 300 mm 的离心泵不宜用底阀,而用真空泵抽气充水。

(2)管道。包括进水管和出水管,是用以输送水流的设备。

(3)渐变接管。用以改变管中流速,连接两个不同管径的管道,又分为渐缩管和渐扩管。

(4)弯管。用以改变水流的方向,如 90°弯管(弯头),可把水流从垂直方向改变为水平方向。

(5)闸阀。一般安装于出水管路上,其作用主要是:抽真空时关闭闸阀,隔绝外界空气;关闭阀启动时,降低启动功率;关阀停机或检修,截断水流;对于小型抽水装置,用来调节水泵的流量与功率。

(6)逆止阀。安装在出水管路上,其作用是事故停机时自动关闭,截断出水管中水,防止倒流,防止机组反转。实际生产中,低扬程泵站可不装逆止阀,而在出水管口安装拍门等,用来防止出水池水倒流;对于高扬程的泵站,目前多用缓闭逆止阀。

(7)测量仪表。包括真空表和压力表,分别安装在水泵进口和出口法兰处,用以量测水泵进口处水流的真空度和水泵出口处水流的压力。

水泵启动前,先将泵壳和进水管内充满水;水泵运行时,动力机通过传动设备带动水泵旋转;进水池的水经进水管吸入泵内,从叶轮甩出的水经出水管流入出水池。

二、轴流泵抽水装置及抽水过程

图 2-13 是小型立式轴流泵抽水装置示意图。抽水装置由轴流泵、电动机、联轴器、传

动轴、出水管、弯管、拍门及进出水池组成。

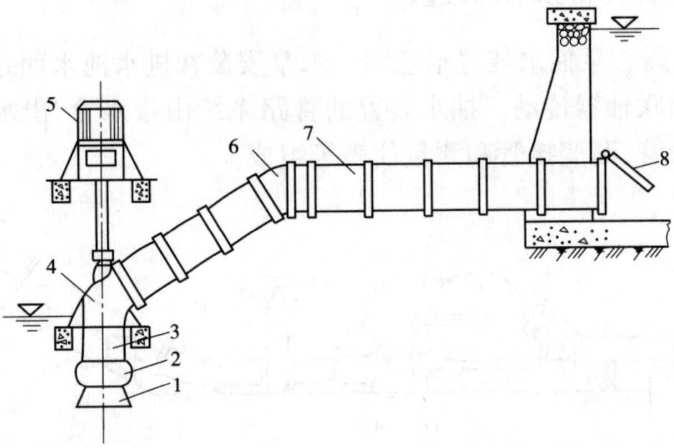

1—喇叭管；2—叶轮；3—导叶体；4—出水弯管；5—电动机；6—45°弯头；7—出水管；8—拍门

图 2-13 小型立式轴流泵抽水装置示意图

水泵叶轮安装在进水池水面以下，启动前无须排气引水，直接启动机组即可。装置运行时，动力机带动叶轮在水中旋转，进水池的水从喇叭管进入叶轮后，经导叶体、出水弯管和出水管流入出水池。轴流泵不允许关闸启动，所以出水管路上不设置闸阀。为防止停泵时水倒流，在出水管出口设置拍门。

蜗壳式混流泵抽水装置与离心泵抽水装置的组成基本相同，但其管路附件相对比较简单。当采用真空泵抽气启动时，一般不用底阀、闸阀和逆止阀，仅在出水管出口处设置拍门。立式导叶式混流泵抽水装置与小型立式轴流泵抽水装置的组成基本相同。

任务三 叶片泵的基本性能参数

【学习目标】 1. 掌握叶片泵的基本性能参数。

2. 理解叶片泵基本性能参数

叶片泵的基本性能参数包括流量、扬程、功率、效率、转速、允许吸上真空高度或允许汽蚀余量。它们是表示水泵的工作状况和能力大小的一组变量，现分述如下。

一、流量

流量是指水泵在单位时间内能抽送多少体积或质量的水，用符号 Q 表示，常用的单位是 m^3/s、L/s 和 m^3/h。

水泵铭牌上的流量是该水泵的设计流量，又称额定流量，水泵在此流量下运行效率最高。

二、扬程

扬程又称压头，是指被抽送的单位重量水体从水泵进口到出口增加的能量。用 H 表示,单位为"m 水柱高",简写成"m"。

图 2-14 为卧式离心泵抽水装置简图。若以水泵轴线为基准面,则水泵进口断面上单位重量水体的能量为

$$E_1 = z_1 + \frac{p_1}{\gamma} + \frac{v_1^2}{2g} \tag{2-1}$$

水泵出口断面上单位重量水体的能量为

$$E_2 = z_2 + \frac{p_2}{\gamma} + \frac{v_2^2}{2g} \tag{2-2}$$

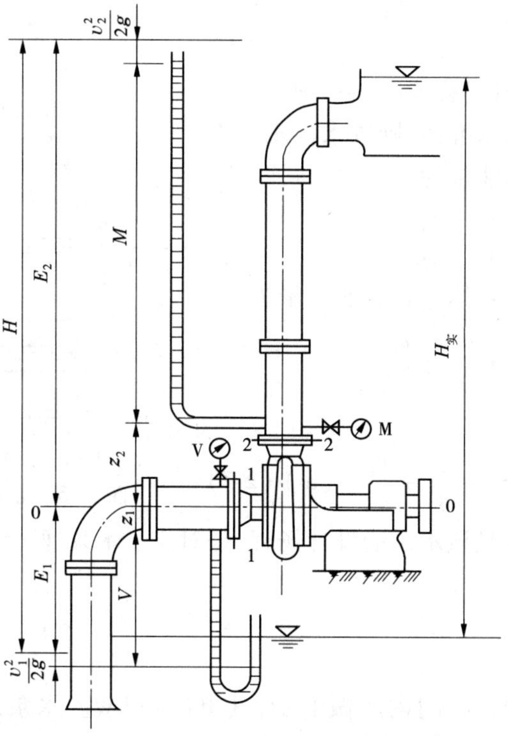

1—1 进口断面;2—2 出口断面;

图 2-14 卧式离心泵抽水装置简图

根据水泵扬程的定义,水泵的扬程为

$$H = E_2 - E_1 = z_2 - z_1 + \frac{p_2 - p_1}{\gamma} + \frac{v_2^2 - v_1^2}{2g} \quad (\text{m}) \tag{2-3}$$

式中 z_1、z_2——泵进口和测压点到基准面的高差,m,高于基准面为正值,低于基准面为负值;

$\frac{p_1}{\gamma}$、$\frac{p_2}{\gamma}$——泵进口和出口测压点的绝对压强水头,m;

$\frac{v_1^2}{2g}$、$\frac{v_2^2}{2g}$——泵进口、出口断面的流速水头,m。

水泵上的真空表、压力表的读数是相对压力,它与绝对压力的关系为

$$\frac{p_1}{\gamma}=\frac{p_a}{\gamma}-\frac{V}{\gamma} \tag{2-4}$$

$$\frac{p_2}{\gamma}=\frac{p_a}{\gamma}+\frac{M}{\gamma} \tag{2-5}$$

式中 p_a——大气压强,kPa;

γ——液体的容重,kN/m³。

将式(2-4)、式(2-5)代入式(2-3)得到:

$$H=z_2-z_1+\frac{M+V}{\gamma}+\frac{v_2^2-v_1^2}{2g}\quad(\mathrm{m}) \tag{2-6}$$

对于立式轴流泵,其扬程如图 2-15 所示。

若以进水池水面为基准面,则进水池水面上单位重量水体所具有的能量为

$$E_1=\frac{p_a}{\gamma}+\frac{v_1^2}{2g}$$

出口断面单位重量水体所具有的能量为

$$E_2=z_2+\frac{p_2}{\gamma}+\frac{v_2^2}{2g}$$

则水泵的扬程为

$$H=E_2-E_1=z_2+\frac{M}{\gamma}+\frac{v_2^2}{2g}\quad(\mathrm{m}) \tag{2-7}$$

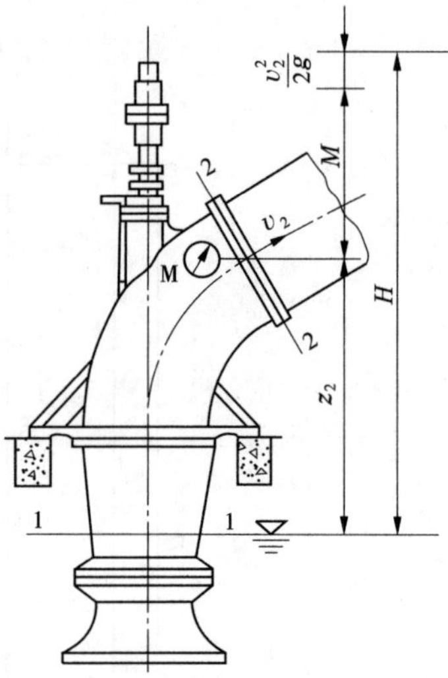

1—1 进口断面;2—2 出口断面;

图 2-15 立式轴流泵扬程示意图

水泵铭牌上的扬程是该水泵的设计扬程,是对应于水泵通过设计流量时的扬程,又称额定扬程。

三、功率

功率是指水泵在单位时间内所做的功,其单位是 kW。水泵的功率包括有效功率和轴功率。

(一)有效功率

有效功率是指水泵传递给所抽送水体的功率,又称输出功率,用 P_e 表示。

$$P_e=\gamma QH\quad(\mathrm{kW}) \tag{2-8}$$

式中 γ——水的容重,kN/m³;

Q——水泵流量,m³/s;

H——水泵扬程,m。

(二)轴功率

轴功率是指泵轴得到的功率,又称输入功率,用 P 表示。水泵铭牌上的轴功率是对应于水泵通过设计流量时的轴功率,也称额定功率。

四、效率

水泵的效率是其有效功率与轴功率之比,它反映水泵对能量的有效利用程度,用 η 表

示。其表达式为

$$\eta = \frac{P_e}{P} \times 100\% = \frac{\gamma QH}{P} \times 100\% \qquad (2\text{-}9)$$

水体流经水泵时，有多种能量损失，如机械损失、水力损失和容积损失，所以水泵的效率普遍不高。

五、转速

转速是指泵轴每分钟旋转的周数，用 n 表示，单位是 r/min。水泵铭牌上的转速是其设计转速，也称额定转速。转速是水泵的重要性能参数，当转速变化时，水泵的其他参数将随之发生变化。我国生产的水泵常用的转速有 2 900 r/min、1 450 r/min、970 r/min、730 r/min、485 r/min 等。

六、允许吸上真空高度或允许汽蚀余量

允许吸上真空高度或允许汽蚀余量是反映叶片泵汽蚀性能好坏的参数，用来合理确定泵的安装高程。常用 H_s 或 $(NPSH)_r$ 表示，单位是 m。有关内容将在后面的项目中介绍。

任务四　叶片泵的基本性能曲线

【学习目标】1. 掌握叶片泵的基本性能曲线。
2. 理解叶片泵基本性能曲线的意义。

叶片泵的基本性能参数反映叶片泵的工作特征和能力。叶片泵的基本性能参数不是孤立的，它们之间相互联系、相互制约，有着内在的必然联系。参数的联系及变化有一定的规律，可以用一组曲线来表示，这组曲线就是叶片泵的性能曲线。

按照内容和形式的不同，可将叶片泵的性能曲线分为基本性能曲线、相对性能曲线、综合性能曲线、通用性能曲线等几种，这里只对生产中常用的基本性能曲线加以介绍。

叶片泵的基本性能曲线包括 Q—H、Q—P、Q—η 和 Q—H_s 或 Q—$(NPSH)_r$ 四条，离心泵、轴流泵和混流泵的基本性能曲线各有特点，如图 2-16 ~ 图 2-18 所示。

一、离心泵、轴流泵及混流泵的流量与扬程曲线

由图 2-16 ~ 图 2-18 可知，三种泵的扬程曲线都是下降曲线，水泵的转速保持稳定不变，其扬程随着流量的增加而逐渐减小。离心泵的扬程曲线下降较平缓，轴流泵的扬程曲线下降较陡，混流泵的扬程曲线介于离心泵与轴流泵之间。当轴流泵的流量为零时，其扬程最高，约为设计扬程的 2 倍；流量达到设计流量的 40% ~ 60% 时，扬程曲线呈马鞍形，这是一段不稳定工作区域，使用时应避开。

二、离心泵、轴流泵、混流泵的流量与功率曲线

由图 2-16 ~ 图 2-18 可知，离心泵的功率曲线是一条上升曲线，功率随水泵流量的增

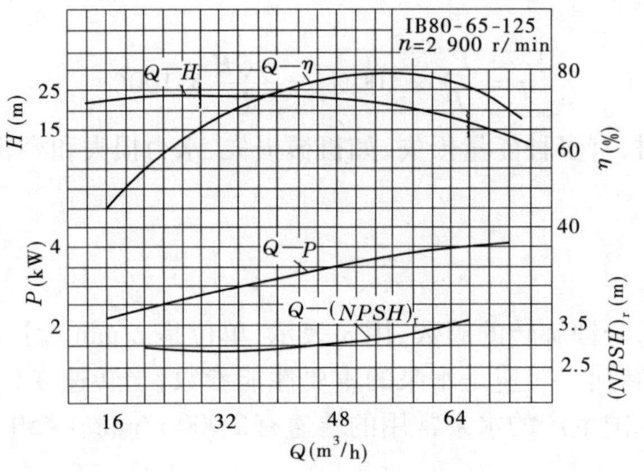

图 2-16 IB80－65－125 型离心泵性能曲线

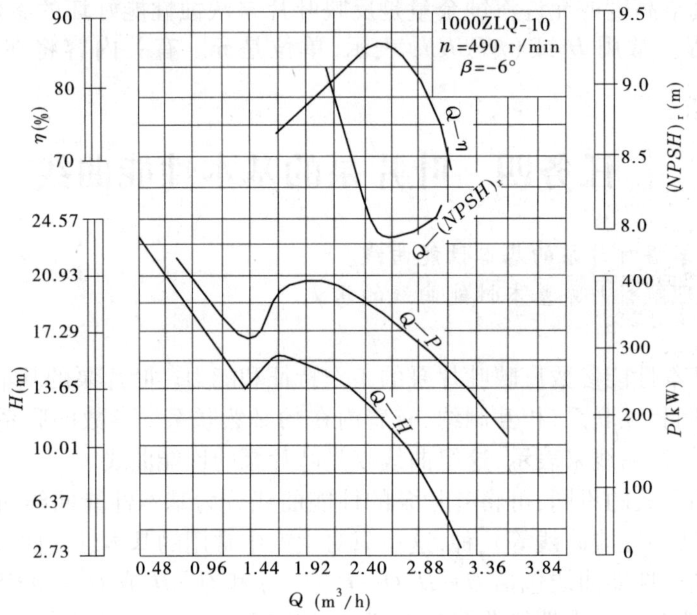

图 2-17 1000ZLQ－10 型轴流泵性能曲线

加而增加。当离心泵流量为零时,其轴功率最小,约为额定功率的 30%。轴流泵的功率曲线是一陡降曲线,功率随水泵流量的增加而减小。当轴流泵流量为零时,其轴功率达到最大值,为额定功率的 2 倍左右。在小流量区,轴功率曲线也呈马鞍形。混流泵的功率曲线则比较平坦,当其流量变化时,功率变化很小。

从叶片泵功率曲线的变化特征可知,离心泵应关阀启动,以减小动力机启动负载;轴流泵则应开阀启动,避免动力机启动困难。为避免操作失误带来的危害,轴流泵出水管路上一般不允许安装闸阀。

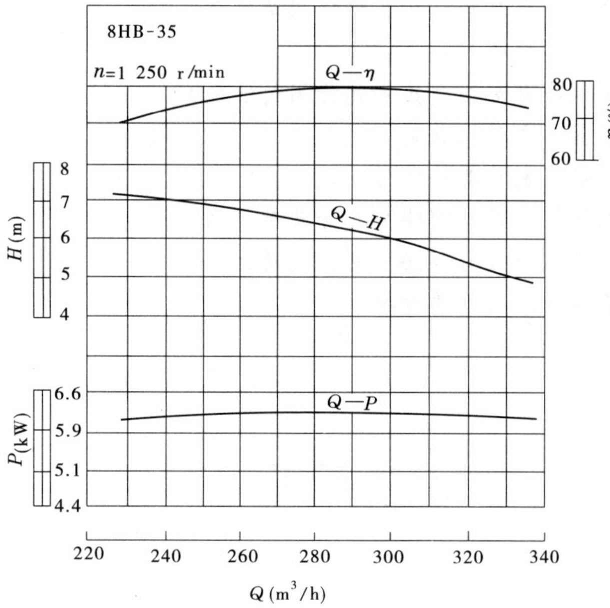

图 2-18 8HB－35 型混流泵性能曲线

三、离心泵、轴流泵、混流泵的流量与效率曲线

三种叶片泵的效率曲线变化趋势基本一致,都是从最高效率点向两侧下降。离心泵和混流泵的效率曲线变化相对比较平缓,高效区范围较宽,适用的流量范围较大。轴流泵的效率曲线变化相对较陡,高效区范围较窄,适用的流量范围较小。水泵运行时,应尽可能使运行工况落在高效率区内,以提高泵站的经济效益。

项目小结

本项目设置了四个任务,主要讲述了叶片泵的工作原理、结构组成、抽水装置和工作性能。离心泵利用离心力抽水,轴流泵利用轴向推力提水,混流泵利用离心力和轴向力共同作用来提水。叶片泵的主要零件包括叶轮、泵壳、泵轴、轴承、轴封装置等,个别水泵还有导流装置和轴向平衡装置等。叶片泵要和动力机、传动装置、管路、管路附件等组成抽水装置才能发挥抽水作用。水泵的工作特征和能力用基本性能参数,即流量、扬程、功率、效率、转速、允许吸上真空度或允许汽蚀余量来反映,基本工作参数之间的变化关系和规律用基本性能曲线来反映。水泵不同,其基本性能参数不同,基本性能曲线也不同。叶片泵的基本性能参数、基本性能曲线是选择和使用水泵的重要依据。

复习思考题

1. 简述离心泵的工作原理。

2. 离心泵的主要零件有哪些？其主要作用是什么？
3. 简述轴流泵的工作原理。
4. 轴流泵的主要零件有哪些？其主要作用是什么？
5. 什么是抽水装置？主要组成是什么？
6. 简述离心泵抽水装置的工作过程。
7. 叶片泵的基本性能参数有哪些？其含义是什么？
8. 叶片泵的基本性能曲线有哪些？其含义是什么？
9. 简述叶片泵基本性能曲线的特征。

项目三　叶片泵工作点的确定与调节

任务一　叶片泵工作点的确定

【学习目标】1. 熟悉水泵管路系统特性曲线的计算绘制。
2. 掌握水泵工作点确定的原理和方法。

所谓叶片泵工作点的确定，就是确定叶片泵的工作状况，是在叶片泵型号、管路布置和进出水池水位确定的情况下，确定抽水装置实际运行时的扬程 H、流量 Q、功率 P、效率 η 和允许吸上真空高度$[H_s]$或允许汽蚀余量$(NPSH)_r$。

叶片泵工作点的确定是泵站设计和运行管理工作的重要内容。

一、管路系统特性曲线的绘制

叶片泵的性能曲线反映了叶片泵的工作能力，性能曲线上的不同点表示叶片泵运行时的不同工作状况，性能曲线也表明叶片泵能在性能曲线上的任一点运行。叶片泵工作点的确定不仅取决于叶片泵本身的性能，还取决于抽水装置的管路系统特性曲线。

（一）管路损失特性曲线

水在管路中流动时要损失一定的能量，这就是管路水头损失。管路水头损失包括沿程水头损失和局部水头损失两部分。

1. 沿程水头损失

沿程水头损失是指水流流经直管段时，水流与管路内壁发生摩擦所引起的能量损失。抽水装置的管路多为圆管，其沿程水头损失为

$$h_{沿} = 10.29n^2 \frac{l}{d^{5.33}}Q^2 \tag{3-1}$$

式中　$h_{沿}$——管路沿程水头损失，m；
n——管材的糙率，可以查相关书籍；
l——直管段长度，m；
d——管路直径，m；
Q——管路中的流量，m^3/s。

令 $S_{沿} = 10.29n^2\frac{l}{d^{5.33}}$，则

$$h_{沿} = S_{沿}Q^2 \tag{3-2}$$

式中　$S_{沿}$——直管段沿程水力阻力参数，s^2/m^5，当管材、管长和管径确定后，$S_{沿}$为一定值。

沿程水头损失的计算有多种方法，可以根据不同情况选择使用。

2. 局部水头损失

局部水头损失是指水流流经管件、阀件时，水流形态发生剧烈变化而引起的局部能量损失。抽水装置的管路多为圆管，其局部水头损失为

$$h_{局} = 0.083 \sum \frac{\zeta_i}{d_i^4} Q^2 \tag{3-3}$$

式中 $h_{局}$——管路局部水头损失，m；

ζ_i——管件、阀件的局部水头损失系数；

d_i——管件、阀件的直径，m；

Q——管路中的流量，m^3/s。

令 $S_{局} = 0.083 \sum \frac{\zeta_i}{d_i^4}$，则

$$h_{局} = S_{局} Q^2 \tag{3-4}$$

式中 $S_{局}$——管路局部水力阻力参数，s^2/m^5，当管路组成确定后，$S_{局}$为一定值。

3. 管路的总水头损失

管路的总水头损失等于管路的沿程水头损失与局部水头损失的和。

$$h_{损} = h_{沿} + h_{局} = S_{沿} Q^2 + S_{局} Q^2 = (S_{沿} + S_{局}) Q^2 \tag{3-5}$$

令 $S = S_{沿} + S_{局}$，则

$$h_{损} = S Q^2 \tag{3-6}$$

式中 $h_{损}$——管路的总水头损失；

S——管路的总水力阻力参数，s^2/m^5，当管路组成确定后，S 为一定值。

由式(3-6)可知，管路水头损失与管路流量的平方成正比，它是一条通过坐标原点的抛物线，称管路损失特性曲线 $Q—h_{损}$，如图 3-1 所示。

(二)绘制管路系统特性曲线

1. 水泵站的实际扬程

在泵站的前期规划中，就要确定其实际扬程。实际扬程是指泵站出水池水位与进水池水位的差。

2. 管路系统特性曲线

将求得的管路损失曲线 $Q—h_{损}$ 与泵站的实际扬程 $H_{实}$ 叠加，即得到管路系统特性曲线 $Q—H_{需}$，如图 3-2 所示。该曲线表明，抽水装置如要以某流量运行，则叶片泵必须提供相应的扬程(能量)。

二、叶片泵工作点的确定

叶片泵工作点的确定方法一般有两种：一种是图解法，一种是数解法。图解法简明、直观，虽精度不高，但也能满足使用要求，在生产中应用较广；数解法计算相对准确，是工作点确定电算化的基础，但性能曲线转化为性能方程比较麻烦，精度也不是很高，所以在生产中应用较少。

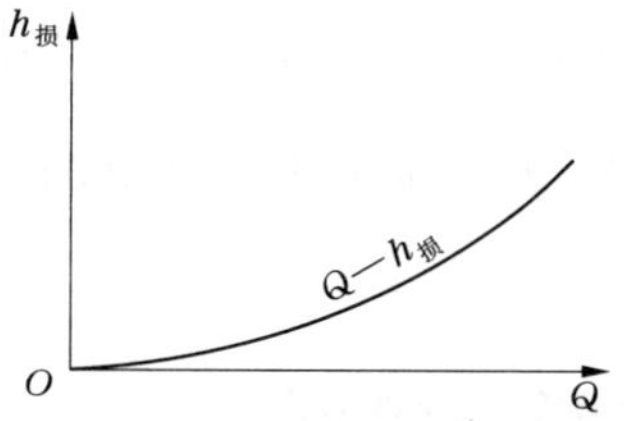

图 3-1　管路损失特性曲线

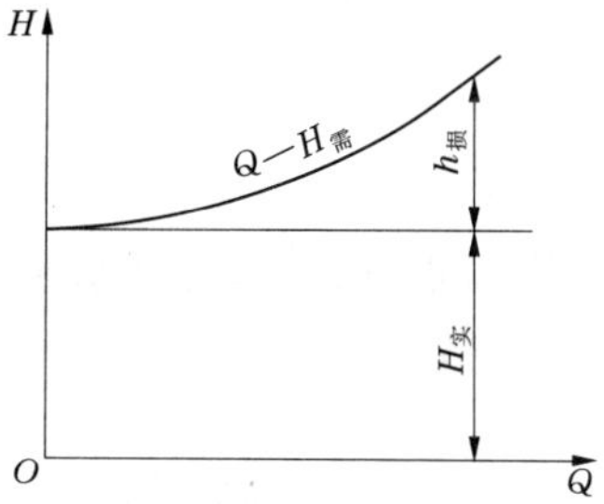

图 3-2　管路系统特性曲线

（一）图解法

叶片泵的性能曲线 $Q—H$ 随着流量的增大而下降，管路系统特性曲线 $Q—H_{需}$ 随着流量的增大而上升。将性能曲线 $Q—H$ 和管路系统特性曲线 $Q—H_{需}$ 绘在同一个 Q、H 坐标内，两条曲线交于 A 点，则 A 点就是水泵的工作点，如图 3-3 所示。A 点表明，水泵在抽水装置中以流量 Q_A 运行时，水泵所提供的扬程 H_A 与管路系统所需要的扬程 $H_{需}$ 相等。所以，A 点是抽水装置扬程（能量）的供需平衡点。

从图 3-3 可以看出，如果水泵偏离 A 点在 B 点工作，则水泵供给的扬程大于装置的需要扬程，即 $H_B > H_{B需}$，供需失去平衡。这时，多余的能量就会使管中流速增大，从而使流量增加，一直增大到 Q_A 为止，使工作点由 B 点回到 A 点。相反，如果水泵在 C 点工作，则 $H_C < H_{C需}$。这时，由于能量不足，管中流速降低，流量随之减小，直至减小到 Q_A，使工作点由 C 点回到 A 点。工作点确定后，其对应的轴功率、效率等参数，可以从相应的性能曲线上查得。只要水泵性能、管路损失和进出水池水位等因素不发生变化，水泵将稳定在 A 点运行。如果其中任一个因素发生变化，供需就会失去平衡，并在新的条件下重建平衡。由此可见，水泵的工作点将随着条件的变化而经常处于变动之中，能量供需平衡是一种动态平衡。

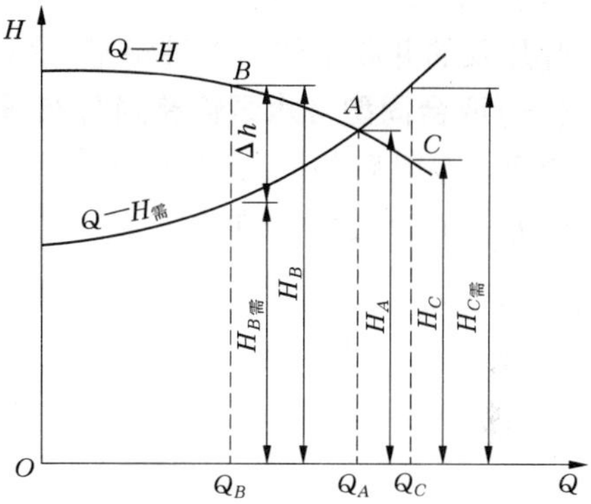

图 3-3　叶片泵工作点的确定

（二）数解法

由图解法可知，水泵工作点就是水泵的性能曲线 $Q—H$ 和管路系统特性曲线 $Q—H_{需}$ 的交点，并且有 $H = H_{需}$。所以，只要把表示性能曲线 $Q—H$ 的方程和表示管路系统特性曲线 $Q—H_{需}$ 的方程联立起来求解，就可以计算出水泵工作点对应的流量和扬程。

水泵的性能是用性能曲线或性能表来表示的，它不是方程，所以首先要把性能曲线转化为方程。选择水泵时，要求使其在高效率区工作，可利用水泵性能曲线高效率区或性能表的几组参数将曲线转化为方程：$H = aQ^2 + bQ + c$。

表示管路系统特性曲线 $Q—H_{需}$ 的方程：$H_{需} = H_{实} + S\,Q^2$。联立成方程组得

$$\left.\begin{aligned} H &= aQ^2 + bQ + c \\ H_{需} &= H_{实} + SQ^2 \\ H &= H_{需} \end{aligned}\right\} \tag{3-7}$$

由式(3-7)求解，即可得到水泵工作点的流量和扬程，进一步由水泵性能曲线或性能表得到其他参数。

任务二　叶片泵的并联与串联

【学习目标】1. 理解水泵的并联与串联工作。

2. 掌握水泵并联与串联运行工作点的确定。

一、水泵的并联工作

在水泵站中，当水泵台数较多、出水管路较长时，为了节省管材，减小占地面积，降低工程造价，常采用两台或几台水泵公用一根出水管，这种情况称为叶片泵的并联工作。

叶片泵的并联工作有多种情形，这里仅介绍生产实践中常用的两种并联工作。

（一）两台同型号水泵管路对称布置的并联

由于水泵管路相同，并联点 M 前两台水泵的管路损失一样。两台同型号水泵并联工作时的 $Q—H$ 曲线，等于单个水泵工作时的 $Q—H$ 曲线在同一扬程下流量叠加，如图 3-4 所示。

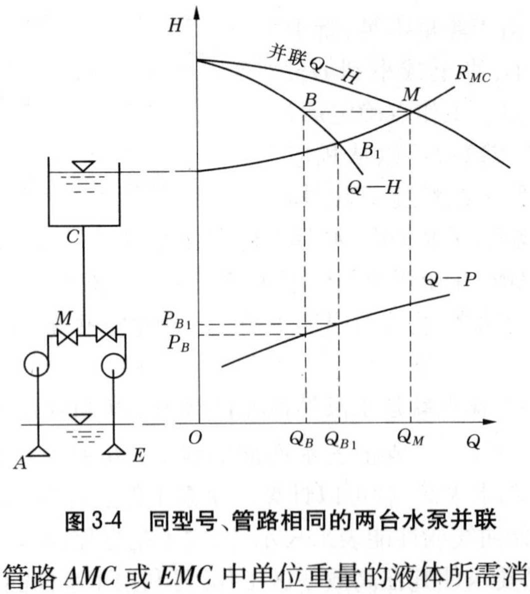

图 3-4　同型号、管路相同的两台水泵并联

由式(3-6)可知，管路 AMC 或 EMC 中单位重量的液体所需消耗的能量为

$$H_{需} = H_{实} + S_{AM}Q_A^2 + S_{MC}Q_M^2 \tag{3-8}$$

式中　$H_{需}$——管路系统所需的扬程，m；

$H_{实}$——泵站的实际扬程，m；

S_{AM}、S_{MC}——管路 AM 或 EM 和管路 MC 的阻力参数，s^2/m^5；

Q_A、Q_M——管路 AM 或 EM 和管路 MC 中的流量，m^3/s。

由于两台水泵同型号，且管路布置相同，故管路 AM 和 EM 中的流量 Q_A 和 Q_E 相等，管路 MC 的流量为两台水泵的流量之和，即

$$Q_A = Q_E = \frac{1}{2}Q_M$$

代入式(3-8)得

$$H_{需} = H_{实} + (\frac{1}{4}S_{AM} + S_{MC})Q_M^2 \tag{3-9}$$

由式(3-9)绘出管路系统特性曲线 R_{MC}，如图 3-4 所示。

两台水泵并联工作的 $Q—H$ 曲线与管路系统特性曲线 R_{MC} 交于点 M，M 点即为水泵并联工作时的工作点。由点 M 向左作流量轴的并行线，与单泵的性能曲线 $Q—H$ 交于点 B，点 B 对应的横坐标即为两台同型号水泵并联工作时每台水泵的流量 Q_B，且 $Q_B = \frac{1}{2}Q_M$。曲线 R_{MC} 与水泵的性能曲线 $Q—H$ 交于点 B_1，点 B_1 可以近似地看作单泵工作时的工作点，水泵的流量为 Q_{B1}。

从图 3-4 中可以看出：两台同型号水泵并联工作时，其并联流量并不等于单泵工作时流量的两倍；一台水泵单独工作时单泵的流量大，两台水泵并联工作时单泵的流量小，但并联流量大于单泵工作的流量。

(二)两台不同型号水泵管路不对称布置的并联

由于两台水泵型号不同、管路不同，水泵并联工作时，每台水泵工作点的扬程不相等，所以水泵并联工作时 $Q—H$ 曲线的绘制，不能简单地采用同一扬程下流量叠加的方法。

工作点是能量供需的平衡点，根据这一原则，可对水泵性能曲线和管路系统特性曲线进行处理，求出能量供与需的平衡点，进一步确定水泵的流量、扬程及其他参数。分别计算管路 DF、EF 段的管路损失 h_{DF} 和 h_{EF}，并绘出这两段管路的损失曲线 $Q—h_{DF}$ 和 $Q—h_{EF}$，如图 3-5 所示。从Ⅰ号水泵的性能曲线 $(Q—H)_{\text{I}}$ 中减去管路 DF 段的损失 h_{DF}，得到Ⅰ号水泵的不完全性能曲线 $(Q—H)'_{\text{I}}$，从Ⅱ号水泵的性能曲线 $(Q—H)_{\text{II}}$ 中减去管路 EF 段的损失 h_{EF}，得到Ⅱ号水泵的不完全性能曲线 $(Q—H)'_{\text{II}}$。曲线 $(Q—H)'_{\text{I}}$ 和曲线 $(Q—H)'_{\text{II}}$ 排除了两台水泵扬程不等的因素，将曲线 $(Q—H)'_{\text{I}}$ 和曲线 $(Q—H)'_{\text{II}}$ 在同一扬程下进行流量叠加，得到两台不同型号水泵并联工作时的不完全性能曲线 $(Q—H)'$。

如果忽略流速水头差，则并联装置的不完全需要扬程为

$$H'_{需} = H_{实} + S_{FG}Q_F{}^2 \tag{3-10}$$

式中　$H'_{需}$——并联装置的不完全需要扬程，m；

S_{FG}——管路 FG 段的阻力参数，s^2/m^5；

Q_F——管路 FG 段的流量，m^3/s。

由式(3-10)可以绘出水泵并联装置的不完全管路特性曲线 R_{FG}（不含并联点 F 前管路的水头损失），它和水泵并联工作的不完全性能曲线 $(Q—H)'$ 相交与点 A，点 A 的流量 Q_A 即为水泵并联工作的流量。从 A 点向左作水平线，分别与曲线 $(Q—H)'_{\text{I}}$、$(Q—H)'_{\text{II}}$ 相

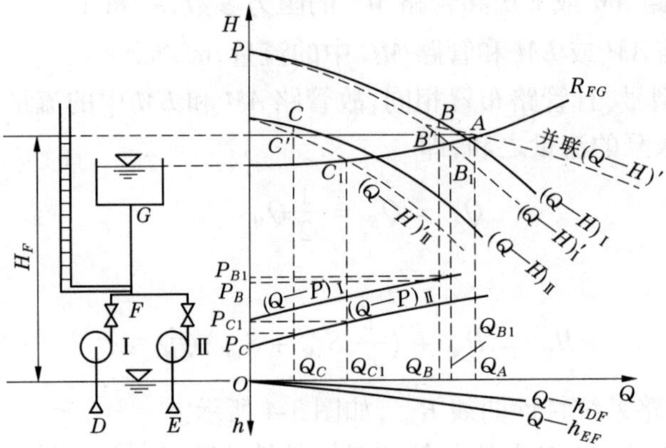

图 3-5　不同型号的两台水泵并联

交于 B'、C'两点。从 B'、C'分别向上作垂线，与水泵的性能曲线$(Q—H)_{Ⅰ}$、$(Q—H)_{Ⅱ}$分别相交于 B、C 两点，这两点即为不同型号水泵并联工作时每台水泵的工作点，Ⅰ、Ⅱ号水泵的流量和扬程分别为 Q_B、Q_C 和 H_B、H_C。曲线 R_{FG} 与性能曲线$(Q—H)'_{Ⅰ}$、$(Q—H)'_{Ⅱ}$的交点 B_1、C_1 所对应的流量 Q_{B1} 和 Q_{C1} 可近似地认为是单泵工作时的流量。

二、水泵的串联工作

水泵的串联工作就是将一台水泵的出水管与另一台水泵的进水管连接，用两台或几台水泵首尾连接起来运行。

两台水泵串联工作时，同一流量经过每一台水泵。所以，水泵串联的总扬程等于几台水泵在同一流量时的扬程相加，如图 3-6 所示。

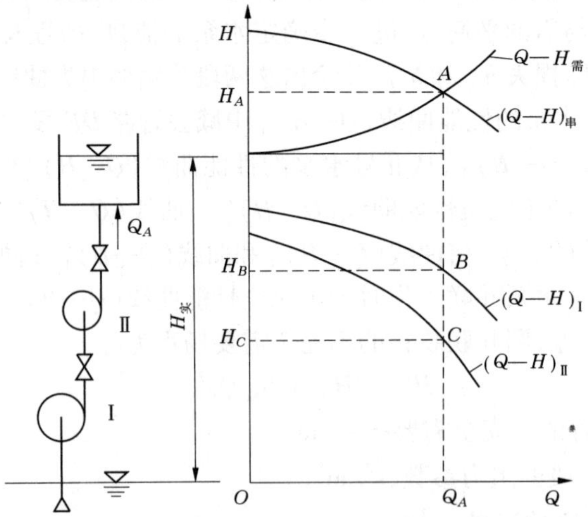

图 3-6　两台不同型号的水泵串联

两台水泵串联工作的性能曲线，等于两台水泵的性能曲线的纵坐标相加。曲线（Q—

$H)_{串}$与管路系统特性曲线$Q—H_{需}$相交于点A,点A就是水泵串联工作时的工作点,其流量为Q_A,扬程为H_A。从点A向下作垂线,与水泵性能曲线$(Q—H)_{\mathrm{I}}$、$(Q—H)_{\mathrm{II}}$分别相交于点C和B,这两点就是水泵串联工作时单泵的工作点,流量为Q_A,扬程分别为H_C和H_B。

在生产实践中,将单级叶片泵串联起来工作的情况已不多见,高扬程水泵站多采用多级离心泵。

如果需要水泵串联工作,必须注意以下几点:

(1)串联水泵的流量应基本相等;

(2)串联在后边的水泵构造必须坚固;

(3)不同型号的水泵串联工作时,应使流量较大的水泵向流量较小的水泵供水。

任务三 叶片泵的调速

【学习目标】1. 理解水泵的相似律。
2. 掌握水泵变速调节的方法。

由本项目任务一内容可知,叶片泵的工作点是由水泵的性能曲线和管路系统特性曲线来确定的。在选择和使用水泵时,如果水泵工作点的流量、扬程不符合实际需要,或者效率偏低,可采用改变水泵性能曲线或管路系统特性曲线的方法移动水泵的工作点,满足生产对水泵流量、扬程及高效工作的要求。这种人为改变水泵工作点的方法称为叶片泵工作点的调节,经常用的调节方法有叶片泵的调速、叶片泵的换轮和叶片泵的调角等。

通过改变转速来改变叶片泵的性能曲线,进一步调节水泵的工作点,这种调节方法称叶片泵的调速,也称变速调节。叶片泵的调速扩大了水泵的使用范围,其理论基础是叶片泵的比例律。

一、叶片泵的比例律

由于水泵内液体的运动相当复杂,至今仍不能从理论上准确算出叶片泵的性能参数,叶片泵的设计多采用理论计算和试验研究相结合的方法进行。在进行试验研究时,常由于条件的限制,无法对原型泵直接进行试验,只能制作较小的模型泵进行试验,然后按照相似律,将模型数据转换为原型数据。叶片泵的比例律是相似律的一种特殊情况,其基础是相似理论。应用叶片泵的相似理论可以解决以下几个问题:

(1)根据模型试验进行新泵型的设计和制造;

(2)根据选定的模型水泵,推算出所要设计水泵的尺寸和性能;

(3)对同一台水泵进行不同转速下的性能换算。

由此可见,叶片泵的相似理论不仅用于水泵的设计和制造,而且用于解决水泵运行中的问题。

(一)相似条件

两台水泵相似,必须满足以下三个相似条件。

1. 几何相似

如图 3-7 所示，几何相似就是两台水泵过流部件相对应点的同名角度相等，同名尺寸比值相等，糙率相似，即

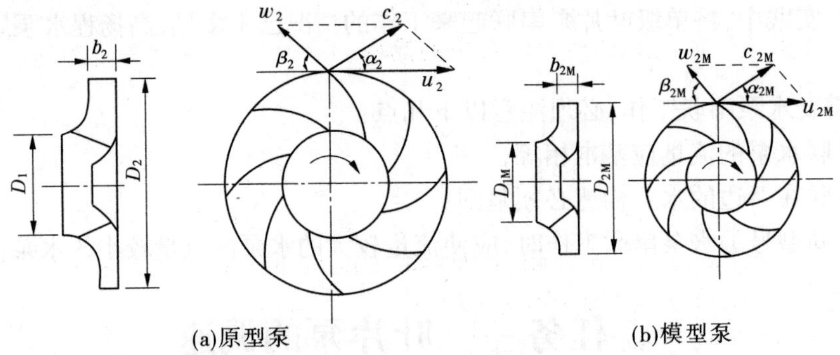

图 3-7　两台水泵的几何相似和运动相似

$$\frac{D_1}{D_{1M}} = \frac{D_2}{D_{2M}} = \frac{b_2}{b_{2M}} = \cdots = \lambda \tag{3-11}$$

$$\alpha_2 = \alpha_{2M}、\quad \beta_2 = \beta_{2M} \tag{3-12}$$

式中　M——下脚标，表示模型，无下脚标表示原型；

　　　λ ——模型缩小的比例。

糙率相似，即两台水泵相对糙率相等。在工艺上要做到相对糙率相等尚有一定的难度，但在几何相似中糙率占次要地位，为了简化计算，可忽略不计。

2. 运动相似

运动相似就是两台水泵内相应点的同名速度方向相同，大小成同一比例。也就是说，对应点上的速度三角形相似，即

$$\frac{c}{c_M} = \frac{\omega}{\omega_M} = \frac{u}{u_M} = \frac{nD}{n_M D_M} = \lambda \frac{n}{n_M} \tag{3-13}$$

3. 动力相似

动力相似就是两台水泵相应点所受的同名力（如惯性力、黏性力、重力）的方向相同，大小成同一比例。在这些力中，黏性力的影响最大。所以，只要两台水泵中水流的雷诺数相等，则这两台水泵的动力相似。一般水泵中的水流都处于紊流阻力平方区，两台水泵水流的雷诺数虽不相等，但动力却是相似的。

（二）相似律

水泵满足上述三个相似条件，就称这两台水泵相似。这两台水泵的基本性能参数——流量、扬程、轴功率间有下面的相似关系，即相似律的三个基本公式。

1. 流量相似律

$$\frac{Q}{Q_M} = \left(\frac{D_2}{D_{2M}}\right)^3 \frac{n}{n_M} \frac{\eta_V}{\eta_{VM}} \tag{3-14}$$

式(3-14)表示两台相似水泵的流量比与转速和容积效率比的乘积成正比，与叶轮外径比的三次方成正比。此式称为叶片泵的流量相似律，又称为第一相似律。

2. 扬程相似律

$$\frac{H}{H_M} = (\frac{D_2 n}{D_{2M} n_M})^2 \frac{\eta_h}{\eta_{hM}} \tag{3-15}$$

式(3-15)表示两台相似水泵的扬程比与叶轮外径和转速比的二次方成正比,与水力效率比的一次方成正比。此式称为叶片泵的扬程相似律,又称为第二相似律。

3. 轴功率相似律

$$\frac{P}{P_M} = (\frac{D_2}{D_{2M}})^5 (\frac{n}{n_M})^3 \frac{\eta_{mM}}{\eta_m} \frac{\rho g}{\rho_M g_M} \tag{3-16}$$

式(3-16)表示两台相似水泵的轴功率比与叶轮外径比的五次方成正比,与转速比的三次方成正比,与机械效率比成反比,与液体的密度和重力加速度的乘积成正比。此式称为叶片泵的轴功率相似律,又称为第三相似律。

当原型水泵和模型水泵的尺寸相差不大,且转速也相差不大时,相似的两台水泵的各种效率可近似认为相等。如$\rho g = \rho_M g_M$,则相似律的公式可简化为

$$\frac{Q}{Q_M} = (\frac{D_2}{D_{2M}})^3 \frac{n}{n_M} \tag{3-17}$$

$$\frac{H}{H_M} = (\frac{D_2}{D_{2M}})^2 (\frac{n}{n_M})^2 \tag{3-18}$$

$$\frac{P}{P_M} = (\frac{D_2}{D_{2M}})^5 (\frac{n}{n_M})^3 \tag{3-19}$$

(三)比例律

同一台水泵在不同转速下运行,由相似律可以得水泵的流量、扬程、轴功率与转速之间的关系为

$$\frac{Q_1}{Q_2} = \frac{n_1}{n_2} \tag{3-20}$$

$$\frac{H_1}{H_2} = (\frac{n_1}{n_2})^2 \tag{3-21}$$

$$\frac{P_1}{P_2} = (\frac{n_1}{n_2})^3 \tag{3-22}$$

式中 Q_1、H_1 和 P_1——水泵转速为 n_1 时对应的流量、扬程和轴功率;

Q_2、H_2 和 P_2——水泵转速为 n_2 时对应的流量、扬程和轴功率。

式(3-20)~式(3-22)是叶片泵相似律的一个特例,称为叶片泵的比例律。这组公式说明:同一台水泵的转速发生改变时,水泵的流量比与转速比的一次方成正比,扬程比与转速比的二次方成正比,轴功率比与转速比的三次方成正比。由于水泵的机械损失随转速的提高而增大,故比例律只适用于水泵转速变化不大的场合。

二、叶片泵转速的确定

叶片泵的调速在水泵站的设计和运行管理中有着重要作用。由于多种因素,水泵有时不能满足生产对流量、扬程的要求,或者效率偏低,不经济。为满足水泵装置安全、高效工作的需要,常需要对水泵进行调速,这就需要确定水泵调速后的转速。

（一）转速的确定方法

生产实践中经常有这样的情况：已知某一抽水装置中水泵的型号和转速，水泵的工作点不符合生产要求，需要调节水泵的工作点，并确定满足生产要求的水泵转速。

水泵转速改变后，其性能参数发生变化，可用比例律来计算调速后水泵转速。

由比例律公式整理可得

$$\frac{H_1}{H_2}=\frac{Q_1^2}{Q_2^2} \tag{3-23}$$

或

$$\frac{H_1}{Q_1^2}=\frac{H_2}{Q_2^2}=\frac{H}{Q^2}=K \tag{3-24}$$

即

$$H=KQ^2 \tag{3-25}$$

式中 K——比例系数；

Q——水泵的流量，m^3/s；

H——水泵的扬程，m。

式(3-25)是一条通过坐标原点的二次抛物线，如图3-8所示。在抛物线上各点具有相似的工作状况，所以也称为相似工况抛物线。

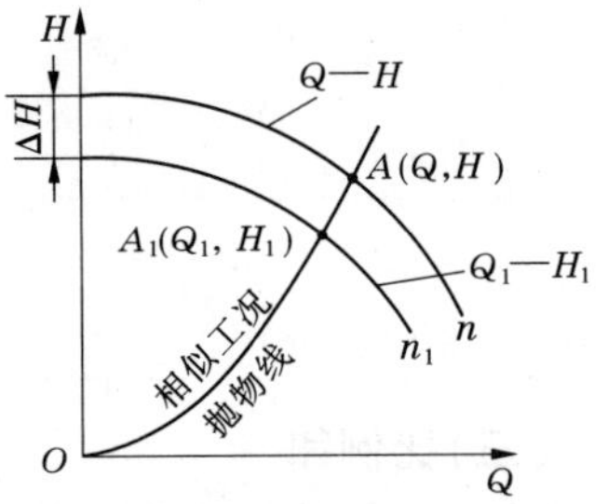

图3-8 调速前后 Q—H 曲线和相似工况抛物线

在生产实践中，要进行调速计算，首先要有水泵的性能曲线图，还要知道所需达到的工作点 $A_1(Q_1,H_1)$。点 A_1 不在水泵设计转速 n 对应的性能曲线 Q—H 上，故必须调节水泵的转速，使其转速改变为 n_1，性能曲线相应改变为 Q_1—H_1，水泵才能在点 A_1 工作。

将 Q_1 和 H_1 代入式(3-24)，求出 K 值，再由式(3-25)得相似工况抛物线方程。在水泵的性能曲线图中绘出相似工况抛物线，与水泵的性能曲线 Q—H 交于点 A，查图可得点 A 的 Q 和 H。点 A 和 A_1 是相似工况点，利用水泵的流量、扬程和转速，根据式(3-20)或式(3-21)可求出调速后的转速 n_1。

（二）转速的确定举例

【例3-1】 某水泵站有一台6BA－18型水泵，额定转速 $n=1\ 450$ r/min。满足生产要求的流量和扬程分别：$Q_1=45$ L/s；$H_1=8$ m。水泵在额定转速下运行时，对应流量 Q_1 处的扬程偏高。现拟采用变速调节来满足生产要求，试确定调节后水泵的转速 n_1 与轴功率 P_1。

解：已知 $Q_1=45$ L/s，$H_1=8$ m，$n=1\ 450$ r/min，水泵性能曲线如图3-9所示。

由式(3-24)得

$$K=\frac{H_1}{Q_1^2}=\frac{8}{45^2}=0.003\ 95$$

则相似工况抛物线为

$$H=0.003\ 95Q^2$$

设适当的流量，列表计算对应的扬程（见表3-1），绘制出相似工况抛物线 $H=KQ^2$

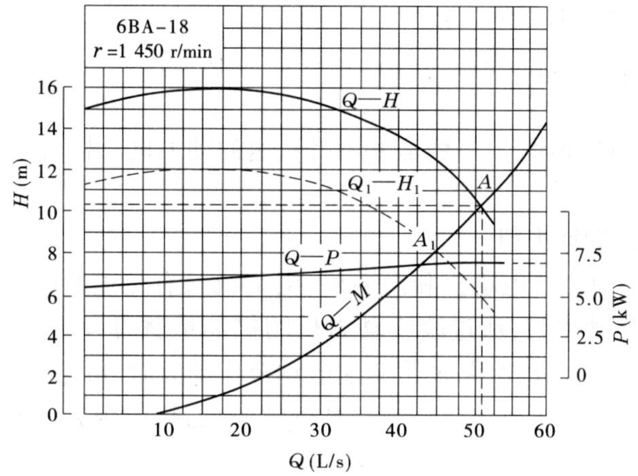

图 3-9　转速调节计算图

(性能曲线 $Q—M$),与 $Q—H$ 相交于点 $A(Q_A,H_A)$。查图得:$Q_A=51$ L/s,$H_A=10.3$ m,$P_A=6.8$ kW。

表 3-1　变速调节计算表

Q(L/s)	0	10	20	40	50	60
$H=0.003\,95Q^2$(m)	0	0.395	1.58	6.32	9.875	14.22

因点 A 和点 A_1 是相似工况点,所以可用比例律来确定水泵变速后的转速与轴功率。

$$n_1 = nQ_1/Q_A = 1\,450 \times 45/51 = 1\,280(\text{r/min})$$

$$P_1 = (n_1/n)^3P_A = (1\,280/1\,450)^3 \times 6.8 = 4.68(\text{kW})$$

三、叶片泵的调速节能原理

水泵的选型设计是依据水泵站的设计流量和扬程来进行的,力求使水泵在满足生产要求的情况下高效工作,以节省能源。但是,水泵站的运行条件是变化的,其需要的流量和扬程不可能总是设计值。例如,灌溉水泵站的流量在农作物的不同生长期会有所变化,从河道取水的水泵站的需要扬程随河道水位的升降也会改变。这样,水泵会经常偏离设计工况点工作,效率偏低。为提高水泵站的效率,就必须根据水泵站的使用条件,适时对水泵的工作点进行调节。叶片泵的调速就是一种很好的节能方法。

由前面内容可知,叶片泵的性能与转速有着密切关系,转速改变,其性能参数——流量、扬程、轴功率等随之发生改变。效率受转速变化的影响较小,转速相差不大时,可近似地认为变速前后水泵效率相等。从水泵的效率曲线可以看出,水泵在某一个流量范围内工作,其效率较高;如偏离这个流量范围,水泵的效率则明显下降。

调速节能就是依据叶片泵的比例律,对水泵进行合理的速度调节,使水泵在满足生产要求(流量、扬程)的前提下轴功率最小,使水泵的工作点长期保持在高效范围内。水泵的轴功率与转速的三次方成正比,降低转速可以明显地减小水泵的轴功率。所以,水泵的扬程偏高时,通过降速来调节水泵的工作点,可以降低水泵的轴功率,大幅减少水泵站的能源消耗，达到节能增效的目的。

四、叶片泵的调速方法

叶片泵的调速有两种途径：一种是采用可变速的动力机，另一种是采用可变速的传动设备。

（一）采用可变速的动力机

水泵站常用的动力机有电动机和内燃机，电动机又有定速和变速两种类型。水泵采用内燃机（柴油机）作动力时，通过改变动力机的供油量就可以很容易地改变转速，并且不需要增加任何设备和投资；水泵采用变速电动机作动力时，可通过电动机的控制设备改变转速，也很方便。所以，这类水泵站的水泵可适时调速，调节工作点，运行灵活，节能效果明显。

（二）采用可变速的传动设备

由于变速电动机价格较贵，目前很多水泵站还没有采用，定速电动机仍是水泵站的主要机型。正常情况下定速电动机的转速基本不变，要想调节水泵转速，只有通过可变速传动设备来实现。

可变速传动设备的常用形式有齿轮传动和皮带传动。当水泵工作点不符合要求，需要调速时，通过更换齿轮或皮带轮即可。

叶片泵调速的优点是几乎没有什么附加损失，经济性高，具有良好的节能效果，且方法简单易行，所以生产中被广泛使用。但是，叶片泵的调速是有限度的，一般降速应不低于水泵设计转速的20%，否则水泵效率会明显下降；提速则要征得水泵生产厂家的同意，一般提速应不高于水泵设计转速的5%，否则可能造成动力机超载，机组剧烈震动，甚至损坏设备。

五、叶片泵的通用性能曲线

由叶片泵比例律的推导可知，当水泵转速改变不大时，相似工况抛物线也是一条等效曲线，即抛物线在各工况点的效率相等。

如果将水泵不同转速下的性能曲线，用同一比例绘在同一坐标内，就可得到水泵的通用性能曲线，如图3-10所示。

图3-10（a）中绘制转速为n_1、n_2、n_3时的$Q—H$曲线，图3-10（b）中绘制转速为n_1、n_2、n_3时的$Q—\eta$曲线。为了方便使用，$Q—\eta$曲线一般不单独绘制，而是在Q、H坐标内加绘若干条等效率曲线来表示，如图3-10（a）所示。水泵的通用性能曲线也可以通过试验绘制。有了水泵的通用性能曲线，就可以知道水泵在不同转速时的工作状况，这对水泵变速运行，尤其对变速动力机带动的水泵实施变速运行非常方便。

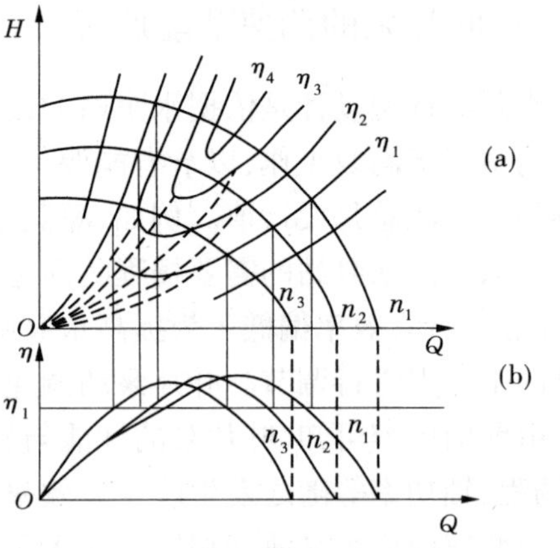

（a）通用性能曲线；（b）不同转速时的$Q—\eta$曲线

图3-10　水泵的通用性能曲线

任务四 叶片泵的车削调节

【学习目标】 1. 理解水泵的切割定律。

2. 掌握水泵的车削调节。

一、切割定律

叶片泵的车削调节又称叶片泵换轮，一般适用于离心泵和混流泵，轴流泵较少使用。用切割水泵叶轮外径（换用外径不同的叶轮）的方法，可以改变水泵的性能，达到增加水泵系列型号，扩大水泵使用范围的目的。

由水泵的相似理论及水泵叶轮流量的理论计算公式可得

$$\frac{Q_a}{Q} = \frac{D_{2a}}{D_2} \tag{3-26}$$

$$\frac{H_a}{H} = \left(\frac{D_{2a}}{D_2}\right)^2 \tag{3-27}$$

$$\frac{P_a}{P} = \left(\frac{D_{2a}}{D_2}\right)^3 \tag{3-28}$$

式中 Q、H、P、D_2——叶轮车削前的流量、扬程、轴功率、叶轮外径；

Q_a、H_a、P_a、D_{2a}——叶轮车削后的流量、扬程、轴功率、叶轮外径。

式(3-26)～式(3-28)适用于水泵车削调节的性能参数换算，称为水泵叶轮切割的比例定律，也称切割定律。

消去公式(3-26)、式(3-27)中的几何尺寸 D 得

$$\frac{H}{Q^2} = \frac{H_a}{Q_a^2} = K \tag{3-29}$$

即

$$H = KQ^2 \tag{3-30}$$

此方程表示一条通过坐标原点的二次抛物线，通常称为车削抛物线。

二、叶片泵的车削调节

（一）叶片泵的车削调节

1. 车削抛物线的绘制

1）计算 K 值

在生产实际中，如果要求换轮后的工作点 $A(Q_A, H_A)$ 位于水泵 $Q—H$ 曲线下方，为使车削后的 $Q_A—H_A$ 曲线通过点 A，可将设定的 Q_A、H_A 值代入式(3-29)，求出 K 值。

2）绘制车削抛物线

K 值求出后，列表设定足够的坐标点，利用式(3-30)绘制出车削抛物线，与水泵的 $Q—H$ 曲线交于点 $B(Q_B, H_B)$，如图 3-11 所示。

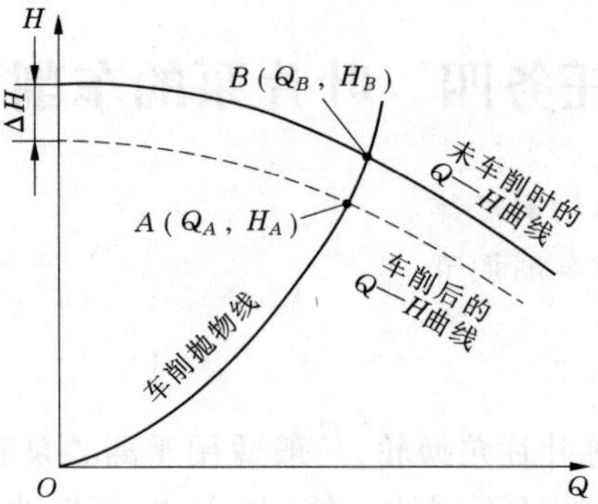

图 3-11 叶轮车削前后的 Q—H 曲线与车削抛物线

2. 计算车削后的叶轮直径

1) 计算车削量

Q_B、H_B确定后,可用式(3-26)或式(3-27)计算出车削后的叶轮直径 D_{2a}值。叶轮的理论车削量为

$$\Delta D = D_2 - D_{2a} \tag{3-31}$$

式中 ΔD——叶轮理论车削量。

2) 车削量的修正

经实践证明,用理论车削量去切割叶轮,误差较大,会使水泵的效率降低过大。所以,需要对叶轮理论车削量进行修正。国产离心泵可以按下式修正:

$$\Delta D_a = \kappa \Delta D \tag{3-32}$$

式中 ΔD_a——修正后的叶轮车削量;

κ——修正系数,与比转速 n_s有关。

修正系数值可用下式计算:

$$\kappa = (0.814\ 5 \sim 1.201\ 3) - 0.001\ 545 n_s \tag{3-33}$$

式(3-33)仅适用于低比转速的水泵。

(二)叶片泵的车削调节举例

【例 3-2】 某水泵站有一台 8BA-12 型离心泵,其叶轮直径 D_2 = 315 mm,管路系统特性曲线 R 如图 3-12 所示。校核工作点 a 的扬程 H_a = 27 m,水泵用于本站,扬程偏高。根据当地实际情况,水泵站的需要扬程只有 H_c = 23 m。如采用水泵的车削调节来满足要求,试求水泵叶轮的车削量。

解:如图 3-12 所示,已知水泵站的需要扬程 H_c = 23 m,通过 H_c = 23 m 作一条水平线,与管路系统特性曲线 R 相交于点 $c(Q_c, H_c)$,查图 3-12 得 Q_c = 68 L/s。

由式(3-29)可得

$$K = \frac{H_c}{Q_c^2} = \frac{23}{68^2} = 0.004\ 97$$

则

$$H = 0.004\ 97 Q^2$$

取适当的流量,列表计算对应的扬程,见表 3-2。

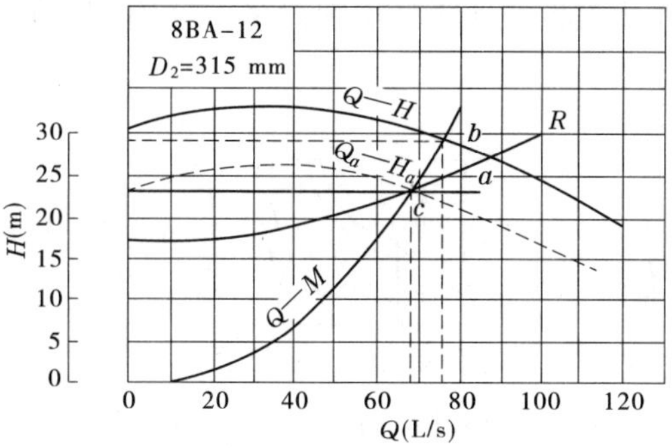

图 3-12　车削调节计算图

表 3-2　车削调节计算表

Q(L/s)	0	20	40	60	70	80	100
$H=0.004\ 97Q^2$(m)	0	1.99	7.95	17.89	24.35	31.85	49.7

绘制车削抛物线 $H = KQ^2$(性能曲线 Q—M)，与水泵的原性能曲线 Q—H 相交于点 b (Q_b,H_b)，查图 3-12得 Q_b =77 L/s。n_s =120 r/min。

由式(3-26)可得

$$D_{2a} = Q_c D_2 / Q_b = 68 \times 315 \div 77 = 278.2(\text{mm})$$

理论车削量为　$$\Delta D = D_2 - D_{2a} = 315 - 278.2 = 36.8(\text{mm})$$

实际车削量为　$$\Delta D_a = \kappa \Delta D = (1 - 0.001\ 545 n_s) \times 36.8 = (1 - 0.001\ 545 \times 120) \times 36.8 = 29.98(\text{mm})$$

所以，叶轮的实践车削量为 29.98 mm。

三、车削调节注意事项

(一)叶轮车削量的限制

水泵叶轮的车削量，对于不同的泵型应有一定的限制，否则会破坏水泵原有的构造，使水泵效率大幅降低。一般低比转速水泵的叶轮可以多车削些，高比转速水泵的叶轮允许车削量很小，轴流泵通常不允许车削叶轮。水泵叶轮最大车削量及效率下降情况与其比转速有关，见表 3-3。

表 3-3　水泵叶轮外径最大允许车削量

叶轮比转速(r/min)	60	120	200	300	350	>350
最大允许车削量(%)	20	15	11	9	7	0
效率下降值	每车削 10%，效率下降 1%		每车削 4%，效率下降 1%			

(二)叶轮的车削方式

对于不同的叶轮应采用不同的车削方式，如图 3-13 所示。低比转速离心泵的叶轮，车削量在前后两盖板和叶片上都是相等的；中、高比转速离心泵的叶轮，后盖板的车削量大于前盖板；混流泵的叶轮在前盖板的外缘处车削得多，而在轮毂处则很少车削或不车削。

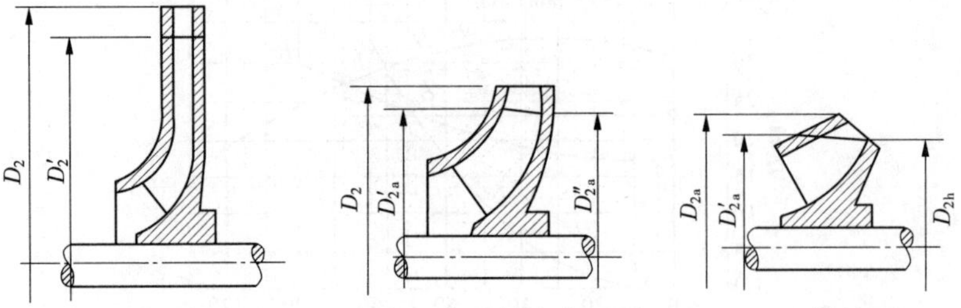

(a)低比转速离心泵　　(b)中、高比转速离心泵　　(c)混流泵

图 3-13　叶轮的车削方式

任务五　叶片泵的调角

【学习目标】 1. 理解水泵的通用性能曲线。
2. 掌握水泵的变角调节方法。

改变水泵叶轮叶片的安装角，可以改变水泵的性能，从而达到调节水泵工作点的目的，称为水泵的变角调节，也称叶片泵的调角。它适用于叶片可调节的轴流泵或混流泵。

一、变角后的性能曲线

安装角是指水泵叶轮的叶片外缘断面的弦与叶片圆周速度负方向之间的夹角。叶片的弦是指工作面一侧断面上下两端的连线，如图 3-14 所示。

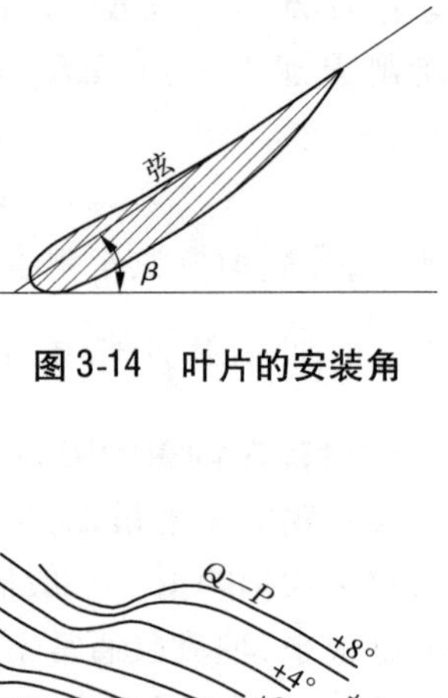

图 3-14　叶片的安装角

可调式水泵叶片的安装角改变后，其性能曲线随之改变，如图 3-15 所示。在转速不变的情况下，随着叶片安装角的增大，$Q—H$、$Q—P$ 曲线向右上方移动，$Q—\eta$ 几乎以不变的数值向右移动。相反，当叶片安装角减小时，各曲线则向相反的方向移动。为了便于使用，将 $Q—P$ 曲线和 $Q—\eta$ 曲线用数据相等的几条等功率曲线和等效率线加绘在 $Q—H$ 曲线上，就构成了可调式轴流泵的通用性能曲线，如图 3-16所示。

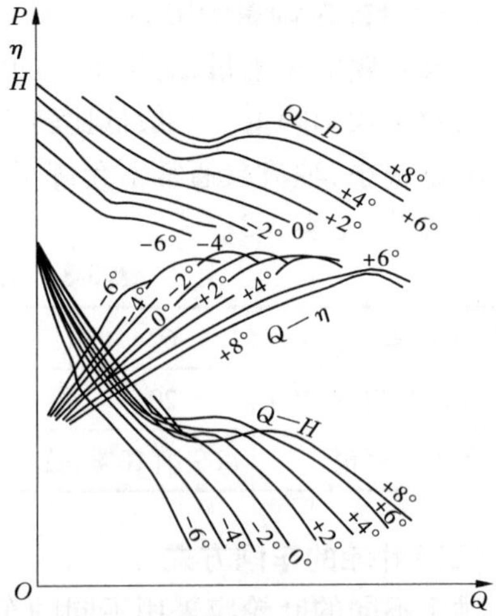

图 3-15　轴流泵变角后的性能曲线

二、轴流泵的调角

以图 3-16 的 500ZLB－7.1 型轴流泵为例来说明轴流泵的调角方法。根据水泵管路装置组成，在轴流泵的通用性能曲线图中绘出管路系统特性曲线 1 线、2 线和 3 线。设动力机的功率为 55

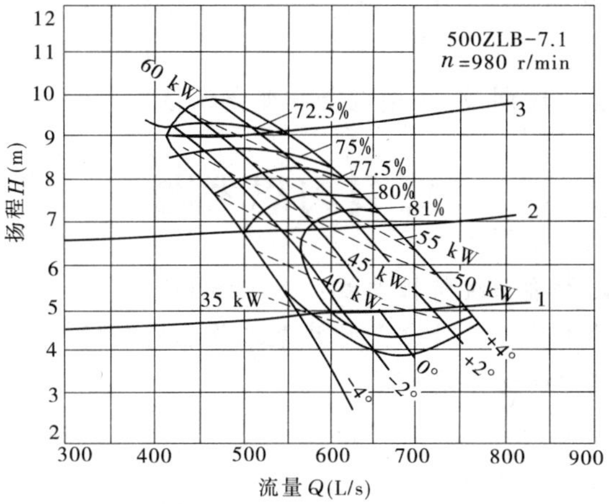

1—最小实践扬程时 $Q—H_{需}$ 曲线;2—设计实践扬程时 $Q—H_{需}$ 曲线;3—最大实践扬程时 $Q—H_{需}$ 曲线

图 3-16　500ZLB－7.1 型轴流泵通用性能曲线

kW。若叶片安装角为0°,从图 3-16 中可以看出,水泵装置在设计实际扬程运行时,$Q=580$ L/s,$P=48$ kW,$\eta>81\%$;当水泵装置在最小实际扬程运行时,$Q=660$ L/s,$P=38.5$ kW,$\eta>81\%$,轴功率较小,动力机的负荷不足;当水泵装置在最大实际扬程运行时,$Q=460$ L/s,$P=57$ kW,$\eta=72\%$,轴功率较大,动力机超载运行,效率偏低。由于这台轴流泵的叶片可以调节,所以在最小实际扬程时,将水泵安装角调大至+4°,这时 $Q=760$ L/s,$P=46$ kW,$\eta=81\%$,效率保持在高效区,流量增加,动力机接近满负荷运行。在最大实际扬程时,将水泵安装角调小至－2°,这时 $Q=420$ L/s,$P=52$ kW,$\eta=73\%$,虽然流量有所减小,但动力机轴功率减小,克服了动力机超载运行的缺点。在设计实际扬程时,水泵叶片安装角仍按0°运行。

从以上调节情况来看,使用可调式轴流泵时,可以随着实际扬程的变化调节叶片安装角。当实际扬程减小时,将叶片安装角调大,在保持较高效率情况下,增大出水量,使动力机满负荷运行;当实际扬程增大时,将叶片安装角调小,适当减小出水量,使动力机不致超载运行。所以,采用轴流泵的调角不仅使水泵以较高的效率输送较多的水,并可使动力机长期保持或接近满载运行,以提高水泵站的效率。

项目小结

本项目设置了五个任务,主要讲述了叶片泵工作点的确定和调节。

工作点表示叶片泵的工作状况,可用叶片泵的流量和扬程来表示。叶片泵工作点的确定就是在叶片泵抽水装置一定的情况下,确定叶片泵的流量、扬程等参数。叶片泵工作点的确定方法有图解法和数解法两种,图解法简单易懂,所以应用较多。叶片泵常见的运行方式有单泵运行、并联和串联运行,根据叶片泵抽水装置和运行方式确定叶片泵的管路系统特性曲线和性能曲线,求出两条曲线的交点,确定出工作点。改变两条曲线中任意一条,就可以改变交点的位置,改变叶片泵的工作点。通过一定的措施,人为地改变管路系统特性曲线或性能曲线,改变叶片泵的工作点,这就称为叶片泵工作点的调节。叶片泵工作点的调节常用方法有变速调节、车削调节和变角调节。

复习思考题

1. 什么是叶片泵的管路系统特性曲线?如何绘制?
2. 什么是叶片泵的工作点?什么是叶片泵工作点的确定?
3. 叶片泵工作点确定的方法有哪些?
4. 什么是水泵的并联和串联?叶片泵并联的工作点如何确定?
5. 叶片泵的相似条件是什么?
6. 叶片泵相似律的内容是什么?叶片泵比例律的内容是什么?
7. 什么是叶片泵的调速?调速的方法有哪些?
8. 什么是叶片泵的通用性能曲线?
9. 什么是叶片泵的车削调节?
10. 车削调节应注意哪些事项?
11. 什么是叶片泵的调角?什么是可调式轴流泵的通用性能曲线?
12. 对可调式轴流泵进行调角的意义是什么?

项目四 水泵的选型和安装高程的确定

任务一 水泵及动力机的选择

【学习目标】1. 掌握水泵的选型原则与选型步骤，能够正确选择水泵型号。
2. 掌握动力机型号、动力机与水泵机组的传动方式的选择。

水泵是工农业供水、灌溉和排水系统的核心设备，又是系统其他设备选型和配套建筑物设计的依据。水泵的选型与配套是否合理，直接影响到水泵站能否满足排灌要求，影响到水泵站的工程投资、效率、能源单耗、运行成本和运行安全等。做好选择水泵机组的选型、配套是水泵站设计中的重要环节。

一、水泵选型的原则

水泵选型是根据工程所需的流量、扬程及其变化规律，确定水泵类型、型号和台数。水泵选型除要满足系统的流量和扬程外，还要使所选水泵能在各种运行工况下具有较高的效率，在确保系统运行稳定可靠的前提下，做到工程投资最省、运行能耗和维修费用最低。因此，需要进行可能的水泵方案的经济技术比较，选择出合理的方案。一般来说，水泵选型应该遵循以下几个原则：

(1)所选水泵应满足水泵站设计流量、设计扬程的要求；

(2)所选水泵在多年长期运行中，有最高的平均效率，运行管理费用低；

(3)按照选定的机组建站，设备投资和土建投资最省；

(4)水泵的水力性能、抗汽蚀性能好，便于安装、运行和检修；

(5)优先选用国家推荐的系列产品和经过鉴定性能优良的新产品，供排水能力要考虑近、远期的需要。

二、水泵选型的主要依据

水泵提水系统组成复杂，涉及面广，从技术和经济角度出发，水泵选型应遵循的三个依据如下：

(1)水泵站系统提供的水力设计参数。主要有设计扬程与设计流量，最低扬程与最大流量，最高扬程与最小流量等要求得到满足。具体地说，在设计工况(设计扬程与设计流量)下，要求抽水装置效率最大或接近效率最高点；在最低扬程工况下，要求提水流量尽量大，配套动力机接近满载；在最高扬程工况下，要求动力机不超载，且最小提水流量也应满足设计最低要求。

(2)水泵机组的质量要求。具体地说，水泵机组要求性能稳定良好，结构要求比较简单可靠,安装维护比较方便。所谓性能良好,不能片面地追求水泵最高效率点和装置的低能耗,农田机电排灌系统是以农田增产或减免损失为其主要目标的,它在季节性抢排、抢灌时,一定要开得起、故障少、安全可靠。

(3)水泵机组生产周期与供货速度。农用泵站是季节性发挥效益工程,往往耽误一次暴雨抢排机会,就等于错过一年。而一次暴雨成灾往往造成很大的损失,所以地方政府特别重视早安装、早投产,以防万一。因此,生产厂家也要十分重视季节性特点,不失时机地按计划及时供货。对于价格,并非越低越好,而是要求在保证质量的前提下,才能追求价格低这一条件。

三、水泵的选型

(一)确定设计流量和设计扬程

设计流量和设计扬程是水泵选型的主要依据,在选型前应首先确定这两个参数。

灌溉泵站与排涝泵站的设计流量确定方法详见项目五。

设计扬程由设计净扬程和损失扬程两部分组成。设计净扬程按泵站进、出水池设计水位差计算。损失扬程根据抽水装置管路具体布置情况计算求得,但初步选型时,管路布置没有确定,损失扬程依据表 4-1 和表 4-2 估算。方法为根据泵站的设计流量和一般的台数范围,初拟水泵的单泵流量,由单泵流量查表 4-2 确定水泵的进口直径,然后由水泵进口直径依照大一个等级的原则拟定管路直径,再由管径和设计净扬程查表 4-1 定出损失扬程占净扬程的百分数 n,则 $H_{设}=H_{净}+nH_{净}$。

表 4-1　管路水头损失估算

净扬程(m)	管路直径(mm)		
	<200	200～350	>350
	损失扬程占净扬程的百分数(%)		
10 以下	30～50	20～40	10～25
10～30	20～40	15～30	5～15
30 以上	10～30	10～20	3～10

表 4-2　水泵进口直径与流量对照

水泵进口直径(mm)	流量		水泵进口直径(mm)	流量	
	L/s	m^3/h		L/s	m^3/h
75	7～20	25～70	400	400～480	1 450～1 700
100	18～35	65～125	500	400～700	1 450～2 500
150	30～55	110～200	600	650～1 000	2 300～3 600
200	55～95	200～340	800	1 300～1 800	4 600～6 500
250	90～170	320～600	900	1 500～2 000	5 400～7 200
300	140～280	500～1 000	1 000	2 000～3 000	7 200～10 800
350	220～450	800～1 600	1 200	2 500～3 500	9 000～12 500

(二)初选泵型

1. 水泵类型的选择

根据设计扬程的数据,考虑各种水泵的特点及适用范围,粗略确定水泵的类型,为水泵选型界定选型区域,初定水泵类型的一般思路如下:

(1)离心泵、轴流泵和混流泵各有其适用的扬程范围。一般扬程在20 m以上时用离心泵(大于100 m用多级离心泵或其他类型水泵),离心泵中因单级双吸泵(Sh或S)结构对称、运行性能好,常被优先选用;扬程在5~20 m宜用混流泵;扬程在10 m以下宜用轴流泵。轴流泵和混流泵的流量在很大范围内是重叠的,因混流泵的高效率区宽,流量变化时,轴功率变化小,动力机满载或接近满载运行,比较经济,适应流量范围广,在同样的参数下混流泵的转速比轴流泵高,水泵的体积小,水泵站的投资小,故在选型时,应优先选用混流泵。

(2)水泵的结构类型有卧式、立式、斜式三种。卧式水泵安装精度要求比立式水泵低,便于检修,造价低,但一般启动前要求充水排气,占地面积大,要求泵房有较大的平面尺寸,适用于水位变幅较小的场合。立式水泵叶轮淹没于水下,启动方便,电机居于上方,有利于防洪和通风,要求泵房的平面尺寸较小,但维修较麻烦,安装精度要求高,适用于水位变幅较大的场合。斜式水泵安装方便,可安装在岸边斜坡上,叶轮浸没于水下,启动方便,常用于中、小型泵站。

(3)水泵的型号选择。为便于维修管理,同一泵站的水泵型号应尽可能统一。

2. 初选泵型

根据设计扬程,在初定的水泵类型的“水泵综合型谱图”或“泵类产品样本”中的“水泵性能表”中查出符合设计扬程而流量不等的各种不同型号的水泵。再根据每种泵型的流量和设计流量初定水泵台数(设计流量除以单泵流量),选择其中台数适中的泵型作为初选泵型,原则上凡是符合上述要求的都可作为备选对象。实际工作中为简化计算工作量,常列出3~5种性能好、台数适中的泵型作为精确选型的对象。

3. 工作点的校核

1)台数及单泵流量的确定

根据性能表或性能曲线(流量和扬程关系),依据设计扬程内插求设计扬程对应的流量(单泵流量),水泵台数为泵站设计流量除以水泵单泵流量。根据泵站灌溉设计保证率的要求,可以考虑选配1~2台备用机组。实际运行时,水泵的单泵流量为泵站设计总流量除以工作水泵台数,这个单泵流量为管路设计采用的流量,也是组成水泵装置的每台水泵的流量。

2)管路设计

对于每一个初选的泵型,根据设计扬程和确定的单泵流量进行管路设计,确定管路的管材、管径、管长、管路附件(见本项目任务二和项目六相关内容),计算各种水泵的进、出水管路水头损失系数,验算实际管路损失是否超过了初估的管路损失,确定其管路系统特性曲线。

3)工作点确定

根据初选的泵型,从水泵手册上查出水泵的性能曲线,在同一坐标系下绘制水泵性能曲线和管路系统特性曲线，求出水泵在设计扬程、最高扬程、最低扬程时的工作点，把不同水泵工作点的 Q、H、P、η、H_s 或 $(NPSH)_r$ 参数值列于同一表中，校核所选水泵在设计扬程下水泵流量是否满足要求，平均扬程下是否在高效率区运行，如不满足要求，可采取调节措施或另选泵型，使其尽可能在合理的范围内运行。

4. 确定泵型

根据选型原则，对几种方案进行全面的经济技术比较，一般在满足流量、扬程需要下，选取效率高的、轴功率较小的、抗汽蚀性能好的、台数适中的泵型作为最优泵型。

（三）选型中水泵台数的确定

水泵台数影响到水泵站的以下几个方面：

（1）建站投资。无论是机电设备还是土建工程，在设备容量一定的条件下，机组的台数越少，则其投资越小。

（2）运行管理。机组台数越少，运行管理越方便，机构人员少，则运行管理费用越低。

（3）泵站的适应性。机组台数越多，适应性越强，则个别机组出现故障对整个泵站的排灌影响越小。

（4）泵站的性质。一般排水泵站设计流量的变化幅度较大，台数宜多；灌水泵站设计流量变化幅度较小（比较稳定），台数宜少；灌排结合泵站，既要满足灌溉要求，又要满足排水要求，台数宜多。泵房离出水池较远的泵站，采用并联出水管路时，台数宜考虑并联要求。对于高扬程多级泵站，各级泵站联合运行时，水泵的流量应协调一致，无论哪一级泵站均不应有弃水或供水不足现象，故一级站的机组台数宜多，末级泵站机组台数宜少。另外，为适应流量变化需要，可根据需要选配 1 ~ 3 台小型调节机组。

一般主水泵台数宜为 3 ~ 9 台，为保证泵站稳定运行还应考虑备用机组，备用机组数根据供水的重要性及年利用小时数和满足机组正常检修的要求确定。对于灌溉泵站，装机 3 ~ 9 台时，其中应有 1 台备用机组，多于 9 台时应有 2 台备用机组；年利用小时数很少的泵站，可不设备用机组；处于含沙量大或含腐蚀性介质等工作环境中的水泵站，备用机组经过论证后可增加数量。

四、水泵配套动力机的选择

水泵型号确定后，便要合理地选配与之配套的动力机型号。目前，水泵抽水装置中常用驱动水泵的动力机为电动机和柴油机。电动机操作简便，管理方便，运行稳定，成本较低，环境污染小，易于实现自动化，但其输变电线路及其他附属设备投资大，应用时受电源的限制。柴油机使用不受电源限制，且可变速运行，应用范围广，但是其操作、管理不便，运行不太稳定，成本较高，易发生故障，选配时应根据建站条件综合考虑确定。

（一）电动机与水泵的配套

1. 电动机类型

驱动水泵的电动机均是三相交流电动机，一般中、小型水泵站采用异步电动机，大型水泵站采用同步电动机。

（1）若单机容量小于 100 kW，常采用 Y 系列鼠笼型异步电动机和封闭式鼠笼型异步电动机，Y 系列鼠笼型异步电动机较 J、JD 系列具有效率高、启动转矩大、噪声小、防护性能好等优点。额定电压为220/380 V。

(2)若单机容量为100～300 kW,采用JS、JC或JR系列异步电动机,S表示双鼠笼型,C表示深槽鼠笼型,R表示绕线型。JS和JC都具有较好的性能,适用于启动负载较大和电压容量较小的场合,额定电压为220/380 V、3 000 V或6 000 V。

(3)若单机容量大于300 kW,采用JSQ、JRQ系列异步电动机或Tz型同步电动机,Q表示加强绝缘,T表示同步,z表示座式轴承。同步电动机成本较高,但具有较高的功率因数和效率,适用于大型泵,额定电压为3 000 V或6 000 V。

2. 电动机的配套

1)配套功率的确定

配套功率是指与水泵配套的动力机所应有的输出功率,用$P_{配}$表示。与水泵配套的电动机,一般由水泵厂成套供应或按下式计算:

$$P_{配} = k\frac{\rho gQH}{1\ 000\eta\eta_{p}} \tag{4-1}$$

或

$$P_{配} = k\frac{P_{max}}{\eta_{p}} \tag{4-2}$$

式中　$P_{配}$——配套功率,kW;

k——动力机储备系数,电动机和柴油机的储备系数按实际情况参考表4-3选用;

ρ——水的密度,kg/m³;

Q、H、η——水泵运行范围内,可能出现的最大轴功率时的流量,m³/s,扬程,m,效率(%);

P_{max}——水泵运行范围内可能出现的最大轴功率,kW;

η_{p}——传动效率(%)。

表4-3　动力机储备系数

水泵轴功率(kW)	<5	5～10	10～50	50～100	>100
电动机	2～1.3	1.3～1.15	1.15～1.10	1.10～1.05	1.05
柴油机	1.7～1.3	1.15～1.10		1.08～1.05	1.05

动力机的储备系数k为水泵可能出现的最大轴功率和动力机额定功率的比值。应考虑一些非恒定因素对功率的影响,即:①水泵和电动机性能测试中,允许有5%的误差;②机组及管路陈旧时,磨损和漏损增加,泵的性能下降,而管路系统特性曲线变陡,工作点左移,对于轴流泵,其功率可能增大;③电动机与水泵额定转速的微小差值;④机组在运行中可能出现的外界干扰,如抽取多沙水、电压降低等会增加负荷。这些非恒定因素的大小不易精确确定,但其影响是随着机组功率的减小而增大的。

储备系数k不宜定得太大,否则电动机负荷不足,造成能量浪费;也不宜定得太小,不然会造成动力机超载,可参照表4-3查取。

2)电动机转速的选用

电动机与主水泵之间传递动力,采用直接传动时,要求电动机的转速与水泵的转速大小匹配、转向相同。

电动机的型号、规格应经过技术经济比较选定。目前,水泵厂家生产出的水泵一般都提供了与之配套的电动机型号,可以直接采用。

(二)柴油机与水泵的配套

1. 柴油机的型号

柴油机的型号由三部分组成。

(1)首部:缸数符号,用数字表示汽缸数。

(2)中部:冲程符号和缸径符号,冲程符号用字母表示,用E表示二冲程,无E表示四冲程。缸径符号用汽缸直径的毫米整数表示。

(3)尾部:机器特征符号和变型符号。特征符号用字母表示,如Q—汽车用;T—拖拉机用;C—船用;J—铁路牵引用;Z—增压;F—风冷,无F表示水冷。变型符号用数字表示,与前面符号用短横线隔开。

例如,3110,表示三缸,四冲程,缸径为110 mm,水冷通用型柴油机。

2. 柴油机的有效功率、标定功率和标定转速

柴油机的有效功率为正常运行的柴油机单位时间内输出的有用功,单位为kW。标定功率为柴油机铭牌上标明的功率。国家标准规定的标定功率为以下四种:15 min功率,柴油机允许持续运行15 min的最大功率;1 h功率,柴油机允许持续运行1 h的最大功率;12 h功率,柴油机允许持续运行12 h的最大功率;持续功率,柴油机可长期持续运行的最大功率。

对于柴油机,在规定柴油机功率的同时,还相应地规定了标定转速——柴油机曲轴每分钟相应旋转的圈数。同种柴油机转速越高,功率就越大,转速达不到标定转速值,其输出功率就达不到标定功率。

3. 柴油机的选型

1)配套功率的确定

根据式(4-1)或式(4-2)及表4-3,计算柴油机所需的配套功率,并参考水泵每天运行时间,选用合适的标定功率。

2)转速的选用

与水泵配套的柴油机,除功率满足配套要求外,转速亦合适,柴油机的转速应选用与所采用的标定功率对应的标定转速。柴油机的转速可以通过合适的传动设备来控制,以满足要求。

(三)传动装置选择

动力机与水泵之间的能量传递主要是通过传动设备来完成的。传动设备在水泵各机组之间亦起着主要作用,不仅影响到传动效率,还影响到整个泵站的效率,应合理地选用传动设备。传动方式基本上分为直接传动与间接传动两种。

1. 直接传动

直接传动又称为联轴器传动,是通过联轴器把水泵和动力机的轴联起来传递能量的,如图4-1所示。此传动方式结构紧凑,简单方便,安全可靠,传动平稳,且传动效率接近100%。目前机电排灌中,电动水泵机组大多数采用直接传动方式。采用此种传动方式,

动力机与水泵需满足下列条件:①动力机的轴与水泵的轴在同一直线上;②动力机的额定转速与水泵的额定转速大小相等或接近相等;③动力机与水泵转向相同。

联轴器分为刚性联轴器和弹性联轴器两种。

1)刚性联轴器

如图 4-2 所示,它是由两个分装在动力机轴和水泵轴端带凸缘的半联轴器与螺栓组成的。轴与半联轴器之间用键连接或键加拼紧螺帽连接,两个半联轴器用螺栓连接。此种结构简单,传递扭矩大,可传递轴向力,但不能承受机组轴向窜动和偏移,安装要求严格。

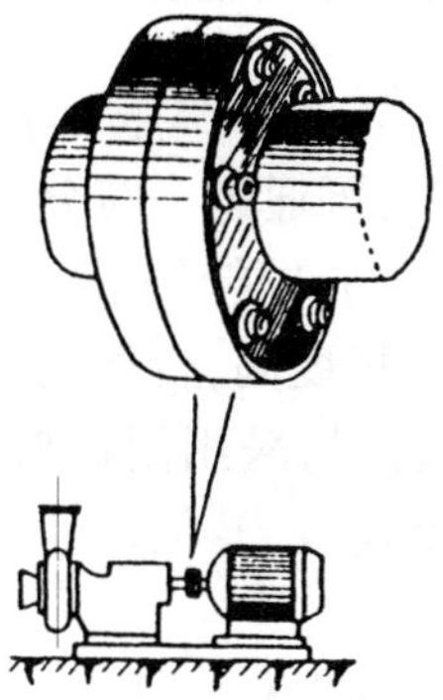

图 4-1　动力机和水泵直接传动

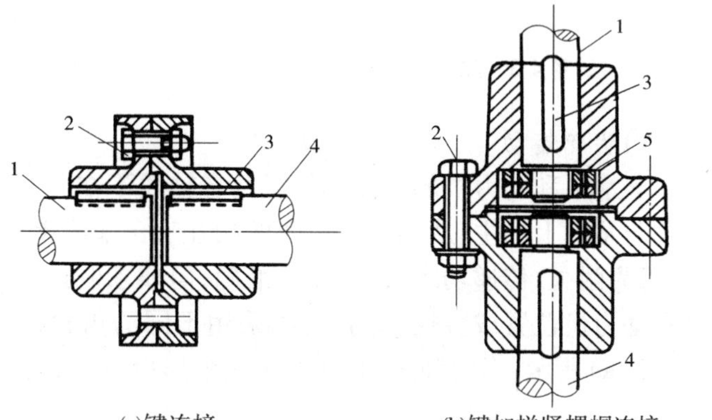

(a)键连接　(b)键加拼紧螺帽连接

1—动力机轴;2—连接螺栓;3—键;4—水泵轴;5—拼紧螺帽

图 4-2　刚性联轴器

2)弹性联轴器

弹性联轴器是在刚性联轴器基础上发展起来的。它又分为弹性圆柱销型和爪型两种。

(1)弹性圆柱销型联轴器。弹性联轴器是在联轴器中增加了具有缓冲和减震能力的弹性圈而得来的。弹性圆柱销型联轴器由半联轴器、柱销、弹性圈、挡圈等组成,如图 4-3 所示。此种联轴器,能缓冲抗震,安装时两轴不要求严格对中,但不能传递轴向力,弹性圈、柱销易坏,需勤更换。

(2)爪型弹性联轴器。此种联轴器是用橡胶制成的镶嵌在两个爪型半联轴器之间的星形弹性垫块组成并得名的,如图 4-4 所示。结构简单,安装方便,但传递扭矩小,多用于小型卧式机组。

常用联轴器多已标准化或规格化,设计时可查阅《机械零件设计手册》,根据动力机的功率、转速以及轴径等要求进行选择。

2. 间接传动

当动力机与水泵的转速不满足直接传动的条件时,需采用间接传动。间接传动又分为齿轮传动和皮带传动。

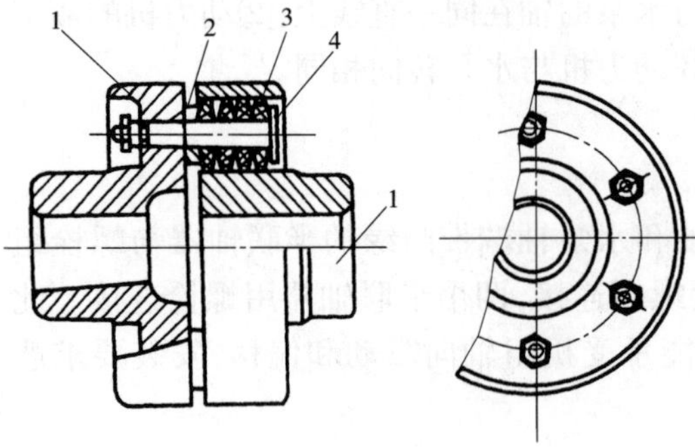

1—半联轴器;2—挡圈;3—弹性圈;4—柱销

图 4-3　弹性圆柱销型联轴器

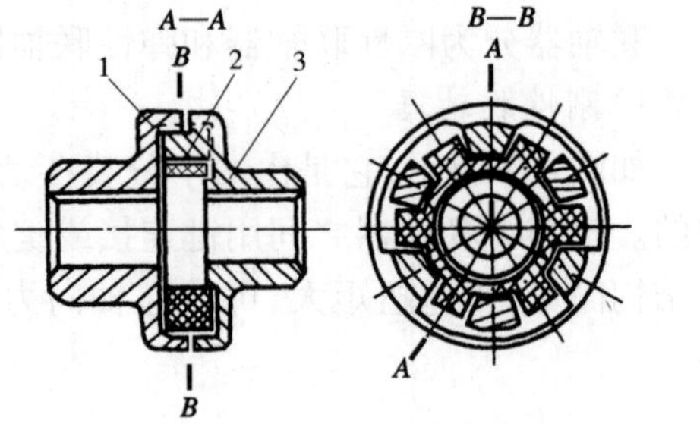

1—水泵半联轴器;2—弹性块;3—动力机半联轴器

图 4-4　爪型弹性联轴器

1) 齿轮传动

当水泵和动力机的转速不等或两者轴线不在同一直线上时,可通过一对分装在动力机轴与泵轴上的主、从动齿轮之间的相互啮合来传递动力。此种方式传动效率高,结构紧凑,可靠耐久,传递功率大,传动比准确,但要求制造工艺和安装精度高,价格高。根据水泵和动力机位置或转速不同,可以采用不同的齿轮,两轴线平行时,采用圆柱形齿轮,如图 4-5(a)所示;当两轴线相交时,采用伞形齿轮,如图 4-5(b)所示。

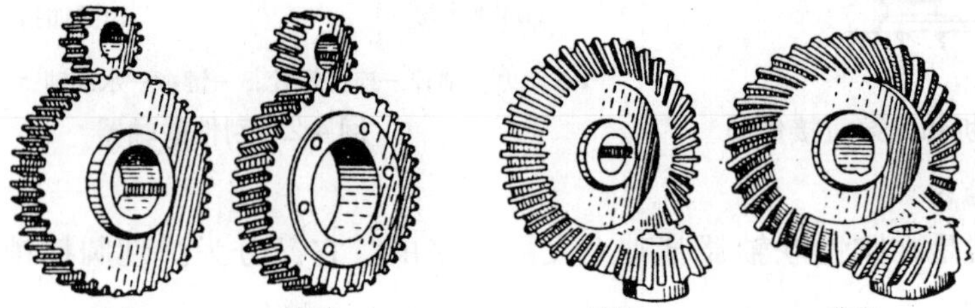

直齿　　斜齿　　直齿　　曲齿

(a)圆柱形齿轮传动　　(b)伞形齿轮传动

图 4-5　齿轮传动

2) 皮带传动

当水泵和动力机两者的转速不同,彼此轴线间有着一段距离或不在同一平面上时,亦可采用皮带传动,它通过固定在动力机轴和泵轴端的带轮和紧套在轮上的环形皮带间的摩擦力来传递动力。此传动方式带有弹性,可缓和冲击与振动,但皮带易打滑,安全性差,占地面积大,寿命短,传动效率较低。皮带根据其形状不同分为平皮带和三角带。

(1) 平皮带传动。

平皮带传动应用范围广,传动方式可以多种变换,传动比大。此传动方式又可分为开口式、交叉式和半交叉式三种,如图 4-6 所示。

开口式皮带传动适用于泵轴和动力机轴互相平行且转向相同的场合;半交叉式皮带传动适用于泵轴和动力机轴互相垂直的场合;交叉式皮带传动适用于泵轴和动力机轴互相平行、转向相反的场合。

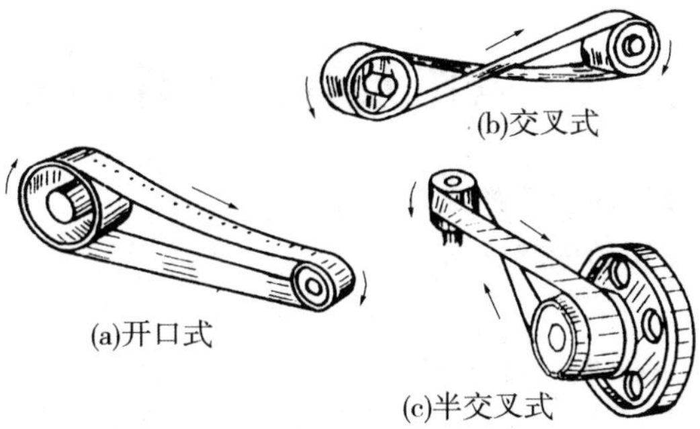

图 4-6 平皮带传动

(2)三角带传动。

三角带具有梯形断面,紧嵌在皮带轮上的梯形槽内,由于其两侧与轮槽紧密接触,摩擦力比平皮带大,传动比亦较大,如图 4-7 所示。

随着社会发展,出现了一种综合齿轮和皮带传动优点的新型传动方式,既不易打滑,又具有弹性,能起到缓冲、吸振作用。此种传动方式称为同步齿形带传动,如图 4-8 所示,工作时依靠轮齿的啮合来传递动力。直接传动和间接传动两种传动方式的比较见表 4-4。

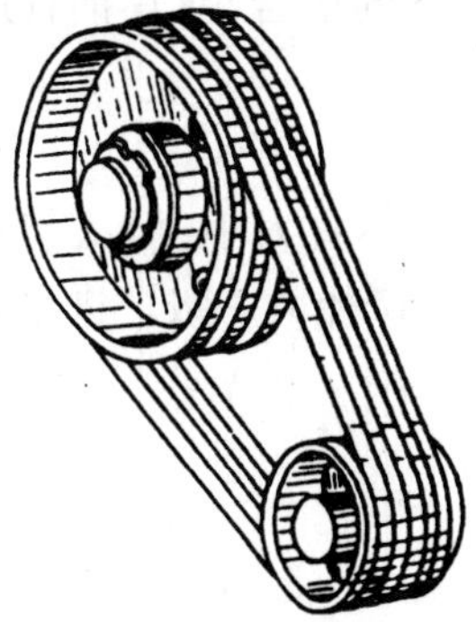

图 4-7 三角带传动

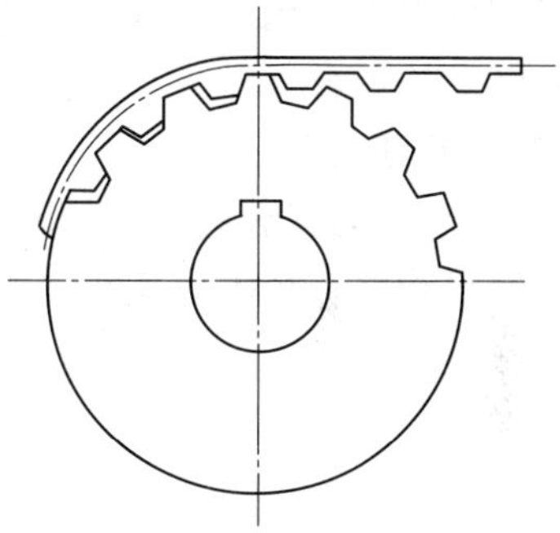

图 4-8 同步齿形带传动示意图

表 4-4 传动方式比较

传动方式	传动效率	传递功率	传动比	占地面积	平稳性	综合利用
平皮带	0.90 ~ 0.98	22 ~ 29 kW	1:5 以内,最好 1:3	较大	有振动	较方便
三角带	0.90 ~ 0.96	29 ~ 74 kW	1:7 以内,可达 1:10	较小	振动小	还算方便
齿轮传动	0.90 ~ 0.99	不受限制	1:8 以内	小	平稳安全	还算方便
联轴器	0.99 ~ 0.995	不受限制	1:1 且机泵转向要一致	小	平稳安全	不方便

任务二　管路及管路附件的配套

【学习目标】1. 理解抽水装置的管路组成及布置。
2. 掌握抽水装置的管路设计。

进出水管路及其附件是抽水装置的主要组成部分,它的正确设计、合理布置和安装与水泵站安全运行、节省投资、改善水流条件、减少电耗有着密切关系。应根据水泵型号及进水池、泵房结构、建站地点的地形地质条件合理配套设计。

一、管路配套

进水管路把水源或进水池的水向水泵输送。进水管路应具有高密封性及足够的强度和刚度,并要求水头损失小,故配套设计时应合理。

(一)管材

进水管路从管材来看,常用胶管、钢管、铸铁管。胶管寿命短、价格高,仅用于临时性抽水装置;钢管分无缝钢管、水煤气管和对焊钢管,一般进水管路采用水煤气管和对焊钢管,无缝钢管很少采用。水煤气管用于口径在150 mm以下的场合,对焊钢管用于口径在200 mm以上的场合。

(二)管径确定

为提高水泵的安装高程,减小水头损失,进水管路直径不宜太小,但从节省投资的角度考虑,进水管路直径不宜定得太大,一般采用比水泵吸入口径大一级。进水管路直径按经济流速来控制,即

$$D_{进} = \sqrt{\frac{4Q}{\pi v}} \tag{4-3}$$

式中　Q——单泵流量,m^3/s;

v——管中经济流速,从1.5~2.0 m/s中选取。

应当注意的是,厂家生产的水管直径已系列化。500 mm以下,50 mm一个等级;500 mm以上,100 mm一个等级。实际进水管尺寸确定时应选用系列化的标准管径。

出水管路的管材与管径确定详见项目六。

二、管路附件的配套

管路系统中除有管路外还有管路附件,管路附件与泵型、管长、管路铺设方式有关,应根据安全、可靠、经济的原则选配。

(一)管件

管件是从进水管口到出水管口将管子连接起来的连接件,有喇叭管、弯管、异径管等。

(1)喇叭管和平削管。为减小进水管路的水头损失,其经济流速控制在1.0~1.5 m/s,垂直吸入进口宜为圆形或椭圆形喇叭管;倾斜吸入进口宜为平削管或特制喇叭管,如图4-9所示。

(2)弯管。常称弯头,常用的有90°、60°、45°、30°、15°等几种,可预制亦可现场制作。预制弯头可从有关手册中选择,现场制作多用若干个带斜截面的直管段焊接而成,如图4-10所示。进水管路上布置弯管时,为使叶轮进口有好的进水流态,应保证弯管与水泵进口之间有不小于4倍管径的水平距离。

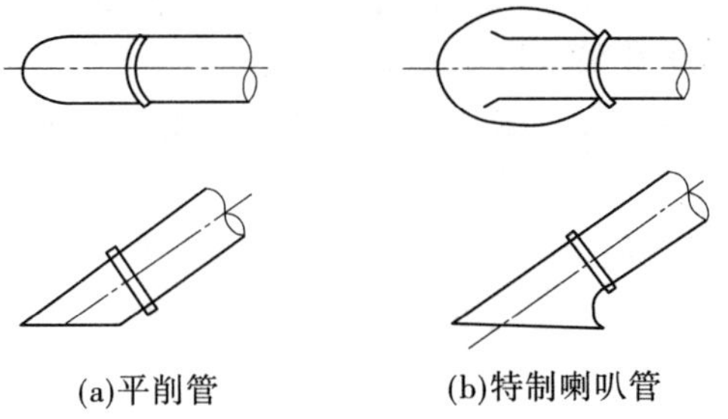

图4-9　平削管与特制喇叭管

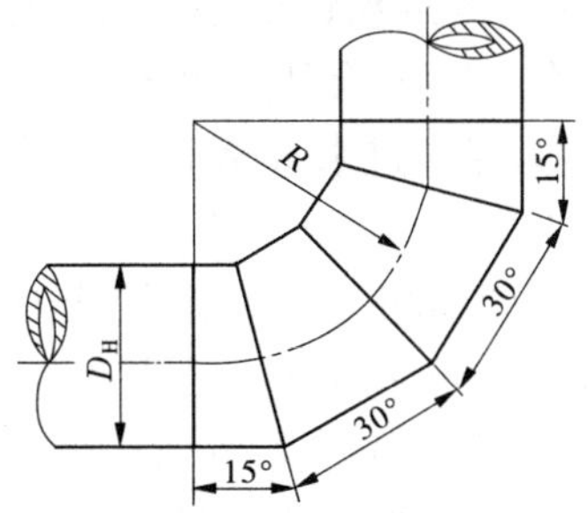

图4-10　焊接弯管

(3)异径管。水泵的进出口直径经常小于进出水管径,则需设渐变接管。进水管道上为避免管中有气囊,水泵进口与管道用上面水平的偏心渐缩管,如图4-11所示。水泵出口用同心渐放管,其长度 $L=(5\sim7)(D-d)$,可预制亦可现场制作。

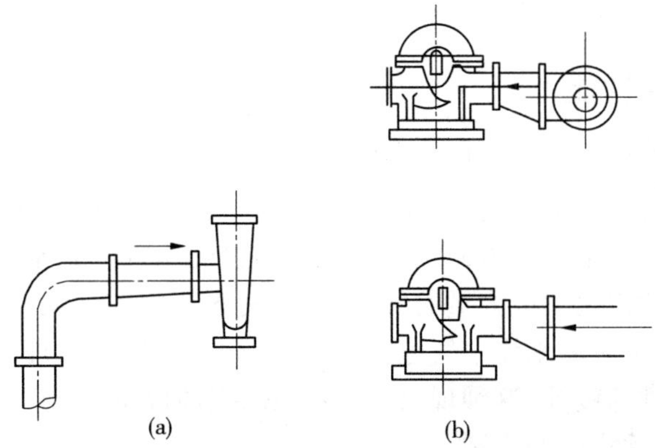

图4-11　偏心渐缩管的布置

(二)阀件

通过改变管道过水横断面来控制管道内水体流动的装置为阀件。

(1)底阀。为单向阀,人工充水时为防止漏水而用,机械充水时不设底阀。

(2)闸阀。装在出水管道上,用于关阀启动、关阀停机、调节流量的附件。闸阀应根据水管直径,阀件产品的类型、性能、规格、工作参数、安装使用条件等正确选择。

(3)逆止阀。装在出水管道上,为防止事故停机时出水池和出水管中水倒流的一个单向突闭阀。由于逆止阀突然关闭,会产生很大的水锤压力,导致机组损坏,所以中、小型泵站一般不设逆止阀,而设置拍门。高扬程、长管道的泵站,常用缓闭阀。逆止阀的选择应根据出水管直径和阀件的性能适用条件选定。

(4)拍门。装在出水管道出口,为防止出水池中水向出水管倒流的一个单向活门,一般由水泵厂成套供应。

三、进水管的布置

水泵站的进水管路常处在负压状态下工作,故对进水管的基本要求是不漏气、不积气、不进气;否则,会使水泵的工作产生故障,为此常采取以下措施:

(1)为保证进水管路不漏气,管材要求严格密封,常采用钢管,接口采用焊接或法兰连接。

(2)为了防止进水管路某处出现积气,形成气囊,影响管道的过水能力,严重时会破坏真空吸水,进水管应有沿水流方向连续上升的坡度,且坡度大于或等于0.005。进水管的安装与敷设应避免在管道内形成气囊。

(3)进水管在进水池的位置要有利于水泵吸水。

任务三 水泵的汽蚀性能与安装高程的确定

【学习目标】1. 理解水泵的汽蚀性能。
2. 掌握水泵安装高程的确定。

一、水泵的汽蚀性能

(一)汽蚀及其危害

汽蚀又叫空化,是水力机械中的一种异常现象。水泵汽蚀是由水的汽化引起的,它是在水泵运行过程中,由于某些因素使水泵内局部位置的压强降到水在相应温度下的饱和汽化压强时,水就开始汽化生成大量的气泡,气泡随水流向前运动,运动到压强较高部位时,迅速凝结、溃灭。水泵内水流中气泡的生成、溃灭过程涉及物理、化学现象,并产生噪声、振动和对过流部件的侵蚀,这种现象称为水泵的汽蚀现象。

下面我们简单介绍汽蚀的机制。

在介绍汽蚀机制之前,首先让我们来看一看水和汽的相互转化问题:在0.1 MPa压强作用下,水加热到100 ℃就会沸腾,产生大量气泡;然而,在水温低于100 ℃时,只要将水面上的压强降到一定值,水同样会沸腾,如当水温在30 ℃时,将水面上的压强降到43 kPa,水就开始汽化而沸腾。在高原地区,由于海拔高,大气压强低,水烧不到100 ℃就沸腾,就是这个道理。因此,水的温度升到一定的值或水面上的压强降到一定的值,均能使水变成汽。反之,降低蒸汽的温度或增加压强,汽就能凝成水。由此可见,水和汽在一定的温度和压强条件下是可以相互转化的。其他液体同样具有这种性质。在一定的温度下,水开始汽化的临界压强称为该温度下的饱和汽化压强。

水温和饱和汽化压强的关系见表4-5。

表 4-5 水温和饱和汽化压强的关系

水温(℃)	0	5	10	20	30	40	50	60	70	80	90	100
饱和汽化压强 $P_{汽}/(\rho g)$(m)	0.06	0.09	0.12	0.24	0.43	0.75	1.25	2.02	3.17	4.82	7.14	10.33

不同海拔高度的大气压水头见表 4-6。

表 4-6 不同海拔高度的大气压水头

海拔(m)	-600	0	100	200	300	400	500	600	700
大气压水头(m)	11.3	10.33	10.2	10.1	10.0	9.8	9.7	9.6	9.5
海拔(m)	800	900	1 000	1 500	2 000	3 000	4 000	5 000	
大气压水头(m)	9.4	9.3	9.2	8.6	8.1	7.2	6.3	5.5	

气泡溃灭时,水泵叶片内水流因惯性高速冲向气泡中心,产生强烈的局部水锤,其压强可达$(3.3 \sim 570) \times 10^7$ Pa,冲击的频率可达 2 万 ~3 万次/s,水泵的叶轮或泵壳的壁面在受到瞬间如此巨大局部压力的连续打击下,金属表面产生塑性变形或局部硬化,并产生金属疲劳现象,进而发生裂缝、剥蚀,使金属表面呈现蜂窝状孔洞,这就是汽蚀的机械剥蚀作用。在低压区生成气泡的过程中,溶解于水中的气体也从水中析出,所以气泡实际是水汽和空气的混合体。活泼气体(如氧气)借助气泡凝结时所产生的高温,对金属表面产生化学腐蚀作用。在高温高压下,水流会产生带电现象,过流部件的不同部位,因汽蚀产生温度差异,形成温差热电偶,导致金属表面的电解作用,即电化学腐蚀。另外,当水中泥沙含量较高时,由于泥沙的磨蚀,破坏了水泵过流部件的表层,发生汽蚀时,加快了过流部件的蚀坏程度。在气泡凝结溃灭时,产生压力瞬时升高和水流质点间的撞击及对过流部件的打击,使水泵产生噪声和振动现象,强烈的振动会使机组零件和泵房结构遭到破坏,噪声也会危害管理人员的身心健康。

汽蚀的发生会引起水泵性能的变化,它破坏了水流的正常运动规律,改变了流道内的过流面积和流动方向,因而叶轮与水流之间能量交换的稳定性遭到破坏,能量损失增加从而引起水泵的流量、扬程和效率的迅速下降甚至达到断流状态。这种工作性能的变化对不同类型的水泵是不同的。低比转速的离心泵叶片流槽狭长、宽度较小,汽蚀刚开始时,气泡占据一定的槽道面积,水泵的扬程、功率和效率开始下降,但对水泵的正常工作没有明显的影响。当外界条件使汽蚀更加严重时,气泡大量产生,阻塞流道,使液流的连续性遭到破坏,水流间断,$Q—H$、$Q—\eta$ 曲线迅速下降,如图 4-12(a)所示。对于中、高比转速的离心泵和混流泵,由于叶轮槽道较宽,不易被气泡阻塞,所以 $Q—H$、$Q—\eta$ 曲线先是逐渐下降,汽蚀严重时才开始锐落。对于高比转速的轴流泵,由于叶片间流道相当宽阔,故汽蚀开始后汽蚀区不易扩展到整个流道。因此,$Q—H$、$Q—\eta$ 曲线不仅下降缓慢,而且也不出现"断裂"工况,如图 4-12(b)所示。

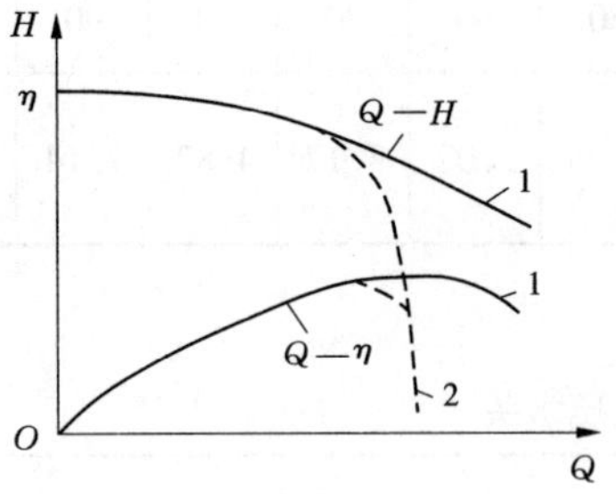

(a)离心泵

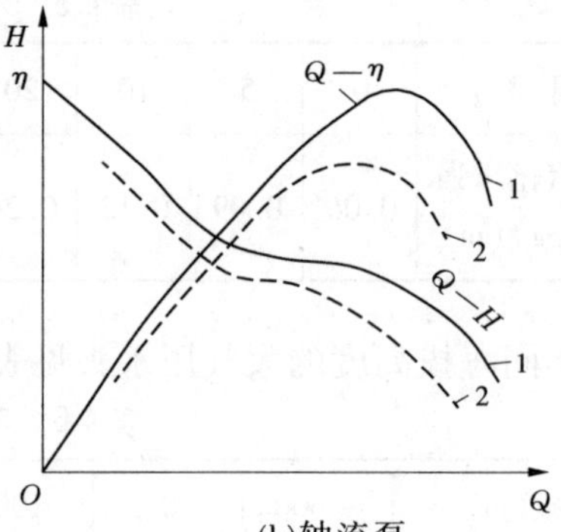

(b)轴流泵

1—正常运行时的性能曲线;2—发生汽蚀时的性能曲线

图 4-12 水泵发生汽蚀时的性能曲线

(二)汽蚀的类型及发生的部位

叶片泵常见的汽蚀有叶面汽蚀、间隙汽蚀和涡带汽蚀三种形式,如图 4-13 ~ 图 4-15 所示。

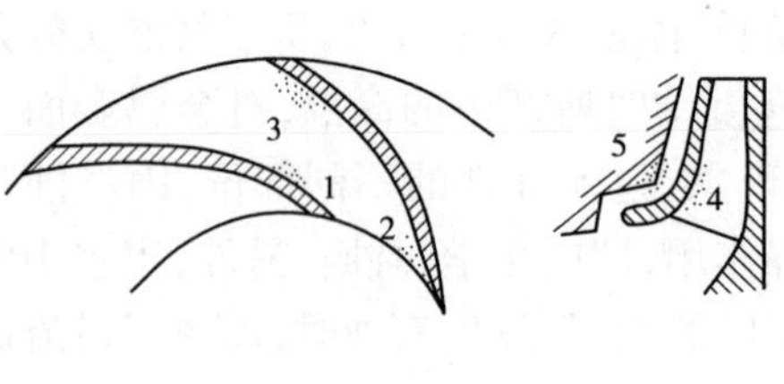

1—叶片正面汽蚀;2、3—叶片背面汽蚀;
4—前盖板汽蚀;5—间隙汽蚀

图 4-13 离心泵汽蚀发生部位

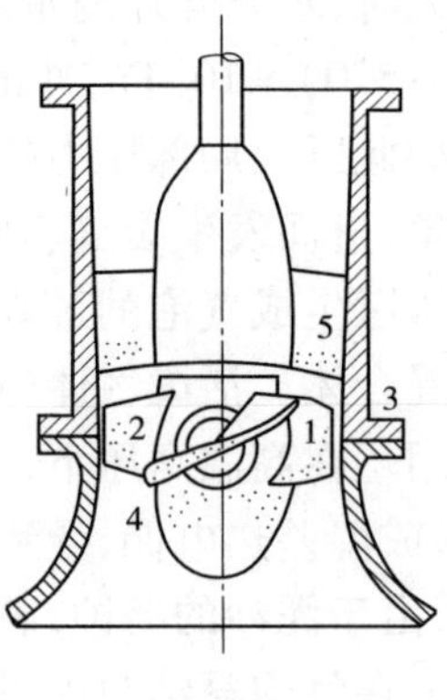

1—叶片正面汽蚀;2—叶片背面汽蚀;3—间隙汽蚀;
4—轮毂体表面汽蚀;5—导叶叶面汽蚀

图 4-14 轴流泵汽蚀发生部位

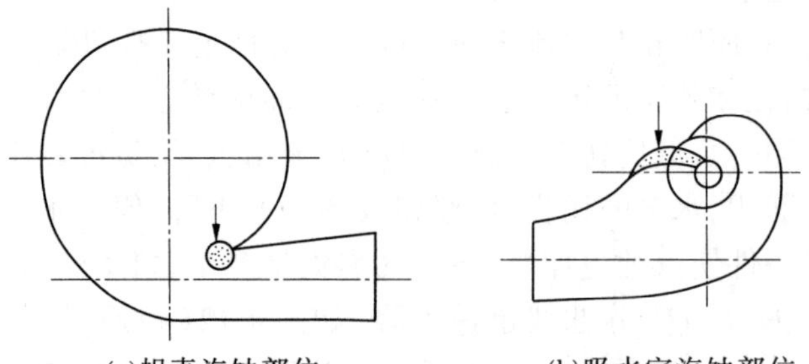

(a)蜗壳汽蚀部位 (b)吸水室汽蚀部位

图 4-15 蜗壳及吸水室汽蚀部位

叶面汽蚀是发生在叶片表面的汽蚀,随着泵的流量不同,汽蚀发生在叶片的正面、背面或前盖板内表面等部位。

间隙汽蚀是由于间隙回流发生在叶片外缘与叶轮室壁面之间,或密封环与叶轮进口外缘之间的汽蚀。

涡带汽蚀是由于进水池、进水流道设计不良或其他边界条件的变化产生涡带,当涡带进入水泵后,会助长或加重水泵的叶面汽蚀。

此外,离心泵涡壳隔舌处,半螺旋形吸水室内壁以及轴流泵导叶的正面、背面和轮毂处也有可能产生汽蚀。

(三)减轻汽蚀的措施

水泵的汽蚀性能主要由水泵本身的汽蚀性能和装置的使用条件决定。但减轻汽蚀的根本措施是在提高水泵本身的抗汽蚀性能,所以在水泵的设计和制造方面应尽可能提高水泵的吸水性能。对于水泵使用者而言,应在水泵装置和运行方面多加考虑。

1. 正确确定水泵安装高程

确定水泵安装高程时,应使水泵在任何工况下,装置汽蚀余量大于水泵的允许汽蚀余量$(NPSH)_r$,或者水泵的吸上真空高度H_s小于水泵的允许吸上真空高度H_{sa}。

2. 正确设计进水池

进水池内的水流要平稳均匀,不产生漩涡和偏流,否则使泵的汽蚀性能变坏。此外,要及时清除进水池的污物和淤泥,使水流畅通,流态均匀,还要保证进水喇叭有足够的淹没深度。

3. 正确设计进水管道

进水管道应尽可能短,减少不必要的管路附件,适当加大管径,以减小进水管道的水头损失,提高装置汽蚀余量。

为使水泵进口的水流速度和压力分布均匀,对于卧式离心泵,泵进口前进水管道水平直段不能过短,通常不小于4~5倍进口直径的直管长度。大、中型泵站的进水流道的形式、结构和尺寸要设计得合理,保证有良好的水力条件,防止有害的偏流和漩涡产生。

4. 正确进行工况调节

调节水泵的运行工况可以减轻汽蚀,对于离心泵,适当减小流量使工况点向左移动可减小$(NPSH)_r$,或增大H_{sa};对于轴流泵,可调节叶片安装角,使工况点移到$(NPSH)_r$值较小的区域。

5. 提高泵进口的压力

给水泵进水管道增压,如把离心泵出水管的水引入进水管,并用喷嘴增压,可以提高装置汽蚀余量,减轻汽蚀危害。

6. 控制水源含沙量

从多沙河流取水的泵站,由于水中含沙量的增加,会加剧过流部件的磨损并使水泵汽蚀性能恶化,因此水源含沙量必须加以控制。

7. 提高叶面光洁度

叶面光洁度对抗汽蚀性能有一定影响,叶片表面粗糙,会引起漩涡,导致汽蚀。对粗糙叶面,用户可精细加工,提高其光洁度。

8. 及时进行涂敷与修复

如果水泵过流部件已出现剥蚀,可采用金属或非金属材料在剥蚀部位及时涂敷修复,非金属材料包括环氧材料、复合尼龙、53－A 涂料等。涂敷修复后的叶轮，抗剥蚀和磨损的能力均大大提高，不仅延长了叶轮的使用寿命，而且提高了效率。对剥蚀和磨损伤痕亦可进行补焊修复。

9. 降低水泵转速

汽蚀性能参数与转速的平方成正比，降低水泵的转速，可以减轻汽蚀的程度。

10. 在汽蚀区补气

在泵进水侧补进适量空气，可以缓和气泡破灭时的冲击力，并减小汽蚀区的真空度，从而减轻汽蚀的程度。但进气量要适量，否则会使水泵性能变坏。

二、汽蚀性能参数

（一）允许汽蚀余量

汽蚀余量是表征水泵汽蚀性能的参数，我国一般用符号［Δh］，国际上用（$NPSH$）表示。

1. 装置汽蚀余量$(NPSH)_a$

装置汽蚀余量是指在水泵进口处，单位重量的水所具有的大于汽化压强的剩余能量，其大小以换算到水泵基准面上的米水柱表示。根据其定义，可写出下列表达式：

$$(NPSH)_a = \frac{p_s}{\gamma} + \frac{v_s^2}{2g} - \frac{p_e}{\gamma} \tag{4-4}$$

式中　p_s——水泵进口处的绝对压强，kPa；

p_e——所抽水温度下的汽化压强，kPa；

v_s——水泵进口的断面平均流速，m/s。

当水泵安装于进水建筑物水面以上时（见图 4-16），以进水建筑物水面为位置基准面，选用绝对压强，进水池水面流速水头忽略不计，对进水建筑物水面和水泵进口 s—s 断面列能量方程得

$$0 + \frac{p_a}{\gamma} + \frac{v_0^2}{2g} = H_{ss} + \frac{p_s}{\gamma} + \frac{v_s^2}{2g} + h_s \tag{4-5}$$

式中　p_a——进水建筑物水面上的大气压强，kPa；

p_s——水泵进口处的绝对压强，kPa；

v_s——水泵进口的断面平均流速，m/s；

h_s——吸水管路的水头损失，m；

H_{ss}——水泵吸水高度，m。

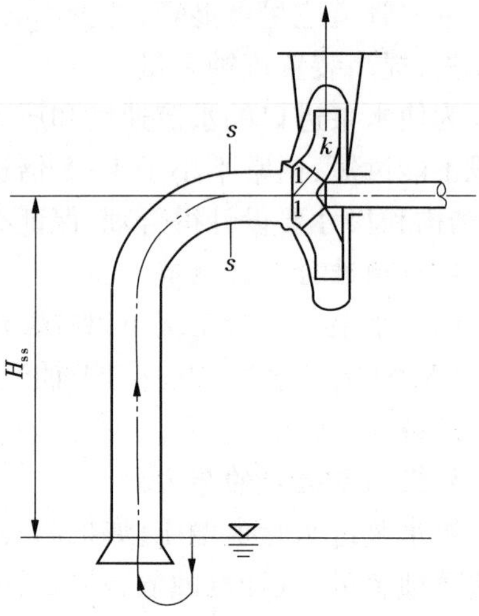

图 4-16　离心泵吸水装置简图

进水建筑物的流速水头很小，可以忽略不计。将式（4-5）代入式（4-4），并忽略进水建筑物中的流速水头，即可得到装置汽蚀余量的计算式，即

$$(NPSH)_a = \frac{p_a - p_e}{\gamma} - H_{ss} - h_s \tag{4-6}$$

由式（4-6）可知，装置汽蚀余量就是进水池水面的大气压力水头，把水提到 H_{ss} 的高度

并克服吸水管的水头损失 h_s 后，超过饱和汽化压力水头的能量。因此，它由泵吸入侧管路的装置条件及通过的流量所决定，与泵本身结构无关。在 p_a、p_e 一定的情况下，水泵吸水高度 H_{ss} 越高，$(NPSH)_a$ 越小，即装置给水泵提供的汽蚀余量越小，水泵出现汽蚀的可能性就越大。

2. 允许汽蚀余量 $(NPSH)_r$

如图 4-17 所示，水流从泵进口流入叶轮至压力最低点 k 产生不可避免的压力下降，当压力下降到 k 点工作水温下的饱和汽化压力时，泵内发生汽蚀。泵内开始发生汽蚀时的汽蚀余量称为临界汽蚀余量，用 $(NPSH)_k$ 表示。

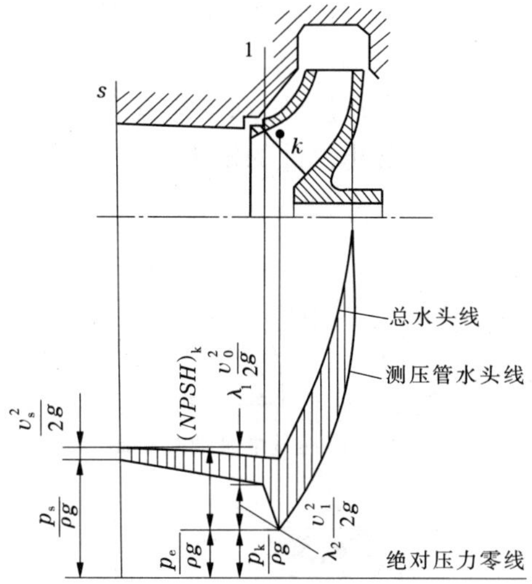

图 4-17　临界汽蚀余量示意图

为保证水泵运行时不发生明显汽蚀，通常将临界汽蚀余量适当加大 0.3 ~ 0.5，作为水泵的允许汽蚀余量。

$$(NPSH)_r = (NPSH)_k + 0.3 \sim 0.5 \tag{4-7}$$

$(NPSH)_r$ 和 $(NPSH)_k$ 一样都是水泵本身的汽蚀参数。在水泵的流量和转速相同时，其数值越小，表示水泵的汽蚀性能越好。

（二）允许吸上真空高度

允许吸上真空高度是为保证水泵内部压强最低点不产生，或仅产生微弱的对水泵工作尚无危害的汽蚀时，在水泵进口处允许的最大真空度，用 $[H_s]$ 表示。

假设进水池水面为大气压强，对水面和叶轮进口列能量方程并整理得

$$\frac{p_a - p_1}{\gamma} = H_{ss} + \frac{v_1^2}{2g} + h_s \tag{4-8}$$

式中　$\frac{p_a - p_1}{\gamma}$ ——水泵进口处的真空高度。

式(4-8)表明水泵吸水过程中，进水池水面和水泵进口间的压差（能量），一方面用于维持水的流动所需要的流速水头，一方面用于克服因流动而引起的水头损失，另一方面用于把水流从进水池水面提升 H_{ss} 的高度。三者中任何一项增大，都会引起真空度的增加。

为了防止水泵产生汽蚀,水泵安装时的真空度不允许超过某一限值,即允许吸上真空高度$[H_s]$。

如果水泵进口处的真空高度达到$[H_s]$,则其对应的H_{ss}即为水泵允许的最大净吸上高度$[H_{ss}]$,考虑0.3~0.5 m的安全数值,即

$$[H_s] = [H_{ss}] + \frac{v_1^2}{2g} + h_s \tag{4-9}$$

三、水泵安装高程的确定

水泵的安装高程是指满足水泵不发生汽蚀的基准面高程,水泵的基准面如图4-18所示。水泵的安装高程直接影响水泵的吸水性能和泵站的土建费用。水泵安装得过低,泵房土建投资大,施工难度大;过高则水泵易发生汽蚀。因此,合理确定水泵的安装高程,既能保证水泵的正常运行,防止汽蚀的发生,又能降低造价,在水泵站的规划设计中具有重要意义。

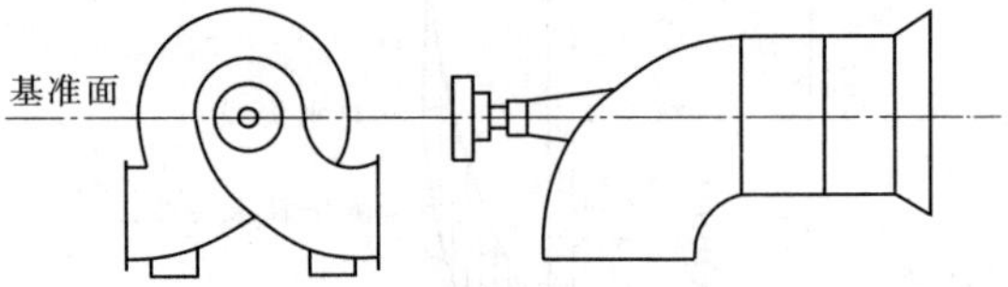

(a)卧式叶片泵(通过水泵轴线平面)

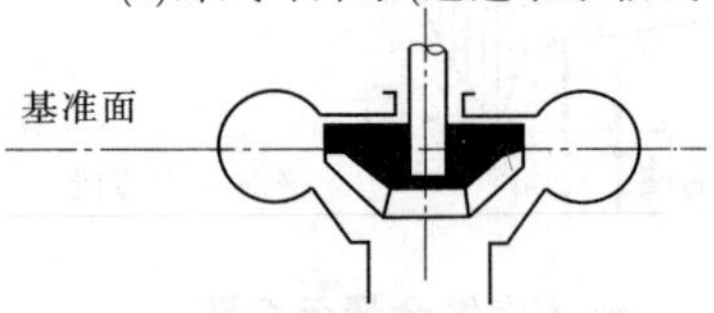

(b)立式离心泵与混流泵(通过第一级叶轮出口中心的水平面)

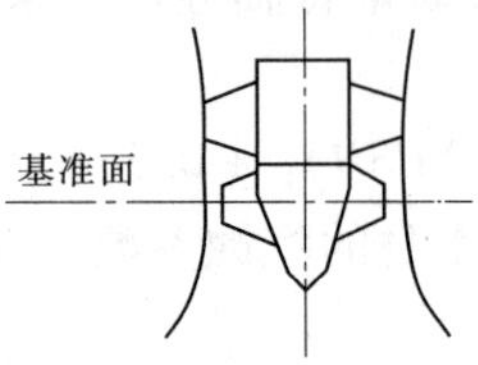

(c)立式轴流泵(通过叶轮轴线的水平面)

图4-18　水泵的基准面

(一)用允许汽蚀余量$(NPSH)_r$计算安装高度

1. 安装高度确定

轴流泵的吸水性能一般是用汽蚀余量来表示的,其最大安装高度按下式计算:

$$[H_{ss}] = \frac{p_a - p_e}{\gamma} - (NPSH)_r - h_s \tag{4-10}$$

2. 公式适用条件

公式适用条件是要求水泵在设计转速下运行。

3. 公式修正

$$(NPSH)'_r = (NPSH)_r\left(\frac{n'}{n}\right)^2 \tag{4-11}$$

式中　n、n'——设计转速、实际转速，r/min；

$(NPSH)_r$、$(NPSH)'_r$——修正前、后工况点的允许汽蚀余量。

（二）用允许吸上真空高度$[H_s]$计算安装高度

1. 安装高度确定

卧式水泵多安装在进水池水面以上，其最大安装高度按下式计算：

$$[H_{ss}] = [H_s] - h_s - \frac{v_1^2}{2g} \tag{4-12}$$

2. 适用条件

在确定水泵的安装高度时，水泵样本中给出的$[H_s]$是在标准条件下的允许吸上真空高度值。所谓标准条件是指：①水泵的转速是设计转速；②大气压为一个标准大气压；③水温在20 ℃以下。

3. 公式修正

1）对海拔和水温的修正

如果站址处的实际情况与标准条件不一致，应对$[H_s]$值进行修正。

水的饱和汽化压力是依水的温度而定的（见表4-5），各地大气压的数值取决于各地的海拔（见表4-6）。允许吸上真空高度应由下式修正：

$$[H'_s] = [H_s] - 10.09 + H_a - \frac{p_e}{\gamma} \tag{4-13}$$

2）对转速的修正

$$[H''_s] = 10.09 - (10.09 - [H'_s])\left(\frac{n'}{n}\right)^2 \tag{4-14}$$

式中　n、n'——修正前、后的转速，r/min。

根据式(4-9)和式(4-11)算出的安装高度为正值，表示该水泵可以安装在水面以上，如卧式离心泵的安装；若安装高度为负值，表示该水泵必须安装在水面以下，其数值即表示叶轮中心必须淹没在水下的最小深度。为保证水泵正常启动工作，常采用0.5～1.0 m淹没深度。立式轴流泵为了便于启动，常将叶轮中心线淹没于水下0.5～1.0 m，而不采用水面上安装的方式。

（三）水泵安装高程的确定

水泵的安装高程为进水池水位加上相应的安装高度。实际工作中，常采用进水池最高水位加上相对应的安装高度，与进水池最低水位加上相对应的安装高度进行比较，取两者的最小值。

$$Z = \mathrm{Min}(Z_{max} + [H_{ss}], Z_{min} + [H_{ss}]) \tag{4-15}$$

项目小结

本项目设置了三个任务，主要讲述了水泵及动力机的选择、管路及管路附件的配套和水泵的汽蚀性能与安装高程的确定。

水泵选型是根据设计扬程的大小初步界定水泵的大致类型，确定泵型所适用的型谱图或性能表，经过初选泵型、工作点校核、确定泵型等最终完成选型工作。水泵配套动力机可由水泵厂家提供，也可自行选配。自行选配动力机时，要根据水泵的安装方式、旋转方向及配套功率等合理选定。

管路设计采用的管径由经济流速控制，在管径采用标准化直径后注意经济流速的校核。应结合实际工程地形、水源等条件合理设计管路及选配管路附件。

允许汽蚀余量或允许吸上真空高度表示水泵的汽蚀性能，是水泵的基本性能参数。水泵在设计转速运行时，其允许汽蚀余量或允许吸上真空高度随流量的变化呈现一定的规律，即水泵的基本汽蚀性能曲线。水泵的安装高程是指其基准面的海拔高度。安装高程要合理，否则会影响水泵的运行和建设投资。安装高程的确定要考虑水泵的不同工作状况，用汽蚀性能参数计算吸水高度，加上对应的进水池水位得到安装高程。比较几个不同工作状况时的安装高程，取最小值作为水泵的合理安装高程。

复习思考题

1. 选择水泵时应考虑哪些因素？
2. 水泵选型的步骤与方法是什么？
3. 水泵台数与泵站的运行性能、投资有什么关系？
4. 水泵与动力机的传动方式有哪些？各有什么优缺点？
5. 离心泵抽水装置中管路附件指的是哪些？各起什么作用？
6. 什么是叶片泵汽蚀？泵内汽蚀的主要原因是什么？有哪些危害？
7. 什么是装置汽蚀余量？如何确定？
8. 允许汽蚀余量与允许吸上真空高度有何区别？有什么关系？
9. 允许吸上真空高度受水温与海拔影响时如何修正？
10. 卧式泵与立式泵在确定安装高程时有何区别？

项目五　泵站工程规划

泵站工程是利用机电提水设备及其配套建筑物,给水流增加能量,使其满足兴利除害要求的综合性系统工程。

从经济的角度来看,泵站工程的基本建设投资及运行中所消耗的能源费、维修费和管理费等,在其所属生产部门的产品成本中均占有相当大的比例。因此,正确地进行泵站工程的规划设计,尽可能地减少其基建投资,节约能源消耗,降低运行成本,有十分重要的经济意义。

泵站工程规划的主要任务是:确定工程规模及其控制范围,确定灌溉或排水标准,确定工程总体布置方案,选择泵站站址,确定设计扬程和设计流量,选择适宜的泵型或提出研制新泵型的任务,选配动力机和辅助设备,确定总装机容量,拟订工程运行管理方案,进行技术经济论证并评价工程的经济效益,为决策部门和泵站工程设计提供可靠的依据。

泵站工程规划必须以流域或地区水利规划为依据,按照全面规划、综合治理、合理布局的原则,在正确处理局部与整体、近期与远景、提水灌排与自流灌排、提水灌排与蓄水的关系,以及充分考虑泵站工程综合利用的基础上进行。

任务一　灌溉泵站工程规划

【学习目标】1. 熟悉灌区划分的方式,理解灌溉泵站的布置要求。
2. 掌握灌溉泵站的设计流量、特征水位和特征扬程的确定。

灌溉泵站工程规划应在查勘灌区地形、水源、已有水利工程设施和行政区划情况,收集水文、气象、交通、能源、灌区农作物种植和社会经济状况等资料的基础上,根据批准的流域规划或地区水利规划,初步确定工程规模和控制范围以后,进行工程的总体布置,即划分灌区、确定站址、布置枢纽,以及确定泵站的设计流量和设计扬程。

一、灌区的划分

根据提水灌区的地形、水源、能源和行政区划等条件,在规划中论证是分区控制还是集中控制,从而达到技术上可行、工程投资少、运行费用低的目的。

(一)提水灌区划分方式

1. 一站一区式

全灌区由一个泵站集中控制,泵站将水全部抽送到灌区的最高控制点,再由一条或多条灌溉干渠将水经各级渠道分配到全部灌区的面积上,如图 5-1 所示。图中,A 为泵站,B 为出水管道,C 为出水池,D 为输水干渠。这种方式适用于面积小、地形高差不大的灌区。

其优点是工程规模小、见效快、机电设备少且便于管理等。

2. 多站分区式

灌区内建立几个泵站,每一个泵站控制灌区的一部分面积,如图 5-2 所示。这种方式适用于面积较大、地势平坦的灌区,以及灌区内天然沟河或行政区划分界的情况。其优点是输水渠道短,交叉建筑物少。

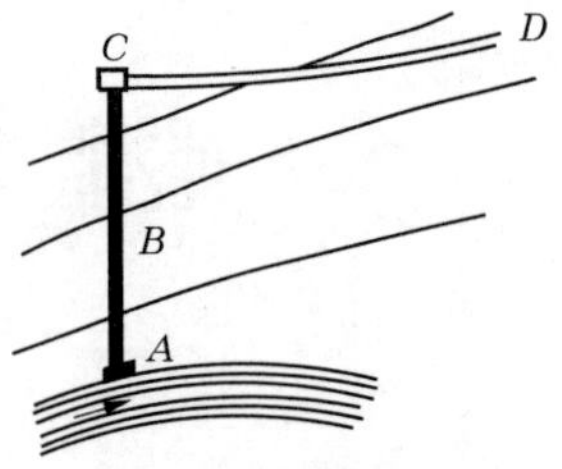

图 5-1　一站一区式

3. 一站分区式

当灌区的面积较小,但地面高差较大时,可以在灌区内建一座泵站,安装不同扬程的水泵,向不同高程出水池供水,分别灌溉不同高程的农田,如图 5-3 所示。其优点是避免高水低灌,节约能源。

4. 多级分区式

若灌区面积大,地形高差也大,可以在灌区内的不同高程处分别建立泵站,形成梯级提水,每一级控制一部分灌溉面积,并向后一级泵站供水,避免高水低灌的现象,如图 5-4 所示。其优点是节省能源。

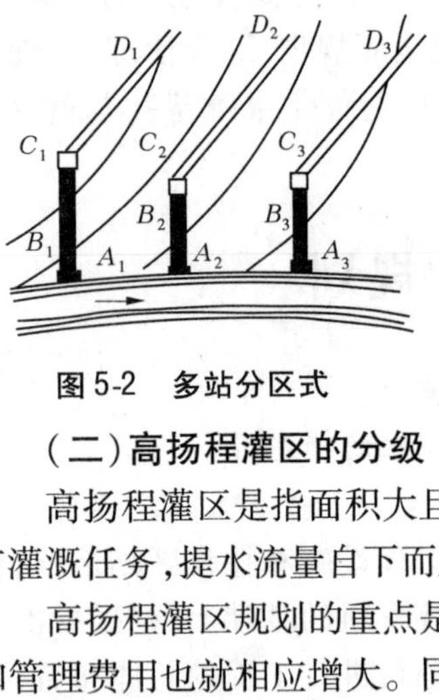

图 5-2　多站分区式

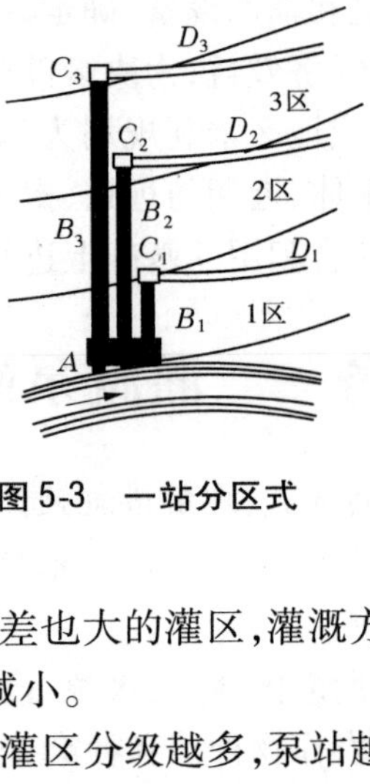

图 5-3　一站分区式

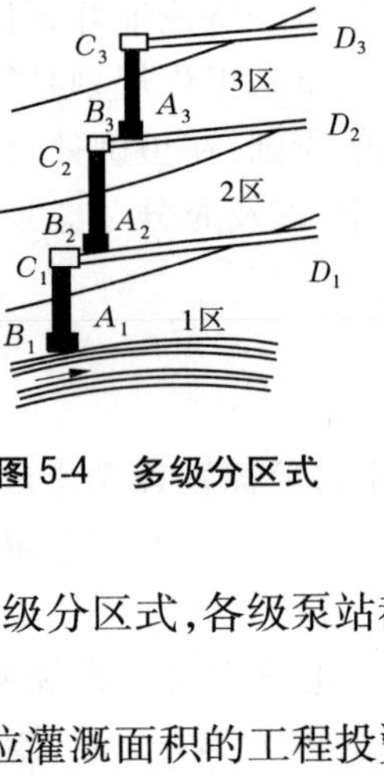

图 5-4　多级分区式

(二)高扬程灌区的分级

高扬程灌区是指面积大且地形高差也大的灌区,灌溉方式为多级分区式,各级泵站都有灌溉任务,提水流量自下而上逐级减小。

高扬程灌区规划的重点是分级。灌区分级越多,泵站越多,单位灌溉面积的工程投资和管理费用也就相应增大。同时,在上下级泵站用水的配合上、水费的计算上也会带来新的问题。但多级提水克服了高水低灌的现象,所以总装机容量要比采用一级提水小,且分级越多,总容量越小,节能效果越好。因此,高扬程灌溉工程应该从技术、经济、灌区面积分布、地形变化等方面进行综合分析,全面衡量,最后确定出最佳方案。

在灌溉级数已定的情况下,可应用最小功率法确定各级泵站的出水池水位,即近似地等于下一级泵站的站址高程。所谓最小功率法,是指按这种方法确定各级泵站的站址高程,所得多级泵站的总装机容量为最小。

最小功率法的原理是:各级泵站的净扬程等于 $H=f(A)$ 曲线在该站站址处的坡度乘以相邻的前一级泵站的灌溉面积。下面结合实例,阐明利用最小功率法的原理确定各级泵站站址高程的图解方法。

需要说明的是,按照最小功率法确定的泵站工程的站址,只能作为选择站址高程的初步依椐。因为,实际的站址还受到地形、技术和经济等诸方面条件的限制,只有进行综合分析和论证,才能最后确定各级泵站的站址。

【例 5-1】 某灌区灌溉面积13 000亩,自水源至最高控制点所需提水总扬程为 40 m,计划分 4 级提水,试用图解法求总功率为最小时,各级泵站的提水高程、扬程和灌溉面积。

解:图解时,根据表 5-1 的统计资料(该表是以一级站进水池水位为零统计的),绘制扬程—面积[$H=f(A)$]关系曲线。其做法是以一级站进水池水面上的一点为原点,以面积 A 为横坐标、以扬程 H 为纵坐标绘制,如图 5-5 所示。

表 5-1 扬程与灌溉面积关系

扬程 H(m)	5	10	15	20	25	30	35	40
面积 A(亩)	500	1 200	2 100	3 500	5 000	7 100	9 700	13 000

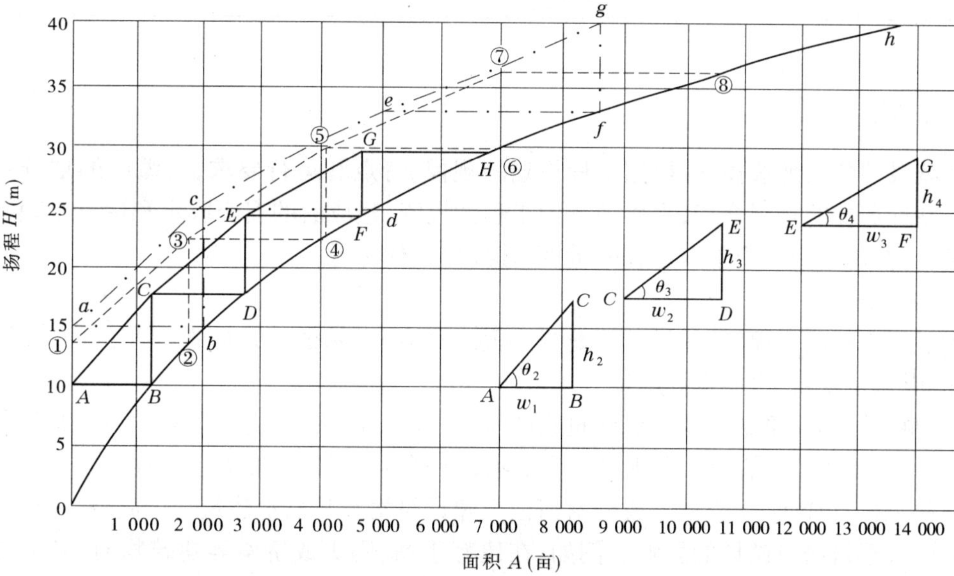

图 5-5 最小功率图解法

先假设一级站扬程为 $H/4$,即 $40/4=10$(m),进行第一次图解,步骤如下:

(1)从 A 点(扬程为 10 m 处)作水平线交曲线于 B 点。

(2)再从 A 点作 AC 线平行于 B 点的切线,并与过 B 点的垂线 BC 交于 C 点,C 点的高程为 17.5 m,即为二级站的提水高程。

(3)同法,过 C 点作水平线交曲线于 D 点,再从 C 点作 CE 线平行于 D 点的切线,并与过 D 点的垂线交于 E 点,E 点的高程为 24 m,即为三级站的提水高程。

(4)重复上述作图法,得 F、G、H 各点。G 点的高程为 29.5 m,即为四级站的提水高程。但未达到 40 m 高程,不符合该站要求,说明原假设的一级站扬程偏低,需调整到 h(m),h 值应满足下述条件,即 $h:10=40:29.5$,求得 $h=13.6$ m。

再进行第二次图解,步骤如下:

(1)将一级站扬程改为 13.6 m,如图 5-5 中点①。

(2)按上法,依次得②、③、…、⑧点。点⑧的高程为 36.5 m,该值仍达不到 40 m 高程,说明一级站扬程仍然偏低。应再调整为 h'(m):h':13.6 =40:36.5,则 h' =15 m。

再进行第三次图解,步骤如下:

(1)设一级站扬程为 15 m,如图 5-5 中 a 点。

(2)同上法,依次求得 b、c、d、e、f、g 各点,g 点高程为 40 m,满足本题要求。此时图解所得的各点 a、b、c、d、e、f、g 及其相应的数据,即为所求各级泵站的高程、扬程和灌溉面积,详见表 5-2。

表 5-2　各级泵站站址高程、扬程和灌溉面积

站别	一级站	二级站	三级站	四级站	合计
站址高程(m)	0	15	25	33	
扬程(m)	15	10	8	7	40
灌溉面积(亩)	2 100	2 900	3 500	4 500	13 000

二、站址选择

灌溉泵站的站址选择,应根据工程规划的规模、特点和运行要求,与灌区的划分一起考虑。站址选择的是否合理,直接关系到工程的投资、建成后的安全取水和运行管理等问题。所以,在规划中必须予以足够的重视,选择出最佳位置。

(一)水源

为了便于控制全灌区,并尽可能地减小提水高度,泵站的站址应选在灌区的上游,且水量充沛、水位稳定、水质良好的地方。

从河流取水时,泵站或其取水建筑物的位置,要选择在河流的直段或凹岸下游河床稳定的河段上,不要选在容易引起泥沙淤积、河床变形、冰凌阻塞和靠近主航道的地方。尽可能地避免在有沙滩、支流汇入或分岔河段上建设泵站及其取水建筑物。此外,还应注意河流上已有建筑物对站址的影响。例如,在建有丁坝、码头或桥梁等建筑物时,其上游水位被壅高,而下游水流发生偏移,容易形成淤积。因此,站址或取水口宜选在桥梁的下游,丁坝、码头同岸的上游或对岸的下游。同时,也应防止后建建筑物对站址或取水口的影响。

从水库取水时,因水库水位变幅较大,应首先考虑在坝的下游建站的可能性,且要远离易淤积的区域。其次,站址要靠近灌区,岸坡应稳定,取水要方便。

(二)地形

泵站应选在地形开阔、岸坡适宜的地方。站址地形应满足泵站建筑物布置,土石开挖量较小,便于通风采光,对外交通方便,适宜布置出水管道、出水池和输水渠道,并便于施工等。同时,要考虑占地、拆迁因素,尽量减少占地,减少拆迁赔偿费用。

(三)地质

泵站的主要建筑物应建在岩土坚实、抗渗性能良好的天然地基上,不能选在断层、滑坡、软弱夹层及有隐患的地方。当遇淤泥、流沙、湿陷性黄土、膨胀土等地基不可避开时,应慎重研究确定基础类型,采取相应的基础加固措施。

(四)交通

选择站址时,应充分考虑交通问题,尽量使交通方便,以便于设备及材料运输和工程的管理。

(五)电源及其他

为了降低输变电工程的投资,泵站应尽可能靠近电源,缩短输电线路的长度。同时,应尽可能靠近居民点,以及考虑工程建成后的综合利用问题,也应考虑到今后扩建的可能性。

三、灌溉泵站总体布置

枢纽布置是在站址选定后需要进行的一项重要工作。布置是否合理,将直接影响到泵站的安全运行和工程造价。

枢纽的组成包括泵房、进水建筑物(进水闸、引渠、前池和进水池等)、出水建筑物(出水管道、出水池或压力水箱等)、专用变电站、其他枢纽建筑物和工程管理用房、职工住房、内外交通、通信以及其他管理维护设施等。它们的组合和布置形式取决于建站目的、水源特征、站址地形、站址地质和水文地质等条件。

从河流(渠道或湖泊)取水的泵站,一般分为引水式和岸边式两种。当水源与灌区控制高程之间距离较远,站址的地势平坦时,采用引水式布置(见图5-6),利用引渠将水从水源引至泵房前,泵房接近灌区,这样可以缩短出水管道的长度。当水源水位变化不大时,可不设进水闸控制;当水源水位变幅较大时,在引水渠渠首设进水闸,这样,既可控制进水建筑物的水位和流量,又有利于水泵的工作和泵房的防洪。但泵房常处于挖方中,地势较低,影响泵房的通风和散热。

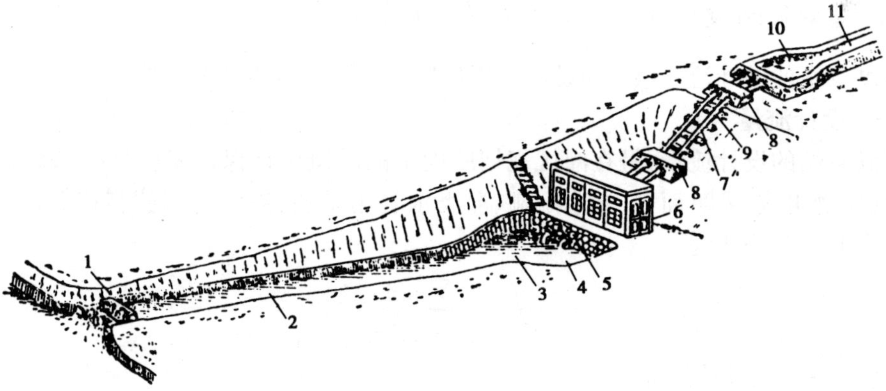

1—进水闸;2—引渠;3—前池;4—进水池;5—进水管;6—泵房;
7—出水管道;8—镇墩;9—支墩;10—出水池;11—灌溉干渠

图5-6 引水式泵站布置图

当灌区靠近水源,或站址地面坡度较陡时,常采用岸边式泵站的布置形式(见图5-7),即将泵房建在水源的岸边,直接从水源取水。根据泵房与岸边的相对位置,其进水建筑物的前沿有与岸边齐平的,也有稍向水源凸出的。这种布置形式的不足之处是水源水位直接影响到水泵的工作和泵房的防洪,泵房的工程投资较大。

1—进水池;2—机房;3—出水池;4—翼墙

图 5-7　岸边式泵站布置图

从多泥沙河流上取水的泵站,当具备自流引水沉沙、冲沙条件时,应在引渠上布置沉沙、冲沙设备;当不具备自流引水沉沙、冲沙条件时,可在岸边设低扬程泵站,布置沉沙、冲沙及其他除沙设施,为泵房抽引清水创造条件。

从水库取水的泵站,当水库岸边坡度较缓、水位变幅不大时,可建引水式固定泵站;当水库水位变幅较大时,可建岸边式固定泵站或竖井式(干室型)泵站;当水库水位变幅很大时,可采用移动式(缆车式、浮船式)泵站或潜没式固定泵站。

四、灌溉泵站设计流量和设计扬程的确定

灌溉泵站的设计流量(Q)和设计扬程(H)是水泵选型的基本依据。

(一)设计流量

灌溉泵站的设计流量,是在灌区规划所确定的灌溉设计保证率(85% ~95%)的条件下,根据作物组成、灌溉面积、灌水定额、灌溉水利用系数、灌区内调蓄容积等资料综合分析来确定的。其公式为

$$Q = \frac{\sum mA}{3\ 600Tt\eta} \tag{5-1}$$

式中　Q——灌溉设计流量,m^3/s;

m——用水高峰时段内各种作物的最大一次灌水定额,m^3/亩;

A——灌溉面积,亩,按稻作区、旱作区分别统计;

T——灌水天数,d,参考表 5-3;

t——每昼夜水泵开机时数,一般可取 24 h;

η——灌溉水利用系数,表 5-4 为规划时要求达到的标准。

表 5-3　作物不同生长期灌水天数

作物种类	生长期	灌水天数(d)
水稻	泡田水 生长期补水	7~15 3~5
冬小麦	播前灌 拔节后灌	10~20 10~15
棉花	播前灌 苗期、花铃期 吐絮期	10~30 6~10 8~15

表 5-4　提水灌区灌溉水利用系数 $\eta_{灌}$ 参考值

灌溉面积(万亩)	<1	1~10	10~30	30~50	>50
$\eta_{灌}$	0.85~0.75	0.75~0.70	0.70~0.65	0.60	0.55

在有调蓄容积的提水灌区,灌溉站应尽量与塘、库等蓄水工程相结合,充分利用调蓄容积,削减用水峰量,从而减小泵站的装机容量和降低能源消耗。

在缺乏资料的情况下,根据已有灌溉工程的统计资料,也可用下列公式估算设计流量:

$$Q = MA \quad (m^3/s) \tag{5-2}$$

式中　A——灌溉面积,万亩;

M——灌水模数,即单位灌溉面积所需灌溉用水流量,$m^3/(s \cdot 万亩)$,参考表 5-5。

表 5-5　部分地区的灌水模数

地区	灌水模数[$m^3/(s \cdot 万亩)$]
南方平原湖区	1.33~1.0
南方丘陵地区	1.0~0.67
关中地区(大、中型灌区)	0.5~0.4
关中地区(小型灌区)	1.0
陕南、陕北	1.0

【例 5-2】　山西某灌区的灌溉面积为 40 万亩,其他资料缺乏。试确定该灌区设计流量。

解:根据题意,代入式(5-2)得

$$Q = MA = 0.5 \times 40 = 20(m^3/s)$$

故该灌区设计流量为 20 m^3/s。

（二）特征水位与特征扬程

1. 特征水位

1）进水池水位

（1）防洪水位。对于直接挡洪的泵房，可根据泵房建筑物的级别，采用表 5-6 规定的设计防洪标准，推求泵房的设计防洪水位。防洪水位是确定泵房建筑物防洪墙顶部高程的依据。

表 5-6　泵站工程级别及设计防洪标准

泵站等级	泵站规模	装机流量（m^3/s）	主要建筑物级别	洪水重现期（年）
Ⅰ	大(1)型	≥200	1	100
Ⅱ	大(2)型	50～200	2	50
Ⅲ	中型	10～50	3	30
Ⅳ	小(1)型	2～10	4	20
Ⅴ	小(2)型	<2	5	10

（2）最高运行水位。用于确定泵站的防洪高程和最小扬程。根据建筑物防洪设计标准所规定的保证率来计算，一般采用灌溉期某一保证率（如 10%～20%）的水源日平均水位来推求。若泵站位于防洪堤内，泵房前设有进水闸，下水位受到节制，应根据具体情况来确定，一般按灌溉期内河最高蓄水位来推求；从渠道取水时，取渠道通过加大流量时的水位。

（3）设计水位。用于确定泵站的设计扬程等。以江河、湖或水库为水源的泵站，采用历年灌溉期相应于灌溉设计保证率 85%～95% 的水源日或旬平均水位；以渠道为水源的泵站，采用渠道的设计水位。

（4）最低运行水位。用于确定水泵的安装高程和进水闸的底板高程等。以江河、湖泊和水库作为水源的泵站，取历年灌溉期保证率 95%～97% 的最低日平均水位；从渠道取水时，取渠道通过单泵流量时的水位。

（5）平均水位。从河流、湖泊或水库取水时，取灌溉期多年日平均水位；从渠道取水时，取渠道通过平均流量时的水位。

2）出水池水位

（1）最高运行水位。用以确定出水池的墙顶高程。当出水池与输水河道相接时，取输水河道的校核洪水位；当出水池与输水渠道相接时，取泵站最大流量时出水池中相应的水位。

（2）设计水位。当灌区的干渠通过设计流量时，出水池（灌区干渠的渠首）中相应的水位即设计水位，应按灌区末级渠道的设计水位推算出来。

（3）最低运行水位。一般为泵站运行时单泵流量相应的出水池水位，用来确定出水池内出水管道的管口上缘高程。

（4）平均水位。取灌溉期多年平均水位。

2. 特征扬程

1)设计扬程

设计扬程等于出水池与进水池设计水位之差,再加相应的管路水力损失。在此扬程下,泵站的提水流量必须满足灌溉设计流量的要求,设计扬程是选择泵型的主要依据。设计扬程可按下式确定:

$$H_{设} = H_{净} + h_{损} \tag{5-3}$$

式中　$H_{设}$——灌溉泵站设计扬程,m;

$H_{净}$——灌溉泵站设计净扬程,m;

$h_{损}$——泵站进出水管路损失扬程,m,此值可按(5% ~15%)$H_{净}$估算。

【例 5-3】 某乡镇拟兴建一座灌溉泵站。根据灌区规划,站址处水源水位在灌溉期的平均值为 4 m,灌溉渠首设计水位为 85 m。通过初步布置,泵房离水源约 300 m,拟用明渠引水。试确定该泵站的设计扬程。

解:泵房距水源 300 m,进水池至水源间的引水损失估算为 0.15 m,则进水池设计水位可定为 4 - 0.15 = 3.85(m)。出水池与灌溉渠首连接考虑有 0.1 m 合理壅高,则出水池设计水位为 85 + 0.1 = 85.1(m)。进出水管路损失扬程按 15% $H_{净}$ 估算为 0.15 × (85.1 - 3.85) = 12.19(m),则该站设计扬程为

$$H_{设} = H_{净} + h_{损} = 85.1 - 3.85 + 12.19 = 93.44(\text{m})$$

取 93.5 m。

2)平均扬程

平均扬程是泵站灌溉期中出现概率最大、运行历时最长的工作扬程(对于低扬程泵站,可取代设计扬程)。水泵在平均扬程工况下,能处于高效区运行,单位消耗能量最少。平均扬程一般按泵站进出水池平均水位差,并计入水力损失确定。对于提水流量年内变化幅度较大,水位、扬程变化幅度也较大的泵站,应根据设计典型年泵站提水过程中各时段的流量、扬程和相应历时用加权平均法来确定。其计算公式为

$$\overline{H} = \frac{\sum H_i Q_i t_i}{\sum Q_i t_i} \tag{5-4}$$

式中　$\overline{H}$——灌溉泵站平均扬程,m;

H_i——相应时段的泵站运行扬程,m;

Q_i——相应时段的泵站提水流量,m^3/s;

t_i——提水期间各时段的历时,d 或 h。

3)最高扬程

最高扬程等于出水池最高水位与进水池最低水位之差,再加相应的管路水力损失。泵站在此扬程下工作,提水流量将小于灌溉设计流量。对于具有下降型 $Q—P$ 曲线的泵型(如轴流泵),应按此运行工况来选配动力机的功率。

4)最低扬程

最低扬程等于出水池最低水位与进水池最高水位之差,再加相应的管路水力损失。水泵在此扬程下工作时,单泵流量为各运行工况中的最大值。对于具有上升型 $Q—P$ 曲

线的泵型(如离心泵),应以此运行工况选配动力机的功率。

另外,最高扬程、最低扬程时水泵工况应在水泵的高效率区范围内,并应校核水泵是否发生汽蚀。

任务二　排水泵站工程规划

【学习目标】 1. 掌握排水区的划分,理解排涝泵站的布置要求。
2. 掌握排水泵站的设计流量、特征水位和特征扬程的确定。

排水泵站工程的任务是排涝、排渍,减轻洪涝灾害。

排水泵站工程建于沿江(河)滨湖、滨海圩垸和平原地区的低洼地带,暴雨季节,涝水不能自流排除,必须提排才能避免或减轻涝灾的地方。规划中应充分注意到暴雨历时短、水量大的特点;充分利用地形高差和有利时机,自流排水;充分利用区内河、湖、沟、渠等作为调蓄容积,以削减洪峰,减少装机容量。另外,排水泵站在整个使用期间的运行时间很短,应尽量使其兼作排涝、排渍、治碱、灌溉提水,又能进行加工生产、调相运行、改善环境等方面的服务,提高设备利用率,充分发挥工程的综合效益。

一、排水区的划分及排水方式选择

根据排水地区的面积和地形等自然条件,贯彻高低水分流、主客水分流、自排为主、自排与抽排结合、排蓄与排灌兼顾的原则,划分排水区域,使泵站布局合理,从而达到装机容量小、投资省、设备利用率高的要求。常见的排水区划分有以下几种。

(一)一级排水

1. 一区一级排水

地形高差不大、排水面积不大的地区,在排水出路集中时,可采用一圩一站、一区一级排水的布置形式,即在区内低洼处建站,控制全区涝水,集中外排,如图5-8所示。

2. 分区一级排水

在排水区面积较大时,应结合地形和排水出路等条件适当分区,进行分区一级排水。若地形高差较大,如圩区毗邻丘陵,当高处客水下泄时,易加剧内涝灾害。这种情况下,可在适当高程处,沿等高线挖沟截流(称为高排沟),涝水经沟端高排闸排入承泄区,实现高水高排的目的。区内低洼处另建排水泵站和低排闸,涝水经低排沟集中后,由排水泵站或低排闸外泄,如图5-9所示。这样可减少排涝站的装机容量,增加设备的利用率。

(二)分级排水

在排水面积较大,地形比较复杂,地面高差大,区内有湖泊等蓄涝容积的排水区,可采用分区分级的排水方式,如图5-10所示。根据自然地形条件,将全区分成若干分区,分区内地形高差较小,然后各分区根据具体条件建闸或站进行自排或抽排,如图5-10中沿承泄区的各分区。其中,高排区为自排区,设排水闸自排。低排区为抽排区,需建外排站(又称一级站)进行抽排。同时利用湖泊滞涝,在滨湖各低洼地区分区后建内排站(又称二级站),将涝水抽排入湖内暂蓄,等外排站抢排各低排区的涝水后,再将湖内涝水经排

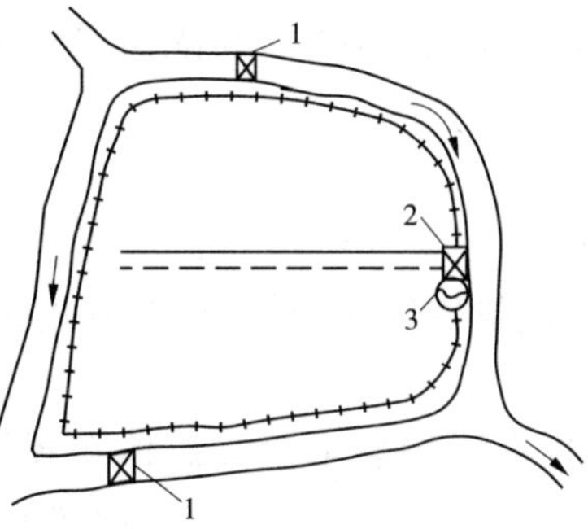

1—节制闸;2—排水闸;3—排水站

图5-8 一区一级排水

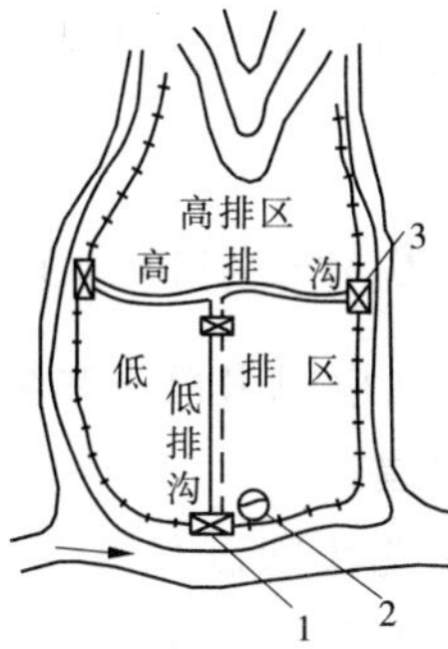

1—低排闸;2—排水站;3—高排闸

图5-9 分区一级排水

水沟送至外排站排出,腾空内湖蓄水容积,以供下次治涝使用。由于排湖时间不受作物耐淹时间限制,因此可以延长全区一次暴雨后的总排水时间,从而削减排水站的设计流量,减少总装机容量,节省投资。

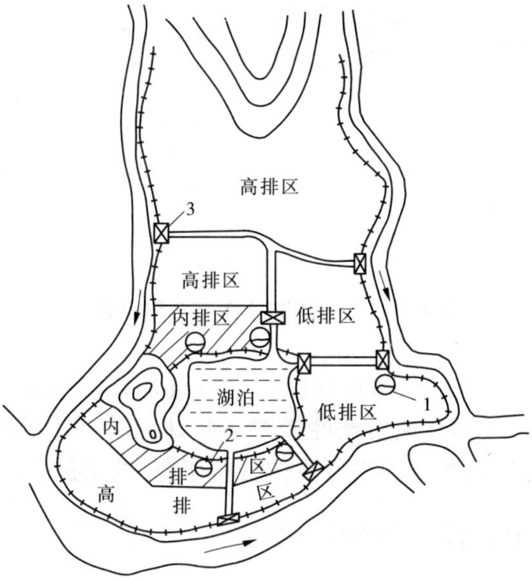

1—外排站;2—内排站;3—排水闸

图5-10 分区分级排水

二、站址选择

以排涝为主的排水泵站,站址应选在排水区的较低处,与自然汇流相适应;要尽可能靠近河岸且外河水位较低的地段,以便降低排水扬程,减少装机容量和电能消耗并缩短排水渠的长度;尽量利用原有排水渠系和涵闸设施,减少工程量和挖压耕地的面积;充分考虑自流排水条件,尽可能使自流排水与提排相结合。

站址和排水渠应选在承泄区岸坡稳定、冲刷和淤积较少的地段；应有适宜的外滩宽度，以利于施工围堰和料场布置，而且不使泄水渠过长；其他要求与灌溉泵站的站址选择相同。

三、排水泵站总体布置

排水泵站枢纽由自排和抽排两种排水方式的建筑物组成，常见布置方式如下。

（一）分建式

图 5-11 为正向进水、正向出水、自排与抽排相结合的排水泵站总体布置图。这种布置形式即分建式，其排水站的引渠和排水渠相交，为保证水流平顺地流向进水池，其交角不应大于 30°，并应有足够的曲率半径和长度（5 倍渠道水面宽），排水渠穿堤后建排水闸控制自流排水。排水闸和泵站是各自独立的。分建式适用于原先已建有排水闸，单靠自流排水不能解决内涝问题，需建站在关闸期间排水的情况。它具有进出水池的水力条件好，建筑物易于布置等优点，是实际工程中应用较多的布置形式。

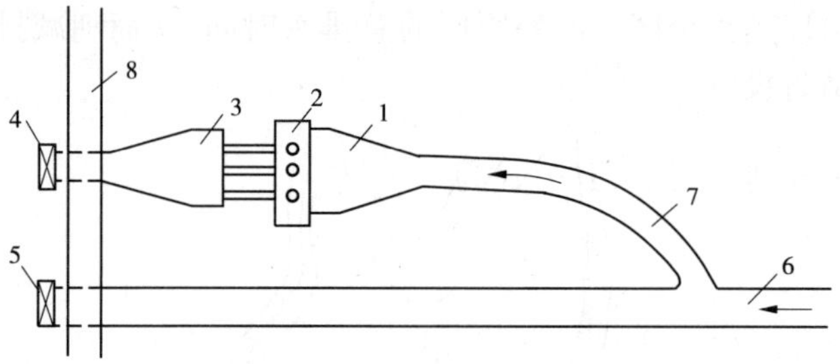

1—前池；2—泵房；3—出水池；4—防洪闸；
5—自流排水闸；6—排水干渠；7—引渠；8—河堤

图 5-11 分建式排水泵站总体布置图

（二）合建式

图 5-12 为合建式排水泵站总体布置图。其特点是布置紧凑，投资较省，但水力条件往往较差。它适用于地形受限，地质条件较差，闸、站同时兴建的情况。枢纽布置方式应根据规划要求及站址处的自然条件进行具体分析研究，选用最合理的布置方案。

四、排水设计流量和设计扬程的确定

（一）设计流量

确定排水泵站设计流量的主要依据，是规划中确定的治涝设计标准相应的降雨量及排水区面积和地形，以及河湖的调蓄水量、田间蓄水量和作物耐淹深度等。可按下述方法，结合各地区具体情况进行计算。

1. *排涝模数法*

排涝模数是指在某一设计暴雨情况下，排水区单位面积上的最大排涝流量，再考虑排水区面积，就可确定设计流量，即

$$Q_{设} = qA \tag{5-5}$$

式中　$Q_{设}$——排涝设计流量，m^3/s；

q——设计排涝模数，可根据各地区经验公式计算，我国南方不少地区采用 2 $m^3/(s \cdot km^2)$；

A——排水面积，km^2。

排捞模数法适用于产流历时小于排水历时的小面积排水区的情况。

【例 5-4】 南方某小城镇的防洪圩区中面积为 4 km^2，其他资料缺乏。试确定该城镇防洪排水设计流量。

解：根据题意，代入式(5-5)得

$$Q_{设} = qA = 2 \times 4 = 8(m^3/s)$$

故该城镇的防洪排水设计流量为 8 m^3/s。

2. 平均排除法

排水区面积较小，区内具有一定调蓄容积的圩垸地区，某一排涝设计标准所确定的暴雨径流总量，除滞蓄部分外，在规定的排涝天数内均匀排除，可用平均排除法进行计算，其公式为

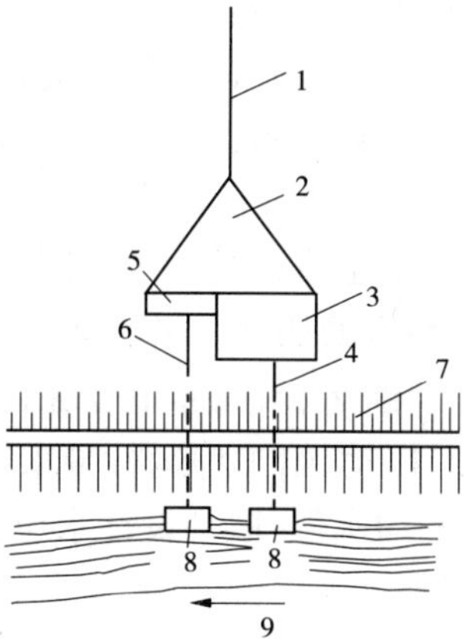

1—排水干渠；2—前池和进水池；
3—泵房；4—出水管道；5—自流排水闸；
6—自流排水管；7—河堤；
8—泄水建筑物；9—容泄区

图 5-12　合建式排水泵站总体布置图

$$Q_{设} = \frac{1\ 000 \times [A(P-h) + A'CP] - V}{3\ 600Tt} \tag{5-6}$$

式中　$Q_{设}$——排水泵站设计流量，m^3/s；

A——排水区内水稻田面积，km^2；

P——设计暴雨量，mm；

h——排水临界期(作物最不耐淹，同时出现集中暴雨的时间)内水稻田允许的净蓄水深，一般取 50～70 mm；

A'——排水区内旱地和非耕田面积，km^2；

C——旱地和非耕田暴雨径流系数，见各省的水文站观测总结资料；

V——调蓄容积，m^3；

T——排水天数，d，由排涝设计标准确定；

t——日开机时间，中、小型排水泵站取 20～22 h，大型排水泵站取 24 h。

计算中，因圩堤渗漏量、船闸通航放水量以及蒸发量、水田渗漏量等，有的量较小，有的可以互相抵消，因此未予考虑。

小面积排水区内有较大的调蓄容积，可根据设计暴雨量推算进入调蓄区的径流量、调蓄容积以及排水时间进行调蓄演算，确定设计流量，具体方法可参阅《工程水文学》教材。

(二)特征水位与特征扬程

1. 特征水位

1)进水池水位(又称内水位)

(1)最高水位：是排水区建站后重现期为 10～20 年一遇的内涝水位，是决定泵房电机层楼板高程或泵房进水侧挡水墙高程的依据。

(2)设计水位:是由排水渠道首端的设计排涝水位沿各级排水沟推算到进水池的水位,也是排涝期间站前经常出现的水位,是计算确定泵站设计扬程的依据。

(3)最高运行水位:是排水泵站正常运行的上限排涝水位。根据排涝设计标准和排涝方式,通过综合分析计算确定。

(4)最低运行水位:是排水泵站正常运行的下限排涝水位,是确定水泵安装高程和进水管进口高程的依据。最低运行水位应根据农作物对地下水埋深要求、湖泊调蓄容积的预降水位及航运、水面养殖等综合利用要求,进行分析演算确定。低于这个水位将使水泵产生汽蚀、振动,给工程运行带来困难。

(5)平均水位:取与设计水位相同的水位。

2)出水池水位(又称外水位)

(1)设计水位:确定设计外水位时,应根据历年外河水文资料,选取每年排涝期 3 ~ 5 d 连续最高水位平均值进行排频,然后取相应于重现期 5 ~ 10 年一遇的外河水位作为设计水位。在某些经济发展水平较高的地区或有特殊要求的粮棉基地和大城市郊区,如条件允许,对特别重要的排水泵站,可适当提高排涝设计标准。

(2)最高运行水位:用来确定排水泵站的最高扬程,它是选泵时的校核扬程。在此水位下,应能保证泵站的正常运行。当外河水位变幅较大时,取重现期 10 ~ 20 年一遇的外河水位 3 ~ 5 d 平均水位作为最高运行水位;当外河水位变幅较小时,采用泵站设计洪水位(根据水工建筑物级别所规定的防洪设计标准来推算)作为最高运行水位。对特别重要的排水泵站,可适当提高排涝设计标准。

(3)最低运行水位:是确定出水管道出口或压力涵洞出口淹没高程的依据。一般采用频率为 80% ~ 90% 的外河日平均水位,或采用排涝期间外河历年最低水位的平均值作为最低运行水位。在最低运行水位工况下,要求泵站机组仍能安全运行。

(4)平均水位:取承泄区排水期多年日平均水位。

2. 特征扬程

排水泵站的特征扬程与灌溉泵站特征扬程的计算方法相同。

项目小结

本项目设置了三个任务,主要讲述灌溉泵站和排水泵站的工程规划。

泵站工程就是利用机电提水设备及其配套建筑物,给水流增加能量,使其满足兴利除害要求的综合性系统工程。泵站工程的规划应力求经济上合理、技术上可行。

灌、排泵站工程规划是在查勘灌区地形、水源、已有水利工程设施和行政区划情况,收集水文、气象、交通、能源、灌区农作物种植和社会经济状况等资料的基础上,根据批准的流域规划或地区水利规划,初步确定工程规模和控制范围以后,进行灌排区划分、确定站址、枢纽布置,以及确定泵站的设计流量和设计扬程。

泵站的站址选择,应根据工程规划的规模、特点和运行要求,与灌区的划分一起考虑,选择出最佳位置。泵站站址的选择想要做到合理,就应充分考虑到水源、地形、地质、交通、能源等因素。

复习思考题

一、简答题

1. 什么是泵站工程?

2. 泵站工程规划的主要内容是什么?

3. 搞好泵站工程规划,必须处理好哪几个关系?

4. 灌溉泵站与排涝泵站的枢纽总体布置有哪些区别?

5. 灌溉泵站的站址选择应遵循哪些原则?

6. 提水灌区的划分方式有哪些? 各适用于什么场合?

7. 简述高扬程灌区的分级级数与总装机容量的关系。

8. 何为最小功率法? 采用最小功率法确定站址高程有何优缺点?

9. 简述泵站枢纽的组成。各有何功能和作用?

10. 如何正确了解泵站设计流量与水泵设计流量的关系?

11. 泵站的水位有哪些? 水位与扬程有什么关系? 如何确定特征扬程?

二、计算题

1. 某乡拟建一座灌溉泵站。根据初步规划方案,水源离泵房约 650 m,灌溉期间水源平均水位为 50 m,灌溉渠首设计水位为 105 m,拟用明渠引水。试确定该泵站的设计扬程。

2. 南方某小城镇的防洪排水面积,经测量计算为 35 km^2,防洪区内乡镇工业有相当规模。为确保正常生产,要求在暴雨季节不淹水,拟兴建镇区防洪圩堤和排水泵站。试确定该城镇防洪排水流量。

3. 某灌区灌溉面积 1 200 hm^2,自水源至最高控制点所需提水总扬程为 48 m,计划分 4 级提水,试用图解法求总功率为最小时,各级泵站的提水高程、扬程和灌溉面积。扬程与灌溉面积关系见表 5-7。

表 5-7　扬程与灌溉面积关系

扬程 H(m)	6	12	18	24	30	36	42	48
灌溉面积 A(hm^2)	66.7	146.7	266.7	433.3	600	866.7	1 000	1 200

项目六　泵站进出水建筑物

任务一　引水渠

【学习目标】1. 理解引水渠的作用和类型。
2. 掌握引水渠的断面和构造确定。

泵站进出水建筑物一般包括进水闸、引(排)水渠(暗管、涵洞)、前池、进水池、进出水管、出水池(压力水箱及泄水涵洞)、分水闸(防洪闸)等。

泵站进出水建筑物的布置形式和尺寸直接影响水泵性能、装置效率、工程造价以及运行管理等。本项目只介绍引水渠、前池、进水池、出水管道、出水池和压力水箱的布置与设计。当泵站的泵房远离水源时,应设计引水渠(岸边式泵站可设涵洞),以便将水源的水流均匀地引至前池和进水池。

一、引水渠的作用

(1)可以使泵房尽可能接近出水建筑物,缩短输水管道的长度,节省工程投资;

(2)可以为水泵正向进水提供条件;

(3)可以使泵房远离水源,从而简化泵房结构和方便施工;

(4)可以为多泥沙水源泵站提供沉沙池的设置场地。

当泵站水源水位变幅较大,站址处地面坡度较小,地势平坦,设置引水渠不经济时,可设置引水管道(涵洞)。

二、对引水渠的要求

(1)有足够的输水能力,以满足泵站的引水流量。

(2)渠线宜顺直。如需设弯道,则土渠弯道半径应大于5倍渠道水面宽,石渠及衬砌渠弯道半径宜大于3倍渠道水面宽,弯道终点与前池进口之间应有大于8倍渠道水面宽的直段长度。

(3)应根据需要设置拦污、沉沙、冲沙(对于多泥沙河流)、拦冰(对于寒冷地区)等设施,防止污物、有害泥沙、冰块进入前池。

(4)渠线宜避开地质构造复杂、渗透性强和有崩塌可能的地段,渠身宜设在挖方地基上,少占耕地,保证引水渠安全稳定,且节省工程投资。

(5)应为前池、进水池提供良好的水流条件,渠中流速要小于不冲流速而大于不淤流速,以防止冲刷和淤积。

三、引水渠的类型

泵站的引水渠一般分为自动调节引水渠和非自动调节引水渠。

（一）自动调节引水渠

引水渠的渠顶高程沿程不变，且高于渠内可能出现的最高水位，通常引水渠较短，底坡平缓，如图 6-1 所示。引水渠进口一般不设控制建筑物，它具有一定的调节容积，渠道沿线不会发生漫溢现象，可以适应泵站在不同流量时的工作需要。其缺点是挖方量大，泵房应有防洪设施。

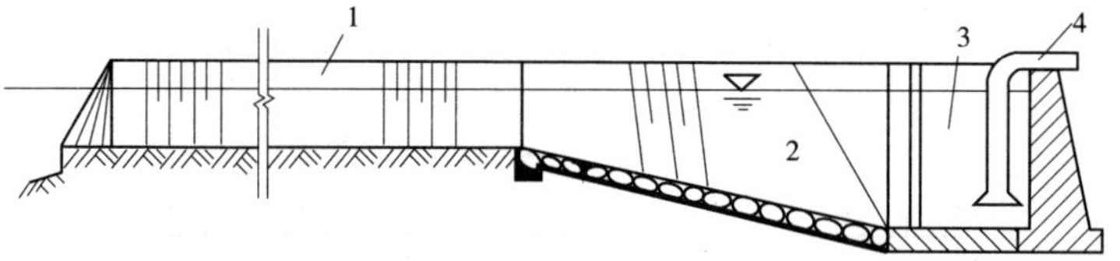

1—引水渠；2—前池；3—进水池；4—进水管

图 6-1　自动调节引水渠

（二）非自动调节引水渠

当引水渠较长，且泵站附近的渠道处于半挖半填的地段时，应采用非自动调节引水渠。如果采用自动调节引水渠，则挖方量较大，经济上不合理。

非自动调节引水渠的渠顶沿程具有一定的坡降，一般和渠底坡降相同。当渠中通过设计流量时，水面平行渠底。如果水泵的抽水流量减小，引渠中就会出现壅水，可能发生漫顶的危险。因此，需在引水渠的末端设置侧向溢流堰或在引水渠的进口处设置控制闸。

四、引水渠设计

引水渠采用泵站最大流量为设计流量，按明渠均匀流进行断面设计，用不冲流速和不淤流速进行校核，经技术经济比较后确定出最佳方案。具体方法见《灌溉与排水》的有关内容。

任务二　前　池

【学习目标】 1. 理解前池的作用和类型。
2. 掌握前池的构造和尺寸确定。

一、前池的作用

在设置引水渠的泵站中，前池是引水渠和进水池之间的连接建筑物，如图 6-1 所示。前池的底部在平面上呈梯形，其短边等于引渠底宽，长边等于进水池宽度。纵剖面为一逐渐下降的斜坡与进水池池底衔接。前池的作用是平顺地扩散水流，将引水渠的水流均匀地输送给进水池，为水泵提供良好的吸水条件；当水泵流量改变时，前池的容积起一定的调节作用，从而减少前池和引水渠的水位波动。

二、前池的类型

(1)按水流方向分,可分为正向进水前池和侧向进水前池两种形式。所谓正向进水,是指前池的来水方向和进水池的进水方向一致,如图 6-2 所示;所谓侧向进水,是两者的水流方向成正交或斜交,如图 6-3 所示。

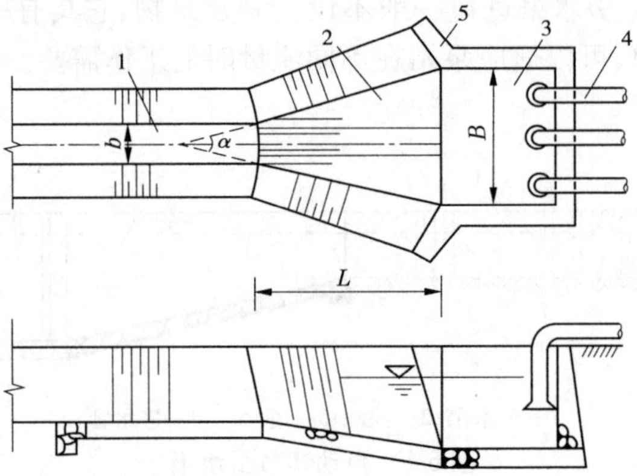

1—引水渠;2—前池;3—进水池;4—吸水管;5—翼墙

图 6-2　正向进水前池

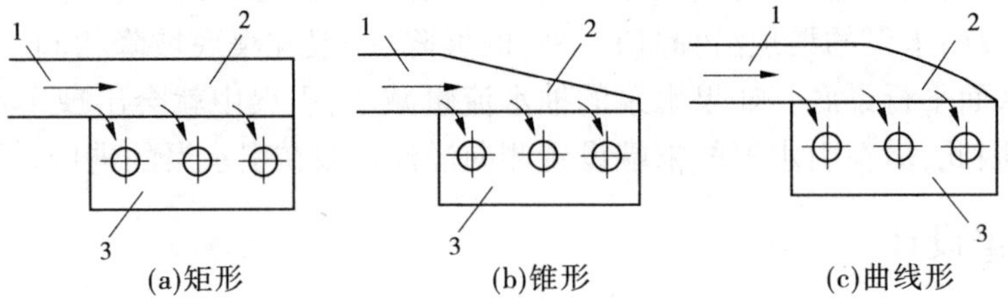

1—引水渠;2—前池;3—进水池

图 6-3　侧向进水前池

正向进水前池形式简单,施工方便,池中水流比较平稳,流速也比较均匀,工程中应尽可能采用正向进水前池。但有时当机组台数较多致使前池尺寸加大,工程投资增加或由于地形条件的限制使总体布置困难时,可采用侧向进水前池。侧向进水前池流态比较紊乱,水流条件较差,由于流向的改变造成流速分布不均匀,容易形成回流和漩涡,出现死水区和回流区,影响水泵吸水;当设计不良时,会使最里面的水泵进水条件恶化,甚至无法吸水。因此,在实际工程中较少采用,当必须侧向进水时,池中宜设置导流设施(导流栅、导流墩、导流墙等),必要时通过模型试验验证。

(2)按前池中有无隔墩,可分为有隔墩和无隔墩两种形式。

三、正向进水前池的尺寸

本项目仅介绍正向进水前池尺寸的确定方法。

(一)前池的扩散角

前池的扩散角是影响前池尺寸及池中水流流态的主要因素。水流在边界条件一定的情况下,有其天然扩散角,即不发生脱壁回流的临界扩散角。如果前池扩散角 α 小于或等于水流的天然扩散角,则前池内不会产生脱壁回流。但 α 过小,将使前池长度加大,从而增加工程量。因此,前池扩散角等于水流天然扩散角时,最为经济合理。根据有关试验和工程实践,前池扩散角 α 一般采用 20°~40°。

(二)前池的长度

在引水渠末端底宽 b 与进水池宽度 B 已知的条件下,根据已选定的扩散角 α,可以用下式计算前池长度 L:

$$L = \frac{B - b}{2\tan\frac{\alpha}{2}} \tag{6-1}$$

如果引水渠末端底宽与进水池宽相差很大,则按式(6-1)求出的 L 值较长,在引水渠末端底部高程与进水池底部高程相差不大的情况下,可将前池平面做成折线扩散型或曲线扩散型,如图 6-4 所示,以缩短池长,节省工程量。

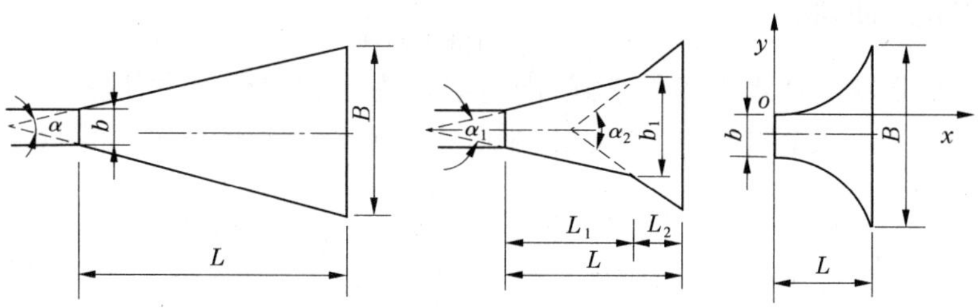

(a)直线扩散型　(b)折线扩散型　(c)曲线扩散型

图 6-4　折线扩散型及曲线扩散型前池

(三)前池的底坡

引水渠末端高程常高于进水池池底,因此当前池和进水池连接时,前池除进行平面扩散外,往往还进行立面扩散。当此坡度太陡时,水流会产生纵向回流,使水泵吸水阻力增大;如果坡度太缓,则会增加工程量。比较适宜的前池底坡 i 应为 0.2~0.3。

四、前池的构造

对于地基较好的前池,常采用 M5 砂浆砌石或干砌石护底、护坡。砌石厚度一般为 300~500 mm。当地基条件较差时,对堤后式泵房或地下水位较高的地区,为防止渗透变形,必要时可在前池底部加做反滤层等防渗措施,以确保泵站的安全。对寒冷地区开敞式前池的边墙,宜采用直立式挡土墙,因其厚度较大,整体性好,抗冻胀性能较好。如果采用护坡衬砌,则应采取防冻胀措施。

任务三　进水池

【学习目标】1. 理解进水池的作用。

2. 掌握进水池的构造和尺寸确定。

一、进水池的作用

进水池是水泵或进水管吸水的建筑物，其主要作用是为水泵提供良好的吸水条件。进水池的形式和尺寸应满足水泵吸水性能好，能量损失小，水泵装置效率高，机组运行安全，安装、管理、维修方便和工程造价低的要求。试验和观测表明，进水池中水流流态对水泵进水性能具有显著影响。如果池中水流紊乱，出现漩涡，空气进入水泵，不仅会减少水泵出水量，降低水泵的效率，甚至会引起水泵汽蚀；由于漩涡时有时无且方向随时改变，还会引起水泵机组产生噪声、振动而无法工作。进水池中水流流态除取决于前池的来水外，还与进水池几何形状、尺寸、吸水管在池中的相对位置等因素有关，所以必须合理选择进水池形式，正确确定进水池尺寸。

二、进水池的形状

进水池平面形状应使水力条件良好，同时要考虑工程造价及方便施工。目前，中、小型泵站使用较多的进水池有矩形、多边形、半圆形和平面对称蜗形等，如图 6-5 所示。

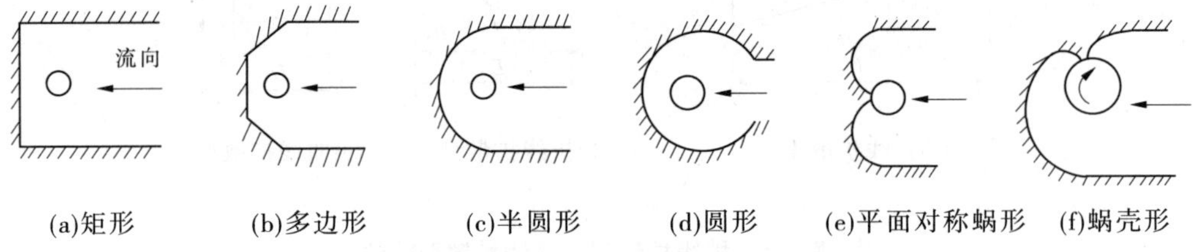

图 6-5　进水池平面形状

不同形式的进水池有不同的流态特点：矩形进水池两角和水泵或进水管的后侧易产生漩涡，受前池流态影响，池中易产生回流；多边形进水池基本消除了两角处的漩涡，但仍可能产生回流；半圆形进水池与矩形相比，没有两角漩涡，但如果水泵吸水口安装于半圆的圆心处，易产生漩涡和回流；平面对称蜗形水流条件好，漩涡和回流不易产生，可以获得满意的进水流态。

试验观测表明，在进水池各同名尺寸相同的情况下，平面对称蜗形进水池的泵站装置效率较矩形进水池提高 2% ~4%。但是，由于其施工复杂，中、小型泵站中很少采用。矩形、多边形进水池施工方便，经常被采用。半圆形进水池后壁受力条件好，可做成拱形挡土墙，节省建筑材料。为了改善水流条件，在采取这些形式的进水池时，要采取相应的消除池中回流和漩涡的措施。本项目仅简单介绍矩形进水池的尺寸和构造。

三、进水池的尺寸

（一）悬空高度 $h_{悬}$

悬空高度是指进水管口或水泵吸水喇叭口至池底的垂直距离。若悬空高度过大，会增加池深和工程量，同时会造成图 6-6(b)所示的单面进水的情况，使管口流速和压力分布不均匀，水泵效率下降。有时还会形成附壁漩涡，使水泵产生振动和噪声。若悬空高度过小，进入喇叭口的流线过于弯曲，增加进口水力损失，水泵效率下降，并会产生附底漩涡。悬空高度过小会使池底冲刷，严重的会将池底砌石的砂浆吸起。

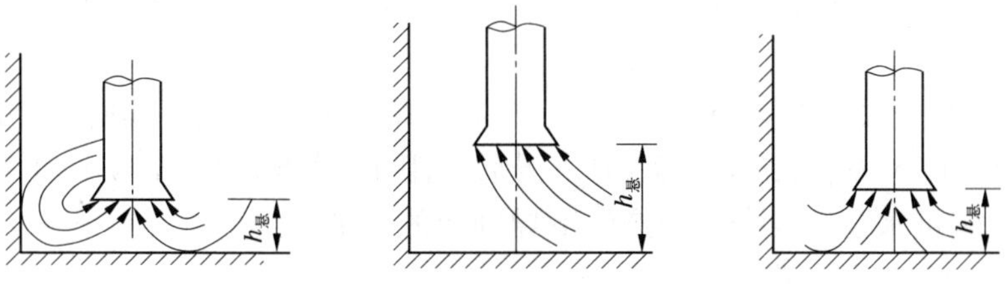

(a) $h_{悬}$ 过小　　(b) $h_{悬}$ 过大　　(c) $h_{悬}$ 适宜

图 6-6　不同悬空高度进口流线形状

据试验资料，当 $h_{悬}$ 在 $(0.3\sim0.8)D_{进}$ 变化时，泵站装置效率基本不变；$h_{悬}$ 降到 $0.2D_{进}$ 时，泵站装置效率开始有变化。中、小型立式轴流泵站设计中，悬空高度一般建议为

$$h_{悬}=(0.3\sim0.5)D_{进} \tag{6-2}$$

其中

$$D_{进}=(1.3\sim1.5)D_1 \tag{6-3}$$

式中　$D_{进}$——进水喇叭口直径；

D_1——对于卧式泵为进水管直径，对于立式泵为叶轮直径。

对于卧式水泵，由于流速和压力分布不均的进水流态，在流经吸水管的过程中得到一定程度的调整。悬空高度的确定，可以按进口阻力损失最小的原则作为选择标准。据试验分析，建议采用

$$h_{悬}=(0.6\sim0.8)D_{进} \tag{6-4}$$

对于小管径，取式(6-4)中较大的倍数；对于大管径，取式(6-4)中较小的倍数。

对于立式轴流泵还要考虑安装检修的需要，$h_{悬}$ 不宜小于 0.5 m。对于任何管径的 $h_{悬}$ 均不得小于 0.3 m，以防砂石及杂物吸入，损坏水泵。

（二）淹没深度 $h_{淹}$

淹没深度是指进水管口或泵吸水喇叭口在进水池水面以下的深度，它对水泵进水性能具有决定性的影响。如果淹没深度不当，池中将形成漩涡，甚至产生进气现象，使水泵效率下降，还可能引起机组超载、汽蚀、振动和噪声等不良后果。正确确定淹没深度 $h_{淹}$ 显得十分重要。

对于具有正值吸上高度的离心泵及混流泵，当进水管口弗劳德数 Fr 为 $0.3\sim1.8$ 时，其临界淹没深度可按下式计算：

$$h_{临淹}=K_sD_{进} \tag{6-5}$$

其中

$$K_s = 0.64(Fr + 0.65T/D_{进} + 0.75) \tag{6-6}$$

式中 $h_{临淹}$——进水管口临界淹没深度,m;

K_s——淹没系数;

$D_{进}$——进水管口直径,m;

T——进水管口到后墙距离,m;

Fr——弗劳德数,$Fr = \frac{v_{进}}{\sqrt{gD_{进}}}$。

若进水管立装,则 $h_{临淹}$不小于0.5 m;若进水管平装,则管口上缘淹没深度不小于0.4 m。

对于中、小型立式轴流泵,据有关试验资料,其临界淹没深度可根据后壁距来确定;当后壁距 $T=(0\sim0.25)D_{进}$时,$h_{临淹}=0.8D_{进}$;当后壁距 $T=0.5D_{进}$时,$h_{临淹}=(1.0\sim1.1)D_{进}$。淹没水深还应满足水泵汽蚀余量和淹没下导轴承的要求。

(三)进水池宽度及长度

进水池宽度大,除增加工程量外,还会使进水池导向作用变差,易产生漩涡;宽度过小,流速加大,管口阻力损失增加,边壁拐角易产生漩涡。进水池长度过长,有利于池中流速的调整均匀,但会增加工程量;长度过短,进水池的有效容积小,水泵启动时,进水池水位急速下降,由于淹没深度不足,造成启动困难,甚至无法启动。进水池的宽度和长度可按下列方法确定。

1. 进水池宽度 B

进水池平面尺寸如图6-7所示。

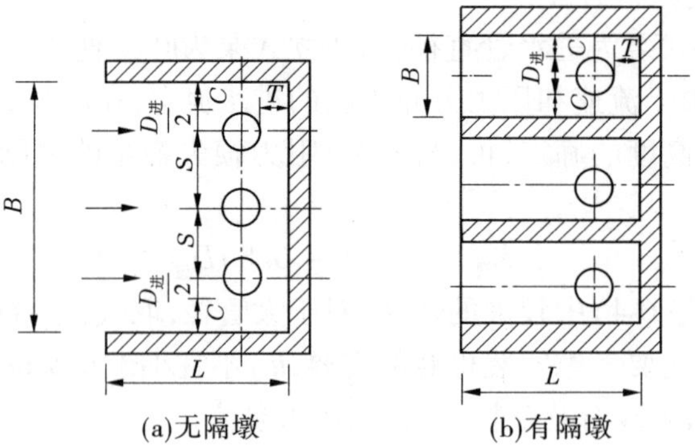

图6-7 进水池平面图

(1)边距 C。

池中只有一台水泵时:

$$C = D_{进} \tag{6-7}$$

池中只有几台水泵时:

$$\left.\begin{aligned}&当 D_{进}<1\text{ m 时} \quad C=D_{进}\\&当 D_{进}>1\text{ m 时} \quad C=(0.5\sim1.0)D_{进}\end{aligned}\right\} \tag{6-8}$$

(2)间距 S。

$$S \geqslant (2 \sim 2.5) D_{进} \tag{6-9}$$

(3)池宽。

池中只有单台泵时:

$$B = (2 \sim 3) D_{进} \tag{6-10}$$

多台泵共用一池时:

$$B = (n-1)S + D_{进} + 2C \tag{6-11}$$

式中 n——水泵台数。

2. 进水池长度 L

进水池长度一般根据单位时间内进水池的有效容积是总流量的多少倍来计算,即

$$L = K\frac{Q}{Bh} \tag{6-12}$$

式中 L——池长,m;

h——在设计水位时的进水池水深,m;

Q——泵站总流量,m^3/s;

K——秒换水系数,当 $Q<0.5\ m^3/s$ 时 $K=25\sim30$,当 $Q>0.5\ m^3/s$ 时 $K=15\sim20$。

对于轴流泵站,K 取小值;对于离心泵站,K 取大值。无论在任何情况下,进水池长度应保证进水管中心至进水池入口有 $4D_{进}$ 的距离。所以,进水池最小长度还应满足:

$$L = 4.5D_{进} + T \tag{6-13}$$

3. 后壁距 T

后壁距不仅关系到水泵的工作效率,还关系到进水池内有害漩涡和回流的形成。按照消除水面漩涡的要求,$T=0$ 时效果最好。但对于立式泵,T 值过小,会使进口流速和压力分布不均匀,导致水泵效率下降。另外,安装检修也不方便,所以建议采用:

$$T = (0 \sim 0.25) D_{进} \tag{6-14}$$

(四)进水池的构造

建在泵房前的进水池,其构造比较简单。池边墙可为直立式或斜坡式,直立边墙可采用 M5 砂浆块石砌筑,斜坡式用 M5 砂浆块石护坡,护坡厚 300 mm。进水池护底厚应采用 300 ~500 mm,喇叭口附近护底厚应不小于 500 ~700 mm,其顶部浇筑厚度不小于 100 mm 的混凝土,以保护下层浆砌石。进水池翼墙平面布置采用曲线或直线,收缩角可采用 15°~30°。对于建在泵房下的进水池,其结构与构造相对复杂,应与泵房结构统一考虑。

任务四 出水池

【学习目标】1. 理解出水池的作用和类型。

2. 掌握出水池的构造和尺寸确定。

一、出水池的作用

出水池和压力水箱都是泵站的出水建筑物,两者结构形式不同。出水池为开敞式,压

力水箱为封闭式。出水池是用来连接压力管路和灌排干渠的扩散型水池,主要起消能稳流的作用,把压力水管输出的水流平顺地引入渠道,以免冲刷渠道。

二、出水池的类型

(一)根据水流方向分类

按照出水和输水方向不同分为正向、侧向及多向出水池,如图6-8所示。其中以正向出水的水流条件最好,工程中经常采用。

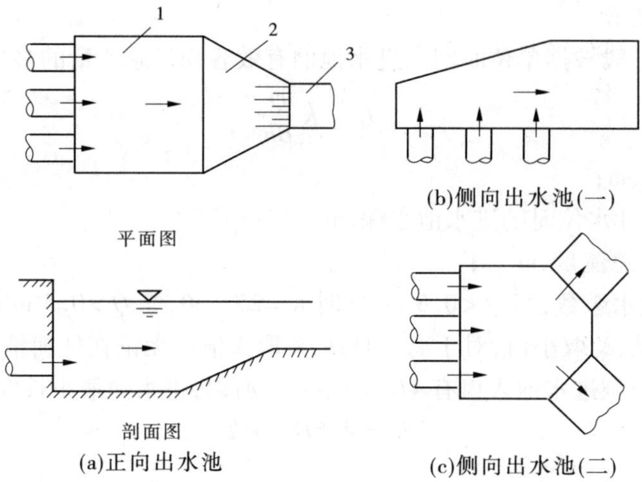

1—出水池;2—过渡段;3—干渠

图6-8　正向和侧向出水池示意图

(二)根据出水管出流方式分类

按照出水管是否被淹没可分为自由出流式出水池和淹没出流式出水池,如图6-9所示。自由出流式出水池,其出水管口高于出水池水位,停泵后池中水不会向出水管倒流,但它浪费扬程,只用在临时性的小型抽水装置中。淹没出流式出水池可以充分利用水泵的扬程,其消能效果也好。为防止停泵后出水池中水流向出水管倒流,可采用拍门式、虹吸式和溢流堰式等断流方式进行断流。

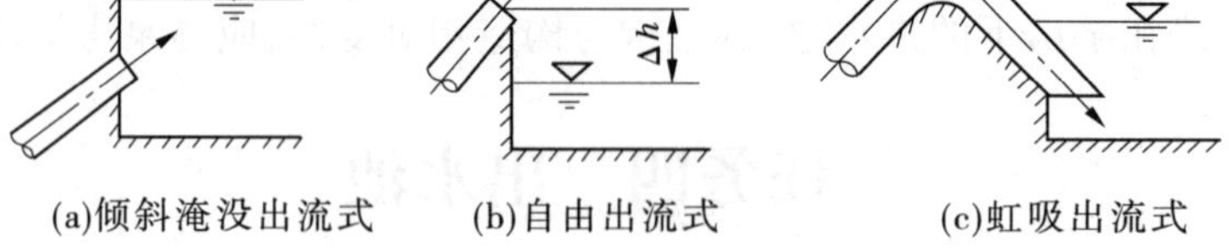

图6-9　出水管道的出流方式

三、出水池的尺寸

出水池的尺寸,应根据地形、地质、出水管根数、出水管出流方式等因素确定。

当$h_{淹}<2v_0^2/2g$时,为自由出流;当$h_{淹}\geqslant 2v_0^2/2g$时,为淹没出流。其中,$h_{淹}$为出水池最低水位时的淹没水深,v_0为出水管口处的流速。

下面介绍正向出水池淹没出流各部分尺寸的确定方法(见图6-10)。

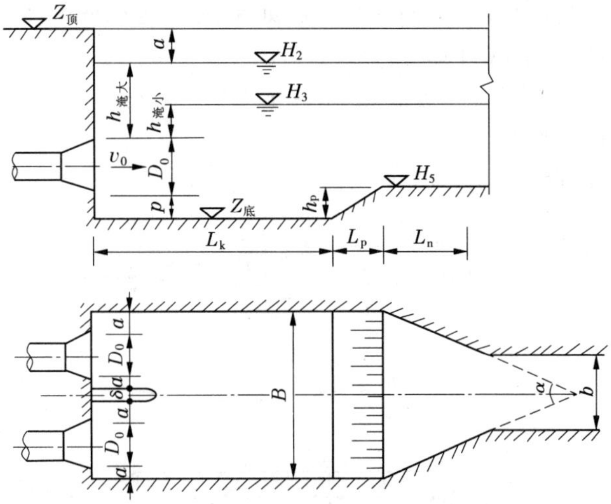

图6-10　水平淹没出流式出水池各部尺寸图

(一)出水池长度 L_k

1. 水平淹没出流式出水池

当出水管末端为水平布置时,在淹没出流条件下,池内上部分形成表面旋滚。为了使旋滚在池内消散,其必需的池长即 L_k,可按下式计算:

$$L_k = Kh_{淹大}^{0.5} \tag{6-15}$$

式中　L_k——出水池长度,m;

$h_{淹大}$——管口上缘的最大淹没水深,m;

K——试验系数。

$$K = 7 - \left(\frac{h_{坎}}{D_0} - 0.5\right) \times \frac{2.4}{1 + \frac{0.5}{m^2}} \tag{6-16}$$

式中　$h_{坎}$——台坎高度,m;

m——台坎坡度,$m = h_{坎}/L_{坎}$,$L_{坎}$ 为斜坡水平长度,m;

D_0——出水管口直径,m。

当管口出流速度较小时,式(6-15)较为准确,但当 $v_0 \geqslant 1.5$ m/s 时,误差较大,可按下式计算:

$$L_k = K(h_{淹大} + v_0^2/2g) \tag{6-17}$$

式中　v_0——出水管口平均流速,m/s;

其他符号意义同前。

当无台坎($m=0$)或 $h_{坎} \leqslant 0.5\ D_0$时

$$L_k = 7(h_{淹大} + v_0^2/2g) \tag{6-18}$$

当台坎垂直($m=\infty$)时

$$L_k = (8.2 - 2.4h_{坎}/D_0)(h_{淹大} + v_0^2/2g) \tag{6-19}$$

2. 倾斜淹没出流式出水池

当出水管末端为倾斜布置时(见图6-11),如果出水池池底和干渠渠底同高,则为无台坎布置,这时,池长可按下式计算:

$$L_k = 3.5 \times (2.7 - h_{淹大}) - 0.2\alpha \tag{6-20}$$

式中　α——出水管的上倾角;

其他符号意义同前。

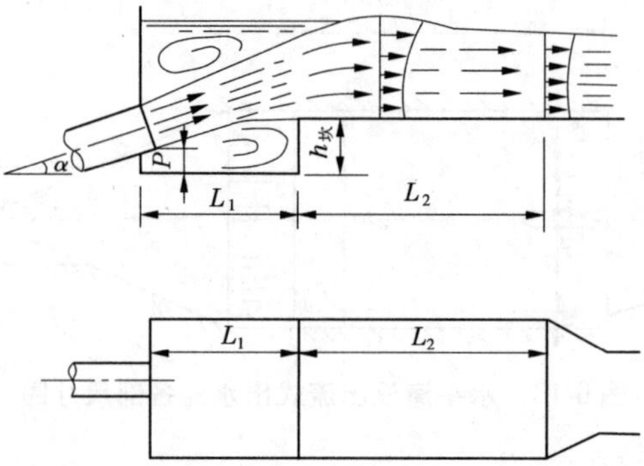

图6-11　倾斜淹没出流式出流池长计算简图

对于有台坎的倾斜淹没出流,池长计算公式为

$$L_k = L_1 + L_2 \tag{6-21}$$

L_1为池长的前部,出水管流出的主流由于受底部漩涡的挤压,基本上不产生扩散。为了将底部漩涡限制在池坎内,这时

$$L_1 = \frac{h_{坎} - P}{\tan\alpha} \tag{6-22}$$

L_2为坎后水流流速调整需要的长度,它随$h_{坎}$的减小而增长,可按下式计算:

$$L_2 = 2 \times (3D_0 - h_{坎}) \tag{6-23}$$

上述公式适用于$\alpha = 15° \sim 45°$的情况。当$\alpha < 15°$时,按水平出流计算。

(二)出水池宽度 B

$$B = (n-1)\delta + n(D_0 + 2b) \tag{6-24}$$

式中　B——出水池宽度,m;

n——出水管数目;

δ——隔墩厚度,m;

D_0——出水管口直径,m;

b——出水管至隔墩或距池壁的距离,m,$b = 0.5D_0$。

(三)管口上缘最小淹没深度 $h_{淹小}$

$$h_{淹小} = 2 \times \frac{v_0^2}{2g} \tag{6-25}$$

式中　$h_{淹小}$——管口上缘最小淹没深度,m;

v_0——出水管口流速,m/s。

（四）出水池底板高程 $Z_{底}$

$$Z_{底} = Z_{低} - (h_{淹小} + D_0 + P) \tag{6-26}$$

式中　$Z_{底}$——出水池底板高程，m；

$Z_{低}$——出水池最低运行水位，m；

P——出水管口下缘距池底的垂直距离，m，为防止管口淤塞和边缘安装维修，一般采用 $P = 0.1 \sim 0.3$ m。

（五）出水池墙顶高程 $Z_{顶}$

$$Z_{顶} = Z_{高} + a \tag{6-27}$$

式中　$Z_{顶}$——出水池墙顶高程，m；

$Z_{高}$——出水池最高水位，m；

a——安全超高，m，参照表 6-1。

表 6-1　安全超高值

泵站流量(m^3/s)	<1	1 ~ 6	>6
a(m)	0.4	0.5	0.6

四、出水池与渠道的衔接

出水池宽度一般大于渠道底宽，为使水流平顺地进入渠道，出水池与渠道之间应设渐变段，如图 6-10 所示。渐变段的收缩角 α 以采用 30° ~ 45°为宜，渐变段长度可按下式计算：

$$L_n = \frac{B - b}{2\tan\frac{\alpha}{2}} \tag{6-28}$$

式中　L_n——渐变段长，m；

b——渠道底宽，m；

其他符号意义同前。

为防止水流冲刷渠道，靠近渐变段渠道应该护砌，护砌长度可取渠中最大水深的 4 ~ 5 倍。

五、出水池的构造

出水池的位置，一般位于泵房处的陡坡顶部。如果出水池遭受破坏，可能危及泵站安全。因此，在出水池位置选择和建筑物设计时，要特别重视地基稳定和建筑物的安全问题。

出水池位置应结合管线和泵房位置进行选择。要求地形条件好，地面高程适宜，地基坚实稳定，渗透性小，且工程量少。出水池应尽可能修建在挖方上，如因地形条件限制，必须修建在填方上，则填土应碾压密实。

对于地基条件较好的出水池，可采用浆砌石结构；地基条件差或北方地区可采用钢筋混凝土结构。建在填方上时，将出水池做成整体式结构，加大基础埋置深度，或用块石垫层，还要注意做好防渗与排水设施。

任务五　压力水箱

【学习目标】1. 理解压力水箱的作用和类型。
2. 掌握压力水箱的构造和尺寸确定。

一、压力水箱的类型

压力水箱是一种封闭式的出水建筑物，箱体内水流一般为有压水流。

压力水箱一般分为以下几种：

(1)按其出流方向分，有正向出水与侧向出水两种。

(2)按其平面形状分，有梯形和矩形两种。

(3)按其水箱结构分，有有隔墩和无隔墩两种。

生产实践和试验表明，有隔墩的梯形正向出水压力水箱水流条件较好。

二、压力水箱的尺寸

(一)压力水箱的结构形式

水泵站压力水箱式出水建筑物，常由压力水箱、压力涵管和防洪闸等组成。压力水箱可与泵房分建，由支架支撑，支架基础应建于挖方上，如图6-12所示。合建式水箱一般简支于泵房后墙上，以防两基础产生不均匀沉陷，招致水箱的破坏。

(二)压力水箱尺寸的确定

压力水箱为钢筋混凝土整体结构，其尺寸不宜过大，一般采用2~3台水泵合用一个压力水箱，如图6-13所示。

压力水箱断面尺寸取决于箱内的设计流速，一般取1.5~2.5 m/s，同时考虑工作人员进入水箱内检修所需要的空间。水箱进口净宽可按下式计算：

$$B = n(D_0 + 2a) + (n - 1)\delta \tag{6-29}$$

式中　B——水箱进口净宽，m；

n——出水管数目；

D_0——出水管口直径，m；

a——出水管边缘至隔墩或箱壁的距离，一般可取0.25~0.3 m；

δ——隔墩厚，一般可取0.2~0.3 m。

压力水箱与压力涵管相连，涵管常采用矩形截面，水箱出口宽度 b 与涵管宽度相等。压力水箱收缩角 α 一般采用30°~45°，因此压力水箱长度 L 为

$$L = \frac{B - b}{2\tan\frac{\alpha}{2}} \tag{6-30}$$

压力水箱的壁厚一般采用0.3~0.4 m。为检修方便，水箱顶部设有进人孔，一般为边长0.6~1 m的正方形空口。进人孔盖板由钢板制成，并用螺母固定在埋设于箱壁的螺栓上，盖板和箱壁间有2~3 m厚的橡皮止水。

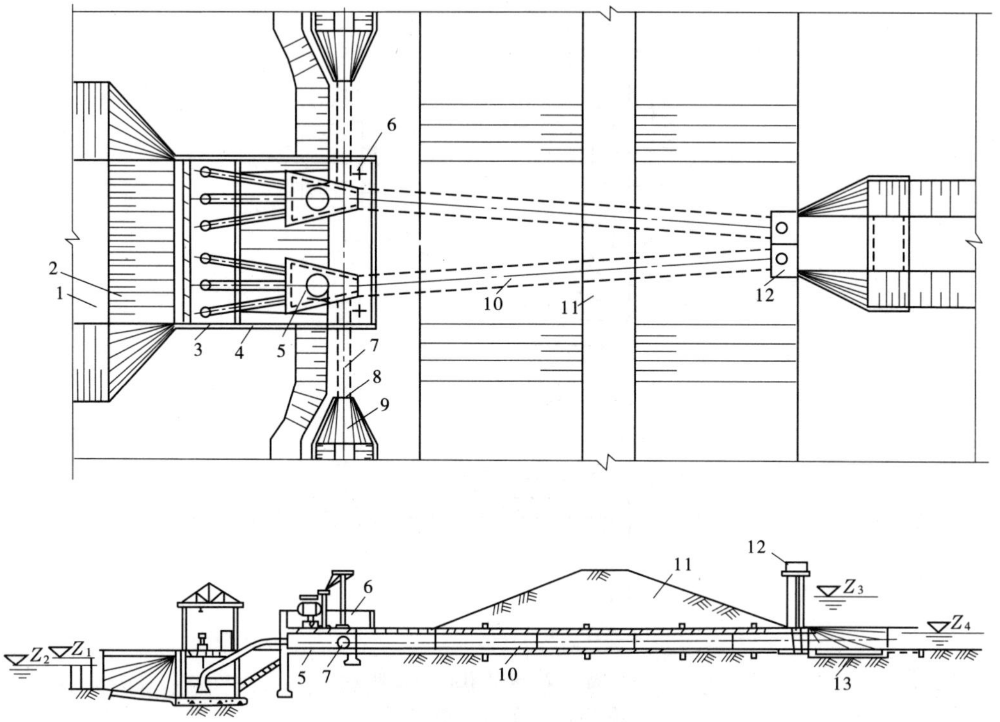

1—引水渠;2—前池;3—泵房;4—挡土墙;5—压力水箱;6—变电站;7—灌溉涵管;8—灌溉河;9—灌溉干渠;10—压力涵管;11—防洪堤;12—防洪闸;13—消力池

图6-12　正向压力水箱布置图

任务六　出水管道

【学习目标】 1. 理解出水管道的作用和类型。
2. 掌握出水管道的设计。

从水泵至出水池之间的输水管道称为出水管道。出水管道的长度、管径的大小、数量及其铺设方式对泵站的总投资影响较大。尤其是高扬程泵站,出水管往往很长,在泵站总投资中所占比例较大,并且影响到泵站的运行费用。另外,出水管道还应适应水泵不同工况下的安全运行。所以,正确合理地设计出水管道显得尤为重要。

一、出水管道类型

水泵站的出水管道常采用钢管、预应力钢筋混凝土管、预制钢筋混凝土管、现浇钢筋混凝土管等。近几年,水泵站的出水管道大多采用钢管和预应力钢筋混凝土管。

钢管具有强度高、管壁薄、接头简单和运输方便等优点;但它易生锈、使用期限短、造价高。一般泵站,从水泵出口到一号镇墩处的出水管道,因附件多,为了安装上的方便,均采用钢管。在一些高扬程泵站中,为了承受较大的设计压力,出水管道也多采用钢管。

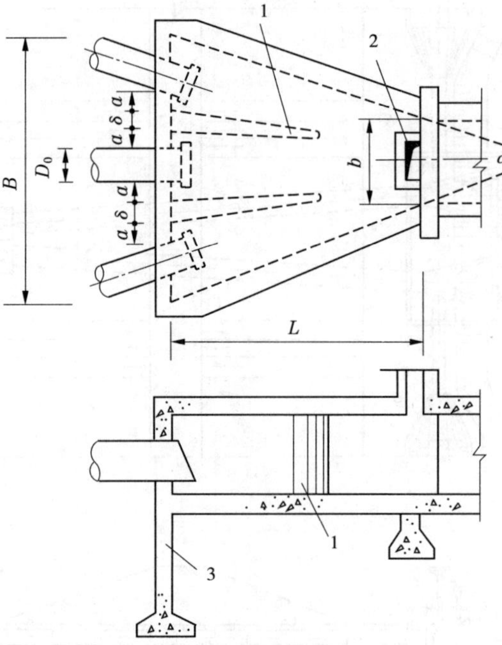

1—隔墩;2—进人孔;3—支架

图6-13　压力水箱尺寸

预应力钢筋混凝土管与钢管相比,具有节省钢材、使用年限长、输水性能好等优点;与现浇钢筋混凝土管相比,又具有安装简便、施工期限短等优点。泵站设计中,在设计压力允许的情况下,尽量选用预应力钢筋混凝土管。

二、出水管道设计

当管长及流量一定时,管径选得大,则流速小、水力损失小,但所需管材多、造价高;若管径选得小,则情况正好相反。因此,需要通过技术经济比较,确定经济管径。初设阶段,可利用经验公式确定,现介绍如下。

(1)根据扬程、流量确定经济管径,计算公式如下:

$$D = \sqrt[7]{\frac{5.2Q_{max}^3}{H_{净}}} \tag{6-31}$$

式中　D——经济管径,m;

Q_{max}——管内最大流量,m^3/s;

$H_{净}$——泵站净扬程,m。

式(6-31)所确定的管径,对高扬程泵站较为适合,对低扬程泵站偏大。

(2)根据经济流速确定经济管径,按下式计算:

$$D = 1.13\sqrt{\frac{Q}{v_{经}}} \tag{6-32}$$

式中　D——经济管径,m;

Q——管路的多年平均流量,m^3/s;

$v_{经}$——出水管道经济流速，一般当净扬程在 50 m 以下时取 1.5～2.0 m/s，净扬程为 50～100 m 时可取 2.0～2.5 m/s。

(3)简便计算公式。为计算方便也可采用下式确定经济管径：

$$\begin{cases} 当 Q\leqslant 120\ m^3/h 时 & D=13\sqrt{Q} \\ 当 Q>120\ m^3/h 时 & D=11.5\sqrt{Q} \end{cases} \tag{6-33}$$

式中　D——经济管径，mm；

Q——水管设计流量，m^3/h。

三、出水管管线布置及铺设

(一)管线选择

出水管管线选择，对泵站的安全运行及工程投资均有较大影响，通常需根据地形地质条件，结合泵站总体布置要求，经方案比较后确定。选线原则如下：

(1)管线应尽量垂直于等高线布置，以利于管坡稳定，缩短管道长度。管线铺设角应小于土的内摩擦角，管坡一般采用 1∶2.5～1∶3.0。

(2)管线应短而直，应尽可能减少拐弯，以减小水头损失。但当地形坡度有较大变化时，管线应变坡布置，转弯角宜小于 60°，转弯半径宜大于 2 倍管径。

(3)出水管道应避开地质不良地段，不能避开时，应采取安全可靠的工程措施。铺设在填方上的管道，填方应压实处理，并做好排水设施。管道跨越山洪沟道时，应考虑排洪措施，设置排洪建筑物。

(4)管道在平面和立面上均须转弯且其位置相近时，宜合并成一个空间转弯角，管顶线宜布置在最低压力坡度线(发生水锤时，管内最低压力分布线)以下。当出水管道线路较长时，应在管线最高处设置排(补)气阀。

(二)布置方式

(1)单泵单管平行布置[见图 6-14(a)]。该布置方式管线短而直，水力损失小，管路附件少，安装方便。但当机组台数多时，出水池宽度大。该布置方式适用于机组大、台数少的情况。

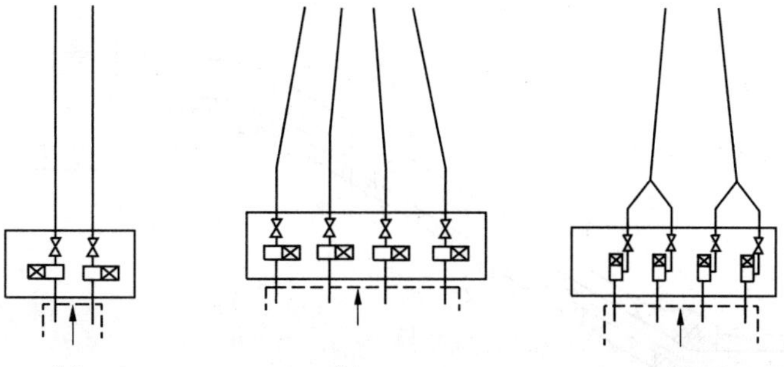

图 6-14　出水管道布置形式

(2)单泵单管收缩布置[见图 6-14(b)]。该布置方式镇墩可以合建，出水池宽度可以减小，可节省工程投资。该布置方式适用于机组台数较多的情况。

(3)多泵并联布置[见图 6-14(c)]。

(三)出水管道的铺设

1. 铺设方式

1)明式铺设

出水管道露天铺设于管线地基上,如图 6-15 所示。铺设时管间净距不应小于 0.8 m,钢管底部应高出管槽地面 0.6 m,预应力钢筋混凝土管承插口底部应高出管槽地面 0.3 m;管槽应有排水设施,坡面应护砌,当管槽纵向坡度较陡时,应设人行阶梯便道,其宽度不宜小于 1.0 m;当管径大于或等于 1.0 m 且管道较长时,应设检查孔,每条管道的检查孔不宜少于 2 个。明式铺设水管检修养护方便,但在管内无水期间,水管受温度变化影响较大,并需要经常性维护。金属水管常采用明式铺设方式。

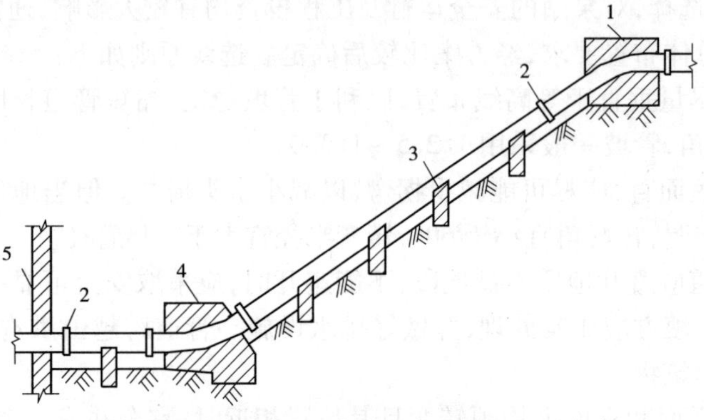

1—上镇墩;2—伸缩节;3—支墩;4—下镇墩;5—泵房墙

图 6-15　明式铺设

2)暗式铺设

出水管道埋设在管线地面以下,如图 6-16 所示。暗式铺设管道管顶应埋在最大冻土深度以下;管间净距不应小于 0.8 m;埋入地下的钢管应做防锈处理,当地下水对钢管有侵蚀作用时,应采取防侵蚀措施;管道上回填土顶面应做横向及纵向排水沟;管道应设检查孔,每条管道不宜少于 2 个。该铺设方式管路受气温影响较小,但检修、养护不便。

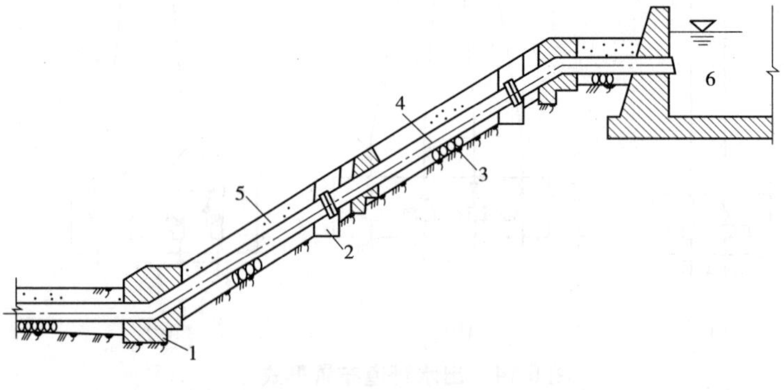

1—下镇墩;2—检修坑;3—管床;4—出水管;5—覆土;6—出水池

图 6-16　暗式铺设

2. 出水管路支承与伸缩节

明式水管的支承一般有支墩和镇墩。支墩用来承受水管的法向作用力(垂直于管轴线的作用力),减小水管挠度并防止各管段接头的失效,其结构形式如图6-17所示。

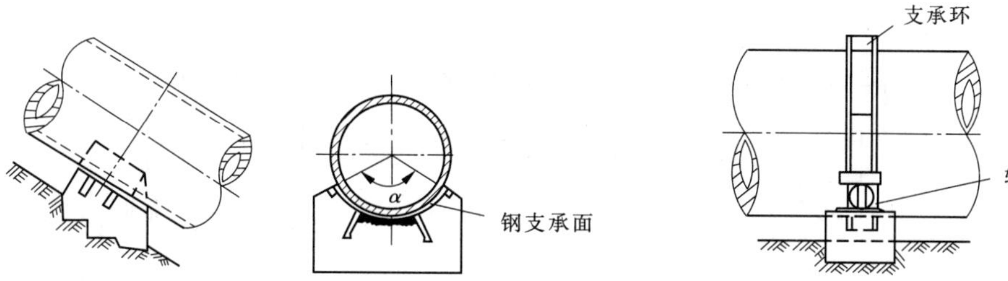

(a)滑动式支墩　(b)滚动式支墩

图6-17　支墩的结构形式

除伸缩节附近外,支墩应采用等间距布置。镇墩用来对水管进行完全固定,不使它发生位移,并防止水管在运行时可能产生的振动。在水管转弯处必须设置镇墩,在长直管段也应设置镇墩,其间距不宜超过100 m。镇墩有封闭式和开敞式两种,如图6-18所示。一般采用混凝土或钢筋混凝土浇筑而成。两镇墩之间的管道应设伸缩节,并应布置在上端,当温度变化时,管身可沿管轴线方向自由伸缩,以消除管壁的温度应力,减小作用在镇墩上的轴向力。

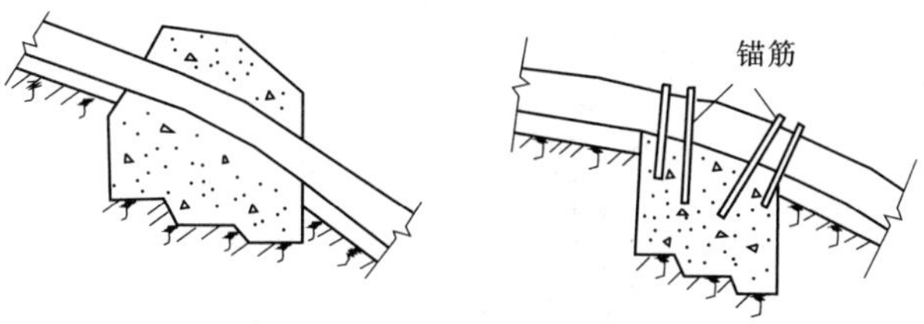

(a)封闭式　(b)开敞式

图6-18　管道镇墩示意图

四、压力水管水锤及其防护

压力管道中流速的突然变化,引起管道中水流压力急剧升高或降低的现象称为水锤或水击。通常把水泵启动产生的水锤叫启动水锤;关闭阀门产生的水锤叫关阀水锤;停泵产生的水锤叫停泵水锤。前两种水锤只要按正常程序进行操作,不会危及水泵装置的安全。最危险的是由于突然停电或误操作造成的停泵水锤,往往压力很大,一般可达到正常压力的1.5~4倍,甚至更大,常造成机组损坏、水管开裂等事故。因此,对停泵水锤应采取必要的防护措施。

水锤的防护措施有以下几种。

(一)防止压力过大的措施

合理选择出水管路的直径,控制管口流速,使水锤压力值较小。在逆止阀的出水侧或在可能形成水柱中断的转折处设置调压水箱,以便在停泵的初始段向管中充水,防止过大降压,如图 6-19 所示。

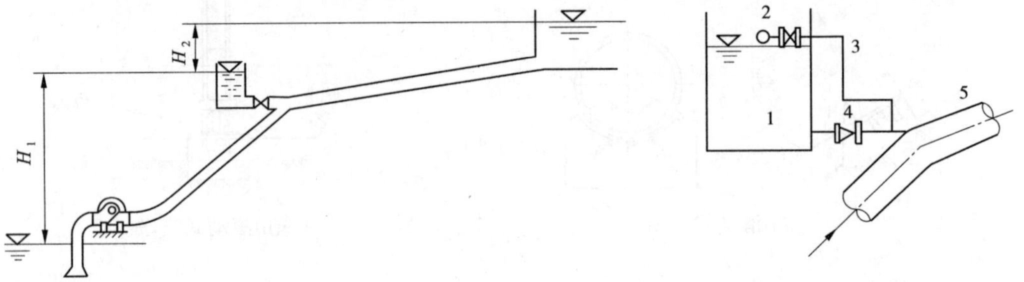

(a)装置图　　(b)水箱构造图

1—水箱;2—浮球;3—进水管;4—逆止阀;5—出水管

图 6-19　调压水箱构造

(二)防止增压过大的措施

(1)装设水锤消除器。水锤消除器是一个具有一定泄水能力的安全阀,它安装在逆止阀的出水侧。正常工作时,阀板与密合圈相密合,消除器处于关闭状态。在停泵后,先是管中压力降低,阀瓣落下,排水口打开;随后管中压力升高,管中一部分高压水由排水口泄走,从而达到减小压力增加、保护管道的目的,如图 6-20 所示。

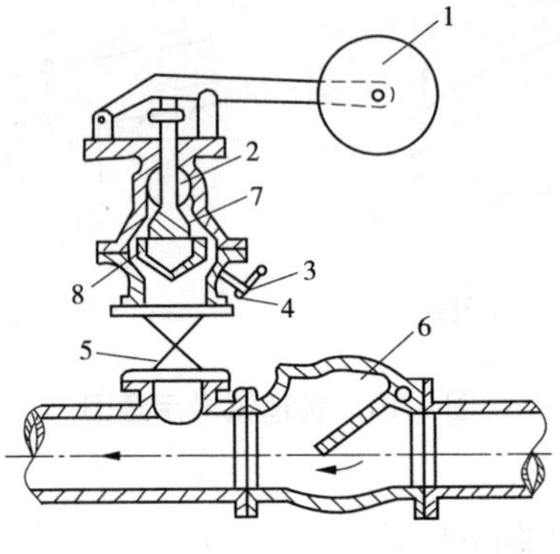

1—重锤;2—排水口;3—三通管;4—放气门;
5—截流闸阀;6—逆止阀;7—阀瓣;8—分水锥

图 6-20　下开式水锤消除器示意图

(2)安设爆破薄膜。在逆止阀出水侧主管道上安装一支管,在其端部用一薄金属片密封。当管中增压超过预定值时,膜片破裂,放出水流,降低管内压力,从而保证设备的安全。

(3)安装缓闭阀。当事故停机时,缓闭阀可按预定的时间和程序自动关闭。缓闭阀有缓闭逆止阀、缓闭蝶阀等形式。

项目小结

本项目设置了六个任务，主要讲述了引水渠、前池、进水池、出水池、压力水箱、出水管道等建筑物。

引水渠、前池和进水池是泵站进水建筑物。引水渠一般为明渠，有自动调节引水渠和非自动调节引水渠，其构造与一般干渠相同。

前池位于引水渠与进水池之间，起平顺、过渡水流及稳定进水池水位的作用。按照水流方向区分有正向进水前池和侧向进水前池，生产实践中大都采用正向进水前池，前池的形状、尺寸应满足其功能要求。

进水池是水泵吸水管吸水或立式水泵工作的场所，要求有良好的水流状态，其平面形状有矩形、多边形、圆形、半圆形等，生产实践中以矩形、多边形使用较多。进水池的尺寸既要满足水泵吸水良好，又要满足水泵机组和管路等的合理布置。位于泵房前面的进水池，其构造采用浆砌石护底、护坡；位于泵房下面的进水池，其构造应与泵房结构统一考虑。

泵站出水池是衔接出水管道与干渠的建筑物，按照水流方向有正向出水、侧向出水及多向出水几种形式。出水池主要起汇集出水管的水流、消能稳流、平顺均匀地将出流引入干渠的作用。合理地选择出水池的形式和结构，对泵站的投资和运行安全都有重要意义。

出水管道将水流由水泵引到出水池，出水管道的铺设方式有露天式和埋置式，其管材主要有钢管和钢筋混凝土管。泵站出水管道的铺设方式、管材管径的确定等应进行合理设计，以保证泵站安全运行、经济可靠。泵站中水锤现象时有发生，水泵水锤有启动水锤、关阀水锤和事故水锤等几种。应重视水锤对泵站的危害，对事故水锤要采取相应的措施消除和减少其危害。

复习思考题

1. 进出水建筑物包括哪几部分？各自的功用是什么？

2. 泵站前池和进水池的作用是什么？前池和进水池的布置和尺寸确定应满足哪些要求？

3. 前池的设计及进水池的设计有哪些内容？

4. 进水管在池中的相对位置由哪些参数决定？如何确定这些参数？

5. 出水池有哪几种类型？试比较淹没出流式出水池、自由出流式出水池与虹吸出流式出水池的优缺点。

6. 出水池的设计内容有哪些？

7. 出水管线路可布置为哪几种形式？各自的优缺点及适用场合是什么？

8. 出水管的铺设方式有哪两种？

9. 什么是泵站管路水锤？泵站管路水锤有哪几种类型？

10. 水锤有什么危害？水锤的防护措施有哪些？

项目七　泵房设计

任务一　泵房设计的内容与步骤

【学习目标】1. 了解泵房设计的内容。
2. 了解泵房设计的基本原则与步骤。

泵房是装设水泵主机组、辅助设备、电气设备及其他设备的建筑物，主要作用是为机电设备及其运行管理人员提供良好的工作条件。泵房是泵站中的主体建筑物，合理选择泵房类型和设计其结构及尺寸，对降低工程投资、延长机电设备寿命、保证安全和经济运行及为运行管理人员提供良好的工作环境等都有很大的意义。

一、设计的主要内容

泵房设计一般包括泵房类型选择、泵房布置、防渗排水布置、稳定分析及结构计算。

二、设计的基本原则

(1)在保证设备安装、运行、检修等工作方便而可靠的原则下，使泵房尺寸最小。
(2)泵房在各种外力组合作用情况下，满足整体稳定要求。
(3)保证结构有足够的强度和寿命。
(4)保证泵房水下部分不开裂、不渗水。
(5)符合防火、照明、通风和采暖等的要求。
(6)便于利用现代的建筑和安装方法施工，且工程投资节省。

三、设计所需基本资料

(1)泵站的性质和规模等；
(2)抽水机组的型号、台数、外形尺寸、安装尺寸等；
(3)泵站枢纽的 1/10 000 ~ 1/100 000 地形图和地质资料；
(4)主要建筑物处的 1/200 ~ 1/2 000 地形图和地质剖面图；
(5)当地的国民经济状况、能源及材料供应情况、施工技术力量；
(6)主要材料、设备、器具价格、原材料及人工单价等。

四、设计的一般步骤

(1)根据选择的水泵类型、水源水位变幅及地基条件确定泵房的结构类型；
(2)根据泵房内部设备布置及通风、照明、防噪的要求和泵房整体稳定条件，确定泵

房的各项尺寸及材料;

(3)进行细部结构及特种构件计算。

任务二　泵房的类型

【学习目标】1. 了解泵房的类型及特点。
2. 掌握泵房的适用情况。

泵房的类型按其结构形式分,有固定式泵房和移动式泵房两大类。固定式泵房按其基础的结构特点,又可分为分基型、干室型、湿室型和块基型四种。移动式泵房可随水源水位的变化而升降,分为缆车式和囤船式(也叫浮船式)两种。

影响泵房结构形式的因素有很多,主要有泵站的性质;所选用的水泵和动力机的类型;水泵吸上能力的高低;水源或进水池水位的变幅;站址处的地形地质条件;当地建筑材料和施工条件等。其中,所选水泵的类型和水源水位变幅是最主要因素。

一、固定式泵房

(一)分基型泵房

对于安装卧式水泵的泵房,当水源水位变幅较小,进水建筑物最高水位不超过泵房的地板时,泵房不需要水下结构,可采用分基型泵房。

1. 分基型泵房的特点

分基型泵房的结构与一般工业单层泵房相似,其特点是没有水下结构,为了防止机组运行期间可能产生的振动和相互干扰,每套水泵机组均有各自单独的基础,机组的基础与泵房基础分开建造,故称分基型泵房。由于泵房地板高于进水建筑物水位,结构简单,施工方便,造价低廉,维护方便;便于使用当地(砖、石、木等)材料,节省"三材"(钢材、木材、水泥);机组的运行条件(主要包括通风、散热、采光、防潮)好,机组的效率高;机组的振动对泵房影响很小。

2. 分基型泵房的布置形式

对于取水泵站,泵房一般选择河岸式,布置在岸坡上,通常有两种布置形式,即斜坡式和挡土墙式。

1)斜坡式分基型泵房

地基条件较好的情况下,进水侧岸坡做成斜坡,坡面用块石护砌(见图7-1)。这种形式有利于吸水管的安装和检修,缺点是吸水管较长。

2)挡土墙式分基型泵房

如果在深挖方或地基条件较差的场合下建站,为了减少开挖和加固岸边的工程量,可考虑将进水侧岸边修筑成直墙式(挡土墙)。泵房与进水建筑物之间,通常保留有一段水平距离,作为检修进水建筑物、进水管、拦污栅等工作的走道。同时,这对泵房稳定、施工以及水流平稳地进入叶轮都会提供有利的条件。但是,此段水平距离不可过大,否则会提高工程造价。比较合理的距离,以机组和泵房基础不建筑在因修挡土墙而开挖的回填土

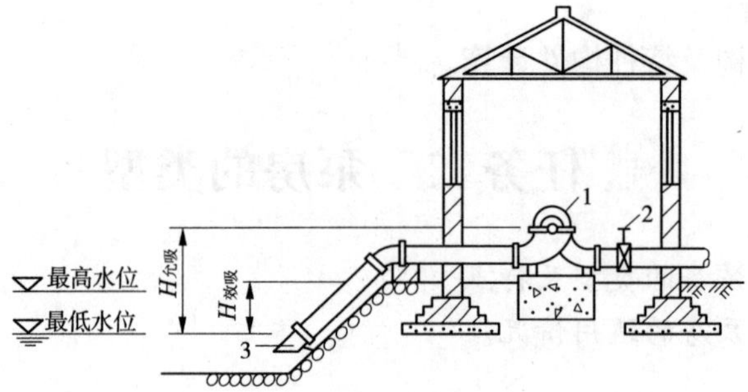

1—水泵;2—闸阀;3—平削管

图 7-1　斜坡式分基型泵房

上为准。如走道过窄,也会引起进水管水平管段过短,使弯头距离水泵进口过近,致使由弯头引起的管中水流断面流速与压力分布不均匀,直接影响水流平稳地进入水泵叶轮进口,从而引起水泵的工作效率降低。一般情况下,最短的水平管段长度不应小于其管径的 3 ~5 倍。另外,如在水泵进口处装设偏心渐缩接管可以大大改善水流流速的分布状态,从而缩短进水管道的水平长度,如图 7-2 所示。

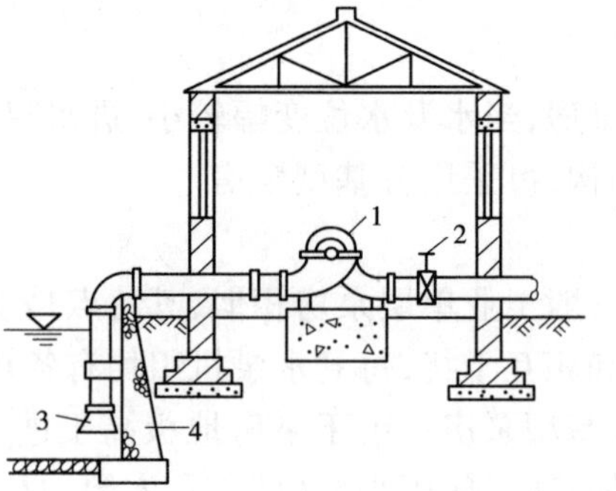

1—水泵;2—闸阀;3—进水喇叭管;4—挡土墙

图 7-2　挡土墙式分基型泵房

3. 分基型泵房的适用场合

(1)单泵流量不大的中、小型卧式离心泵装置;

(2)泵站工作期间,水源或进水建筑物水位变幅小于水泵的有效吸上高度(水泵的允许吸上高度减去泵轴线至泵房地坪的高度),即保证最高水位时泵房不受淹没,而最低水位时水泵也能正常运行;

(3)建站处地基比较稳定,站址地下水位不高,地下水不致渗入泵房或影响地基承载力。

如进水建筑物最高水位超过泵房地板的高度不大,且历时较短,则采取下述防洪措施后,仍可建造分基型泵房:加高进水建筑物侧墙,作为防洪墙,并用防渗混凝土浇筑泵房地板,以防地下水渗入泵房,或在引水渠进口设进水闸,控制进水建筑物水位,使最高水位不超过泵房地板高程。

（二）干室型泵房

干室型泵房的结构特点是机组的基础与泵房的基础建筑成一个整体，形成一个干的地下室，水泵就在这个地下室内工作。泵房分为水上结构和水下结构，属于楼房的结构形式。

随着水泵口径的增大，机墩下部单位面积地基上所承受的重量将会超过其承载能力。另外，其有效吸上高度将相对地减小；或者随着水源水位变幅的增大等，为了减小作用于地基单位面积上的重量，以及防止外水渗入泵房，就需要将机墩和泵房基础建筑成一个封闭的干室，于是就形成了干室型泵房。

这类泵房通常将主机组安装在干室内。干室型泵房的结构比分基型泵房复杂，造价高，一般适用于下列情况：泵房建在边坡较陡的江河岸边，水位变幅较大，在技术条件上不宜建造分基型泵房。如果采用分基型泵房，需在引水渠上建闸控制水位，增加了建闸投资，并加大了提水扬程，从而增加了抽水成本和能源消耗，在技术经济上不合理。干室型泵房主要适用于安装卧式离心泵。按照其特点又可分为以下类型。

1. 矩形干室型泵房

如图7-3所示，泵房在平面上为矩形。与分基型泵房相比较，对地基的要求较低，与其他干室型泵房相比，机组和管道的布置相互影响较小，机组的运行条件较好。此泵站属于河岸式泵站。大、中型离心泵站，当水源的水位变化幅度较大时，或地质条件不好的小型离心泵站，一般采用这种布置形式。

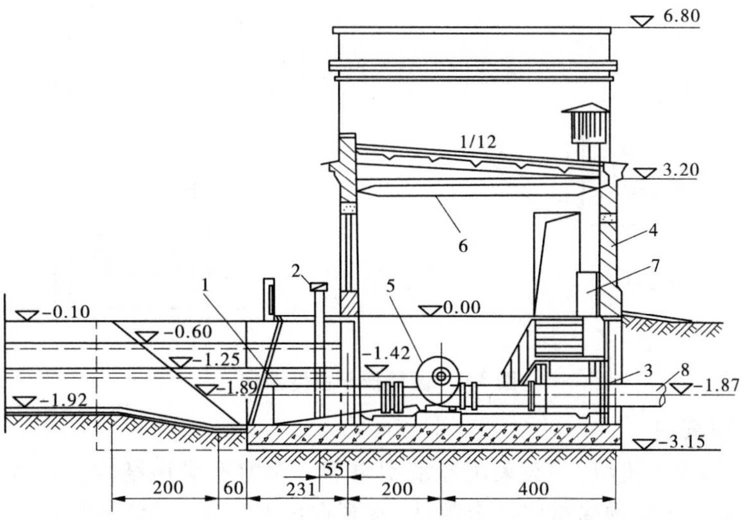

1—进水管；2—检修闸门；3—干室；4—水上部分；5—水泵；
6—吊车；7—控制柜；8—出水管

图7-3 矩形干室型泵房 （单位：高程，m；长度，cm）

干室型泵房底板的防渗通常是用厚度不小于2～3 cm的沥青或油毡铺设在底板下面，而底板较厚时，为了防止沥青被挤压出来，还必须用直径为5～6 mm的钢筋做成20～30 cm的方格加固。至于墙外无回填土的水下墙的防渗，目前多在墙外表面用水泥枪喷射厚度为 20 mm 的水泥砂浆，其水泥应当使用高强度等级水泥或膨胀水泥。墙外有回填土的水下墙的防渗可以在表面铺 2 ~ 3 层油毛毡，外面再覆以水泥板或半砖厚的砖墙。应该指出，如在干室型泵房的四周或三面回填土，无论对于泵房稳定还是解决对外交通都是有利的。矩形干室型泵房适用于机组台数较多的情况。

2. 圆筒形干室型泵房

泵房在平面上为圆形。与分基型泵房相比，对地基的要求较低，与其他干室型泵房相比，它利用了拱的作用，因此受力条件好、墙壁厚度较薄、节省材料、重量较轻、造价较低，但机组和管道的布置相互影响较大，机组的运行条件较差。此泵站属于河床式泵站。大、中型离心泵站，在水源水位变幅大于 5 m，单泵流量又较大时，可考虑采用圆筒形干室型泵房。当水源水位变幅很大（超过 10 m）时，管理也不方便，只有在机组台数很少（最多 3 ~ 4台）时才采用这种形式。圆筒形干室型泵房常用于从水源取水的灌溉泵站，一般采用立式离心泵，也有安装卧式水泵的，如图 7-4 所示。

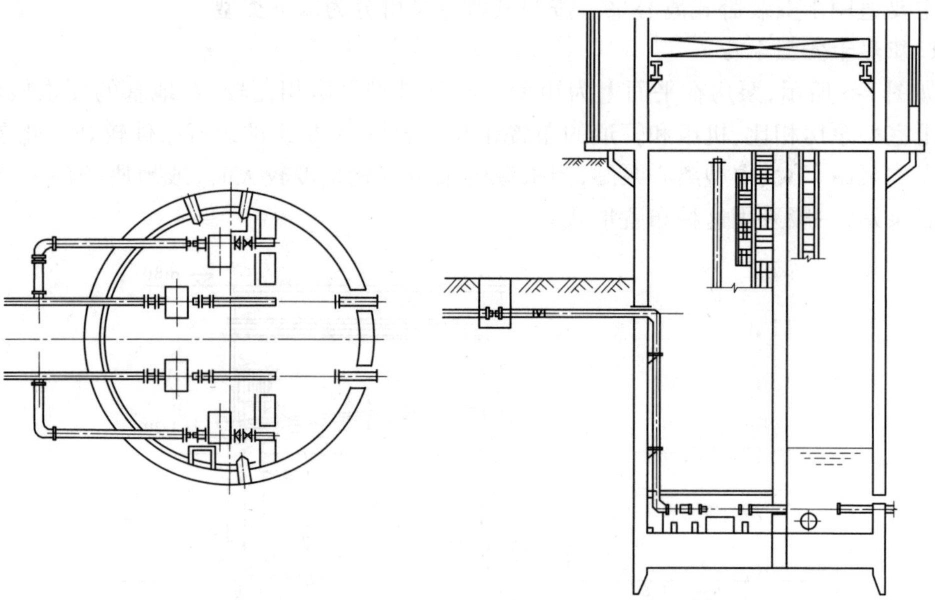

图 7-4　圆筒形干室型泵房

（三）湿室型泵房

对于中、小型立式机组，一般采用湿室型泵房。湿室型泵房结构特点是机组的基础、泵房的基础及进水建筑物建筑成一个整体，水泵在水下工作，泵房分为水上结构和水下结构，属于楼房的结构形式。泵房分上、下两层或三层。中层安装动力机和配电设备等，称为电机层；上层为操作检修层；两层时，上、中两层合并为上层；下层进水，与进水建筑物相连，形成一个湿室，即称湿室型泵房。这种泵房通常安装直径 1 400 mm 以下的立式轴流泵，也有安装卧式轴流泵的。其特点是湿室内有水，有利于泵房的稳定，水泵直接从湿室中吸水，进水水头损失小，但轴流泵安装在湿室的水下，检修不便。湿室型泵房按其结构形式，又分为墩墙式、排架式、箱式、井筒式等。

1. 墩墙式湿室型泵房

如图 7-5 所示,墩墙式湿室型泵房水下结构主要由墩(含中墩和边墩)和墙(后墙和边墩)组成,三面填土,一侧进水。因此,侧向的水平土压力较大,需要对泵房进行抗滑和抗倾稳定分析及地基应力验算。中、小型轴流泵站,当水源的水位变化幅度较小时,可以采用这种布置形式。立式水泵为了启动方便,均将叶轮淹没于最低水位以下一定深度。所以,将进水建筑物移到泵房的下部,成为湿室型泵房。当水源水位变幅较小,进水建筑物最高水位较低时,水压力、侧向水平土压力及浮托力均不大,故可采用墩墙式湿室型泵房。

墩墙式湿室型泵房便于使用当地(砖、石、木等)材料,节省“三材(钢材、木材、水泥)”,节省钢筋混凝土和模板,施工简单,它只适用于地基条件较好的地方。但由于墙后填土,泵房受到很大的水平压力,为了满足抗滑稳定的要求,有时需加大泵房的重量,增加了工程量,并加大了地基应力。

2. 排架式湿室型泵房

排架式湿室型泵房水下结构主要由排架组成,如图 7-6 所示。它四面环水,因此泵房整体稳定较好,但需要在泵房与河岸之间架设引桥,增加了相应的造价。中、小型轴流泵站,当水源的水位变化幅度较大时,可以采用这种布置形式。随着水源水位变幅的增大等,采用排架式湿室型泵房就可以减小水压力、侧向水平土压力及浮托力。排架式湿室型泵房的优点是结构较轻、材料节省,地基应力小,不需考虑抗浮、抗滑、抗倾稳定分析和地基应力验算的问题;缺点是护砌工程量大,设备检修不便,钢筋混凝土的用量多,当整体浇筑时,模板耗费的材料多,仅适合于地基条件较好的地方采用。

3. 箱式湿室型泵房

为了既减少墩墙式湿室型泵房的水压力、侧向水平土压力及浮托力,又减少排架式湿室型泵房引桥的工程量,由此发展出了箱式湿室型泵房。在排架式湿室型泵房的排架两面加挡土板,而进水侧敞开着。泵房左右两侧的填土高度与电机层齐平,后侧(出水侧)填土较低,一般与水泵梁齐平,省去了排架式湿室型泵房的对外交通桥左右两侧的护坡工程,后侧护坡工程量也有所减少。与墩墙式湿室型泵房相比,大大减小了墙后水平推力,有利于泵房的稳定。箱式湿室型泵房结构刚度大,能适应软基一定程度的沉陷,抗震性能好,机组布置紧凑,对外交通方便,水泵进水条件较好。中、小型轴流泵站,当水源的水位变化幅度不很大时,建议采用这种布置形式。

4. 井筒式湿室型泵房

井筒式湿室型泵房的结构形式与圆筒形干室型泵房基本相同。如果水源水位变幅很大,水压力、侧向水平土压力及浮托力都很大,对结构上的要求较高,常建井筒式湿室型泵房。泵房为圆筒形,四周填土,圆筒结构的受力条件好,可用钢筋混凝土或砖、石砌筑。缺点是进水条件差,施工立模比较麻烦。中、小型轴流泵站,当水源的水位变化幅度很大时,一般采用这种布置形式。这种泵房适用于机组台数不超过 4 台的情况。

(四)块基型泵房

用钢筋混凝土把水泵的进水流道与泵房的底板浇成一块整体,并作为整个泵房的基础,这种结构形式的泵房就称为块基型泵房。在安装立式机组的泵房内,一般分为电机

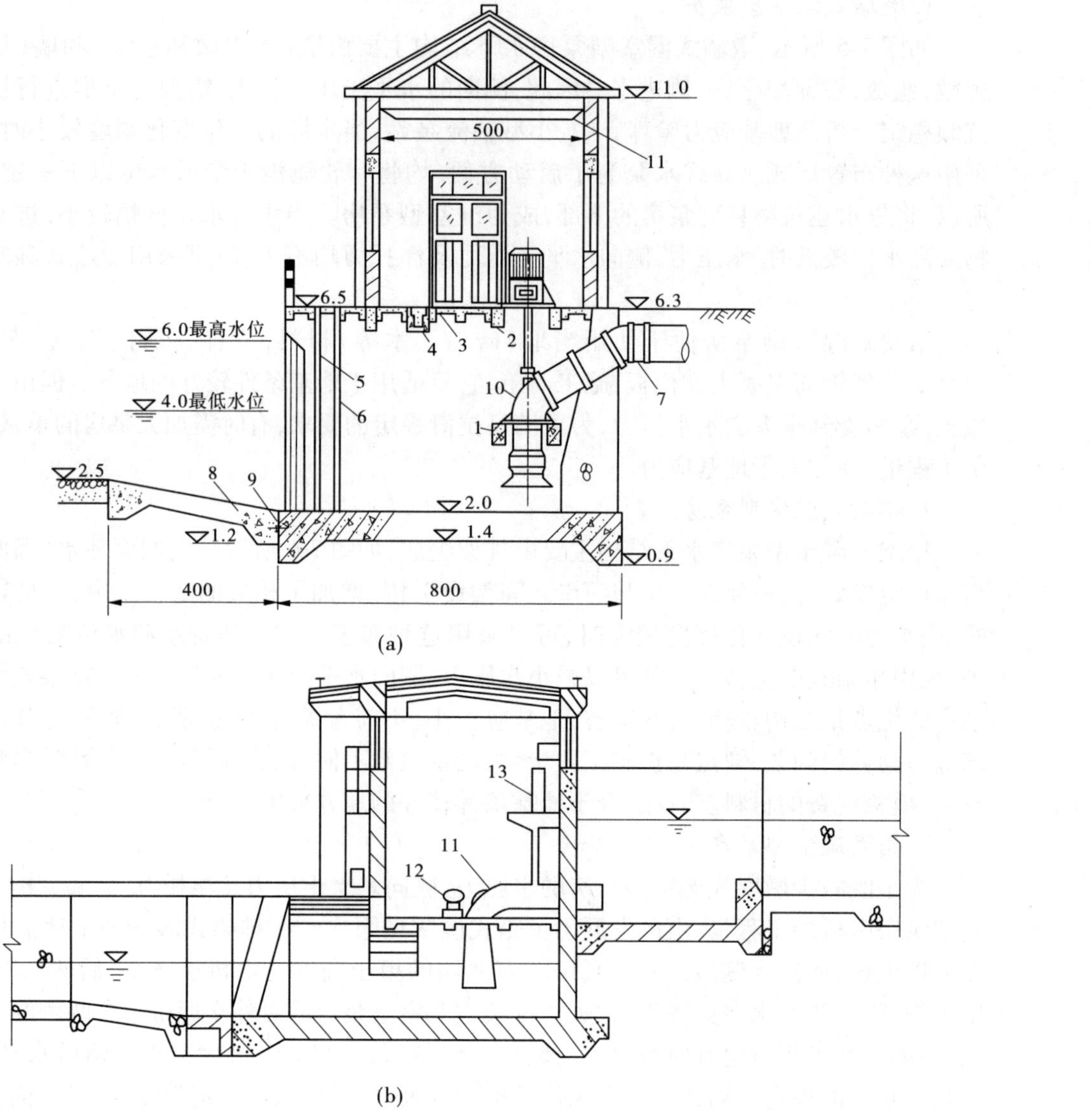

1—水泵梁;2—电机梁;3—电机层;4—电缆沟;5—拦污栅槽;

6—检修闸门槽;7—软接头;8—防渗铺盖;9—水平止水;

10—立式轴流泵;11—卧式轴流泵;12—电动机;13—开关柜

图 7-5　墩墙式湿室型泵房　(单位:高程,m;长度,cm)

层、联轴层、水泵层、进水流道层。水泵层以上安装主机组、电气设备、辅助设备以及管道等,同时是检修的场地。水泵层以下是进水流道和排水廊道,相当于湿室型泵房的进水池。为了改善水泵的进水条件,将进水流道设计成钟形或肘弯形。

根据块基型泵房的特点,它可适用于下列场合:

(1)适用于口径大于 1 400 mm 的大型泵;

(2)由于块基型泵房本身重量大,抗浮和抗滑稳定性较好,在需要泵房直接抵挡外河

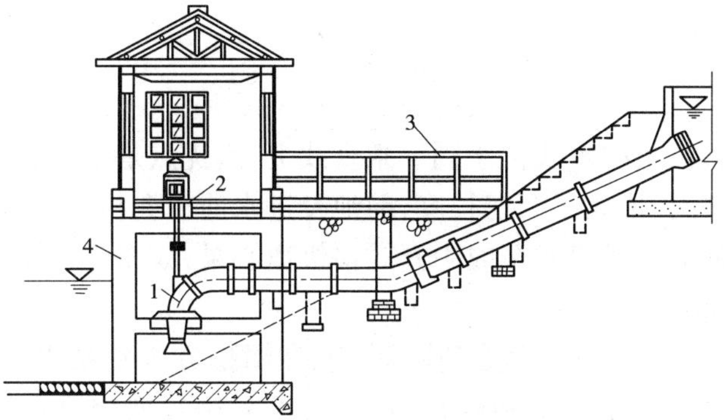

1—立式轴流泵;2—电动机 ;3—交通桥; 4—排架

图 7-6　排架式湿室型泵房

水位压力时,采用块基型泵房比较有利;

(3)由于块基型泵房结构整体性好,可适用于各种地基条件,即使在软土地基上也可建造。

二、移动式泵房

移动式泵房一般分为浮船式和缆车式两种,它们是用移动的船或车作为泵房,随着水源水位的变化而升降,不需要复杂的水下工程,投资较省,施工简便,适用于从水源水位变化幅度较大的河流或水库岸边提水的情况。

任务三　泵房的内部布置

【学习目标】 1. 掌握泵房的内部结构。
2. 掌握泵房的内部布置。

水泵机组的类型和泵房的结构形式确定后,便可进行泵房的内部布置,进而确定泵房的尺寸。泵房作为泵站的主体工程,通常由主泵房、配电间、检修间、交通道四大部分组成,泵房内部布置就是对主机组、电气设备、辅助设备、检修间、控制室等进行统筹安排,合理确定其位置和尺寸。

泵房内部的设备分为主机组和辅助设备两类,主机组包括主水泵、动力机及传动设备;辅助设备包括电气、起重、充水、排水、通风等设备。泵房布置的要求是:①主机组的布置,在满足安装、运行、检修的前提下,尽量做到整齐、紧凑,减小泵房尺寸,简化泵房结构;②辅助设备的布置,在满足主机组工作和辅助设备自身工作条件下,尽量布置在泵房的空地上,充分利用泵房空间,不增加泵房尺寸;③满足泵房通风、采光和采暖的要求,并符合防潮、防火和防噪声等技术规定。

一、主机组布置

（一）直线布置

直线布置是指各机组的轴线位于同一条直线上，其优点是整齐、美观，泵房跨度小；缺点是当机组台数较多时，增大了泵房长度，前池及进水池也会相应加宽。这种布置形式适用于水泵台数较少的双吸式离心泵或中开式多级离心泵，如图 7-7 所示。

（二）双列交错布置

当机组台数较多，或泵房长度受到限制（如在深挖方中建站以及泵房为圆筒形等）时，为了缩短泵房长度，减小前池和进水池宽度，可采用双列交错布置形式，如图 7-8 所示。这种布置形式的缺点是增大了泵房跨度，泵房内部不够整齐，操作管理不太方便，同时需要部分水泵轴转向，故在水泵订货时必须加以说明。

（三）平行布置

平行布置是指各机组轴线相互平行，并垂直于泵房长度方向，如图 7-9 所示。这种布置形式紧凑、泵房的长度和机组间距较小，但泵房的跨度较大，适合于单级单吸式离心泵和蜗壳式混流泵。

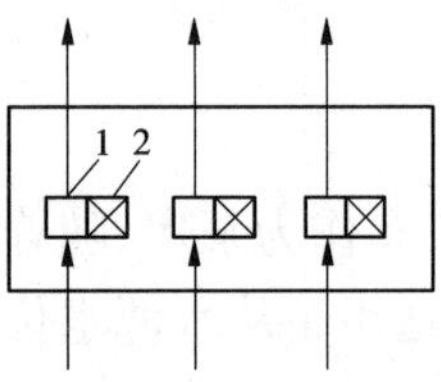

1—水泵；2—电动机

图 7-7　直线布置

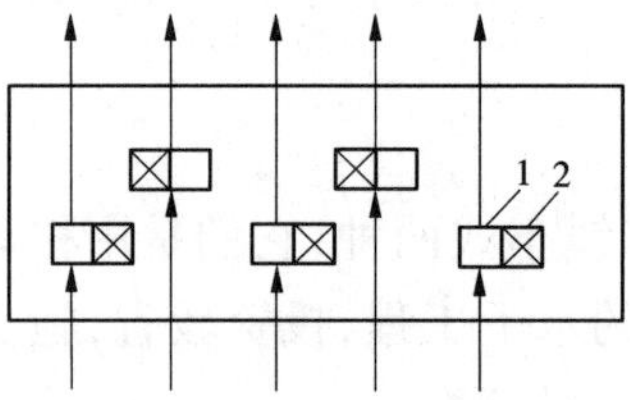

1—水泵；2—电动机

图 7-8　双列交错布置

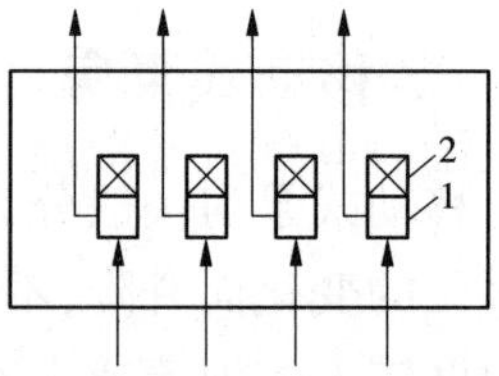

1—水泵；2—电动机

图 7-9　平行布置

二、配电间布置

配电设备是由开关、仪表、保护装置和母线等组装成的配电板或配电柜。每台主机组配置一台配电设备，其布置方式有分散和集中两种。分散布置是将配电设备分散布置在主泵房内（进水侧或出水侧）主机组附近，便于监视主机组的运行，此布置形式对于大机组可能会使泵房跨度增大，故常用于小型泵站。集中布置是将全部配电设备布置在泵房的一端或一侧。

（一）一端式布置

一端式布置是在泵房进线一端建配电间，是常采用的一种布置形式。其优点是不增大泵房跨度，泵房前后侧都可开窗，有利于通风和采光。当机组台数很多时，工作人员不便监视远离配电间的机组运行情况。因此，当机组台数较少时常采用这种布置形式，如图 7-10 所示。

（二）一侧式布置

一侧式布置是在泵房的一侧（进水侧或出水侧）建配电间，一般以出水侧居多，这样可不增加进水管长度。其优点是当机组台数较多时，有利于监视机组的运行；缺点是配电

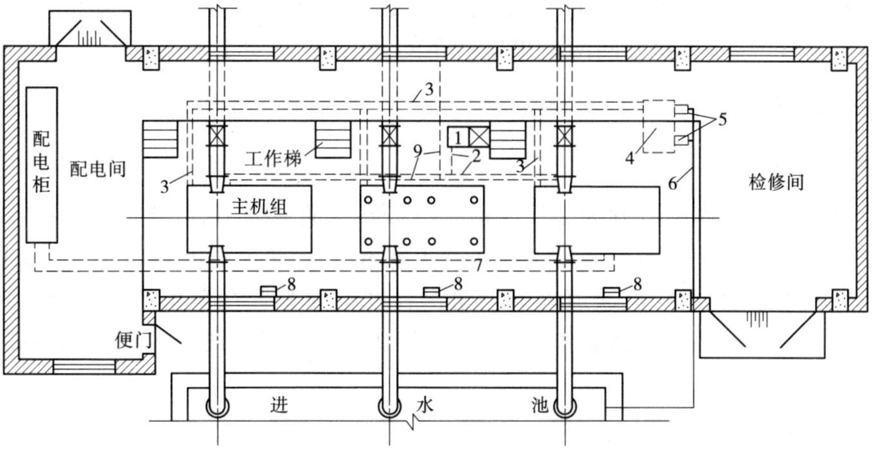

1—真空泵;2—抽气管;3—排水沟;4—集水池;5—排水泵;
6—排水泵出水管;7—电缆沟;8—启动器;9—技术供水管

图 7-10 单层泵房布置示意图

间一侧无法开窗,影响通风和采光。另外,对于大型机组可能使泵房跨度增大,为弥补此缺点,配电间可沿跨度方向凸出一部分,放置配电设备。

配电间的尺寸取决于配电柜的数量、规格尺寸及必要的操作维修空间。配电柜分高压和低压两种,均可采用成套设备,数量由电气设计确定。配电柜有单面维护和双面维护两种。单面维护可靠墙安装;采用双面维护时,柜后要留出不小于 0.8 m 的通道,以便于维修。低、高压配电柜前要留不小于 1.5 m、2.0 m 的操作宽度。配电间地面应高于主泵房地面,以防积水流向配电间,其高程和交通道相同;配电间应设向外开启的小门,以方便搬运设备和事故逃生。

三、检修间布置

检修间有三种布置方式:一端式、一侧式、平台式。一端式布置,即在主泵房对外交通运输方便的一端,沿电机层长度方向加长一段,作为检修间,其高程、宽度一般与电机层相同。机组安装检修时可共用主泵房的起吊设备,目前绝大多数泵站采用这种布置方式。由于布置进水流道,主泵房电机层进水侧比较宽敞,可利用此空间布置机组安装、检修场地,即一侧式布置。它的高程一般与电机层相同,利用主泵房的起吊设备进行安装、检修机组。平台式布置对于机组间距较大和电机层楼板高程低于泵房外四周地面高程的情况,可利用主机组间距修一高于电机层地坪的检修平台,作为机组安装、检修的场地。

检修间的尺寸主要根据机组的安装、检修要求确定,其面积大小应满足一台机组安装或解体大修的要求,应能同时安放电动机转子、连轴、上机架、水泵叶轮或主轴等大部件,部件之间应有 1.0 ~ 1.5 m 的净距,并有工作通道和操作需要的场地。检修间跨度与主泵房相同,其长度按下列原则确定:立式机组应满足一台机组安装或扩大性大修的要求,机组检修应充分利用机组间的空地。在安装间除放置电动机转子外,还应留有运输最重部件的汽车进入泵房的场地,其长度可取 1.0 ~ 1.5 倍机组段长度。卧式机组应满足设备进入泵房的要求，但不宜小于5.0 m。为便于汽车进入检修间，其地面高程应与室外地面同高或略高于室外地面，且检修间应设可过汽车的大门，以及便于人员行走的交通便门。

四、交通道路布置

（一）通道的布置

泵站内的通道按作用可分为工作通道、人行通道、巡视通道等，要便于巡视、工作人员的通行和搬运设备。工作通道宽度不应小于1.5 m，人行通道宽度不应小于1.2 m。对于分基型泵房和干室型泵房，交通道一般沿泵房长度方向布置在泵房的出水侧，并略高于主泵房的地板高程。当交通道兼作闸阀的操作台时，还应考虑闸阀操作手柄的高度，以便操作。

（二）楼梯的布置

对于立式泵房，为了便于水下设备的检查和检修，应设置一定数量的楼梯，其宽度一般为0.8～1.2 m，护栏高度一般取0.8～1.2 m，坡度30°～45°，台高15～25 cm。

从工作层进入电机层及水泵层必须设置楼梯，闸室内要设置爬梯，楼梯可用塔式或旋转式。楼梯和爬梯布置不宜影响主机组和设备的布置。

五、充水设备及供水系统布置

当水泵的安装高程高于进水池水位时，在启动水泵前吸水管路和水泵内必须充满水。水泵充水的方法较多，根据吸水管路进口是否有底阀，可分为人工充水和真空泵充水等。进水管路进口安装底阀的小型水泵装置，一般用人工充水；不带底阀时，采用真空水箱或真空泵充水。

（一）人工充水

人工充水是从水泵顶部的灌水孔将水灌入水泵和进水管路内。进水管路进口的底阀是单向阀，充水时关闭，防止漏水，水泵运行时底阀被水流冲开，停机时在阀板自重及倒流水的作用下自动关闭。底阀具有设备简单、价格低廉等优点，但其局部水头损失大，易出现故障，且底阀在水下维修困难。因此，这种充水方式适用于进水管路直径小于200 mm及临时性的抽水场合。

（二）真空水箱充水

真空水箱充水装置如图7-11所示，水泵从水箱中吸水，使水箱中产生一定的真空值，在此真空值的作用下，水从进水池经水箱进水管路进入水箱。用真空水箱充水时，首先打开闸阀3、4、5，从灌水漏斗6向真空水箱2中灌水至水箱进水管下缘齐平后，关闭闸阀3和4，即可启动水泵。水泵启动后，打开闸阀3，水箱中的水位下降，上部形成一定的真空值，进水池中的水沿水箱进水管路不断进入水箱，形成连续的进水过程。

水箱容积V_W的计算式为

$$V_W = V_1 K_1 K_V \tag{7-1}$$

$$K_1 = \frac{10}{10 - H_{吸}} \tag{7-2}$$

式中　V_W——水箱的容积，m^3；

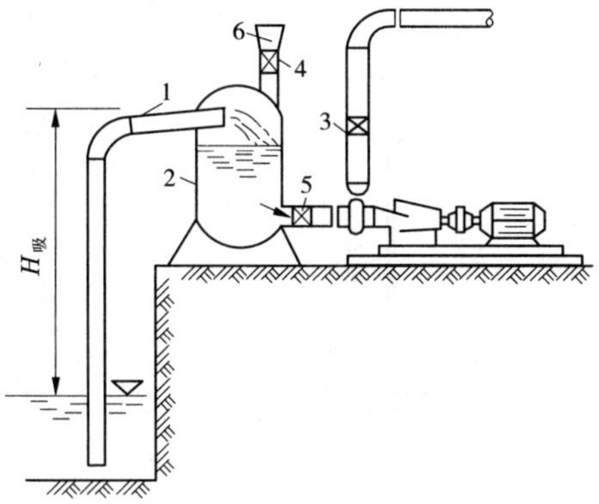

1—水箱进水管路；2—真空水箱；3、4、5—闸阀；6—灌水漏斗

图7-11　真空水箱充水装置

V_1 ——水箱进水管路在进水池最低水位以上的容积，m^3；

K_V ——容积系数，随设备及安装条件而定，一般取1.3左右；

K_1 ——吸程变化系数；

$H_吸$ ——进水池最低水位至水箱进水管路出口上缘的垂直距离，m。

水箱为圆筒形，其高度一般为直径的两倍。水箱用厚度不小于3 mm的钢板制作。水箱应靠近水泵，底部略低于水泵轴线，以缩短水泵吸水管路的长度，并增加水箱的有效容积。真空水箱充水的优点是水泵经常处于充水状态，可随时启动，水箱制作简单，投资少，口径小于200 mm的小型水泵均可采用。

（三）真空泵充水

大、中型水泵多采用真空泵抽气充水，其优点是水泵启动快，工作平稳可靠，操作简单，维修方便，易于实现自动化；缺点是效率低，一般只有30%～50%。泵站中常用的水环式真空泵有SZB、SZ和S型三种。水环式真空泵的星形叶轮偏心安装于圆柱形泵壳内，启动前向泵内灌注一定量的水。叶轮旋转时离心力的作用将水甩向泵壳周围，形成和转轴同心的水环，水环上部的内表面与轮毂相切，水环下部的内表面则与叶轮毂之间形成气室，气室的容积在右半部递增、在左半部递减。当叶轮顺时针方向旋转时，在右半圈随着轮毂与水环间容积的增加而形成真空，因此空气通过抽气管及真空泵泵壳端盖上月牙形的进气口被吸入真空泵内；在左半圈中，随着轮毂与水环间容积的减小空气被压缩，经过泵壳端盖上另一个月牙形排气口排出。叶轮不停地旋转，真空泵就不断地吸气和排气，将水泵和进水管路中的空气抽走，如图7-12所示。为了保证工作可靠，大、中型泵站中，一般选择两台真空泵，一台正常运行、一台备用。

真空泵的抽气性能表明，抽气量随着真空度的增加而减小。真空泵是根据水泵及进水管所需要的抽气量选择的，而抽气量又与造成真空所要求的时间和进水管及水泵内空气的体积有关，可按式(7-3)计算：

$$Q_a = KK_1V\frac{1}{T} \tag{7-3}$$

式中　Q_a ——出水管闸阀以前管路及泵壳所需要的抽气量，m^3/s；

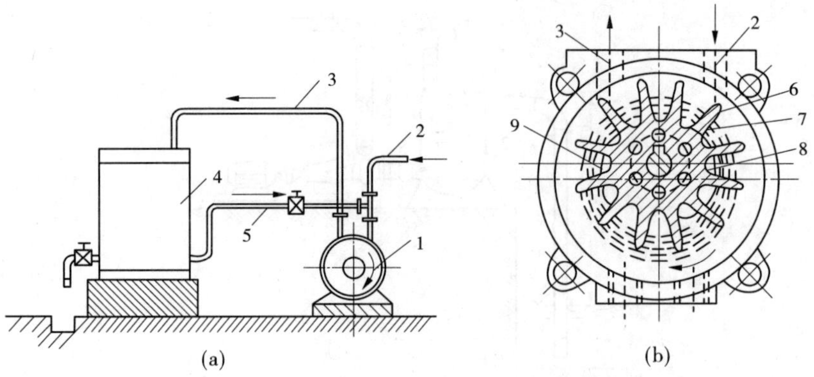

1—真空泵;2—抽气管;3—排水管;4—水气分离箱;
5—循环水管;6—叶轮;7—水环;8—进气孔;9—排气孔

图7-12 水环式真空泵抽水装置及抽气原理示意图

K——安全系数,考虑缝隙及填料函的漏损,可取1.5左右;

K_1——吸程变化系数,可按式(7-2)计算;

T——形成真空所需要的时间,一般控制在3~5 s;

V——出水管闸阀至进水建筑物水面之间管道和泵壳内的空气总体积,m^3。

根据计算的 Q_a 选择合适的真空泵,但泵体内所需要的抽气量是按最大值考虑的,具有较大的安全值,实际抽气时间可缩短。

充水系统包括真空泵机组及抽气干支管路,真空泵一般布置在泵房机组段的两端或中间的空地上,以不影响主机组检修、不增加泵房面积和便于操作为准则。

泵站供水包括技术供水、消防供水和生活供水。技术供水是供给主机组及辅助设备的冷却和润滑用水,供水系统主要是向机组提供技术用水,一般沿泵房墙壁架设。

六、排水系统布置

(一)排水沟

排水系统用来排除水泵水封用的废水、轴承冷却水及管阀漏水等。对于分基型泵房和干室型泵房,为了排除水泵水封用的废水、阀门的漏水、干室型泵房内的渗水,以及检修水泵时泵体和管道内的水体,泵房内应设排水沟。主沟沿泵房纵向布置,沟底以2%左右的纵坡通向出口,并设排水干沟[平面尺寸不小于0.10 m×0.10 m(高×宽)或0.10 m×0.15 m]、支沟[平面尺寸不小于0.05 m×0.05 m(高×宽)],排水沟的总容积一般取作12 h漏水量。支沟一般沿机墩的三侧或四侧布置,但应与电缆沟分开以免电缆受潮,积水沿支沟汇集于干沟中,然后穿出墙壁自流入进水建筑物或水源下游或汇入集水井抽排。

(二)集水井

当沟底高程低于进水建筑物最高水位而不能自流排水或为了加速排水时,应在主排水沟末端建集水井,并设排污泵进行抽排,将积水排至进水建筑物或水源下游,内燃机带动的机组,处理达标后再排入水体。集水井的位置应与排水泵的位置结合考虑,通常设在泵房内最低处。集水井一般为圆形(直径为0.6~1.0 m)或方形(宽度为0.6~1.0 m),

深度为1.5~2.0 m,总容积一般取作12 h漏水量。排污泵一般用潜水泵或单级单吸离心泵。

七、起重设备布置

为便于水泵或电动机的安装和检修,泵房内应设有起重设备。常用的起重设备有三脚架装手动葫芦、单轨吊车、桥式吊车等,应根据最重吊运部件和吊具的总重按表7-1的规定选用。

表7-1 泵房内起重设备形式

起重力(kN)	起重设备形式
<10	移动吊架或固定吊钩
10~20	手动单轨吊车
20~50	手动桥式吊车
>50	手动或电动桥式吊车

选择起重设备的主要参数是起重力、起重高度和吊车跨度。图7-13所示为手动单轨吊车示意图,它由手动单轨小车和起重葫芦组成。小车可沿固定于屋顶大梁或屋架下弦上的单轨行驶,单轨用I型钢做成,其位置正对机组轴线。

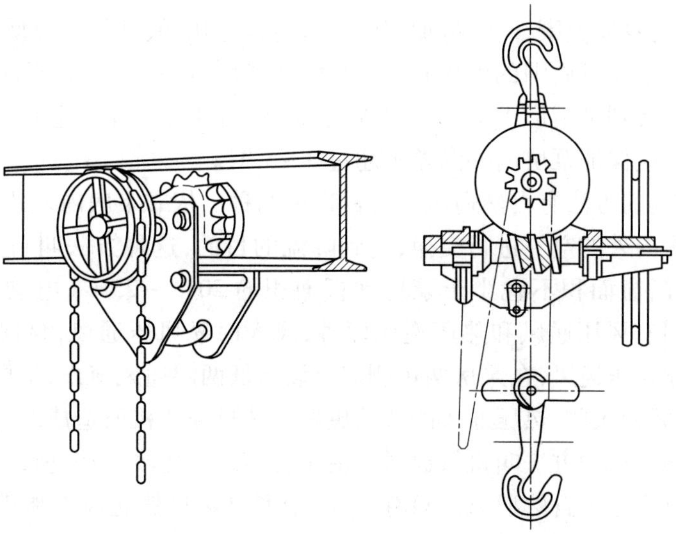

(a)小车外形图 (b)起重葫芦

图7-13 手动单轨吊车

桥式吊车轨道一般安装在壁柱上或钢筋混凝土牛腿柱上,桥式吊车由大车和小车组成,大车在吊车梁的轨道上沿泵房纵向行驶,小车在大车的轨道上沿泵房横向左右运行。因此,可以起吊在吊钩极限位置以内的设备,使用灵活。吊车安装高度应保证:吊起重物后能在设备顶上越过；在干室型泵房中能将重物吊至检修间楼面，如果载重汽车能开进检修间，则应能将重物吊到汽车上。

八、电缆沟或电缆架布置

从配电间引至电动机的电缆一般布置在电动机进线盒一侧的电缆沟内。电缆沟尺寸由电气设计确定，其结构设计须防水防潮，沟内电缆用穿线管引至电动机进线盒。

（一）电缆主沟布置

一般沿主泵房的纵向布置成矩形暗沟的形式，断面尺寸不小于 0.40 m×0.30 m（高×宽）。

（二）电缆支沟布置

一般沿主泵房的横向布置成矩形暗沟的形式，从主沟延伸到主电机，断面尺寸不小于 0.30 m×0.20 m（高×宽）。

小型泵站也可不设电缆沟，电缆用电缆架吊挂在墙上，也可用穿线管代替电缆沟。一般布置在工作通道或人行通道的下面。为了防止电缆受潮，要求电缆沟与排水沟不能相交；当泵房采用悬臂式交通道时，可在交通道下架设电缆桥架敷设电缆。

九、通风设备布置

在泵房中，由于电动机等电气设备的运行及太阳的辐射等，发出大量的热量，尤其在夏季，如果泵房通风不良，会引起室温过高，湿气不能排除，往往造成泵房内温度很高，不仅影响工作人员的身体健康，同时将加速电动机绝缘老化，使其效率降低，使用年限缩短。实测资料表明，当电动机周围的温度达到 50 ℃时，功率降低 25%。因此，必须充分重视泵房的通风问题，特别是矩形干室型泵房或圆形干室型泵房，由于地下室较深，更应重视泵房的通风问题，应保证泵房内外温差不超过 3～5 ℃。

泵房通风降温的方法有自然通风和机械通风两种。依靠泵房内外的温差或风压形成风的作用，使泵房内外的空气进行交换，达到降温的目的，这种方法叫自然通风。自然通风时用于通风的门窗面积不宜小于泵房地板面积的 20%～25%（电动机 20%、内燃机 25%）。自然通风有风压通风和热压通风两种，风大时靠风压通风，泵房一侧进风、另一侧出风；无风时靠热压通风，在泵房两边侧墙上设高低两层通风窗户，下层窗进风、上层窗出风。两层窗的间距大些，热压通风的效果更好。依靠通风机所造成的压力差，强迫空气进入或排出泵房外，这种方法叫机械通风。由于自然通风比较经济，所以在进行泵房通风降温设计时，应首先考虑自然通风。只有在大、中型泵站自然通风不能满足要求时，才采用机械通风。

（一）自然通风

风压通风随季节、时间而变，无风时则风压不能保证，因此在计算通风时，往往只进行热压通风计算。当泵房内的空气温度比泵房外的空气温度高时，室内的空气容重比室外的空气容重小，因而在泵房的下部，泵房外空气柱所形成的压力大，于是在这种由温度差而形成的压力差的作用下，泵房外的低温空气就会从泵房的下部窗口进入泵房内，同时，泵房内温度较高的空气上升，在热力作用下就会从泵房上部窗口排出泵房外，这样泵房内外就形成了空气的自然对流。热压的大小取决于泵房内外空气的容重差和下部进风口与上部排风口之间的距离，可按下式计算：

$$\Delta p = (\gamma_{a2} - \gamma_{a1})\, h_a \tag{7-4}$$

式中 Δp ——泵房内外温差产生的热压，kPa；

h_a ——下部进风口和上部排风口中心线之间的高差，m；

γ_{a1}、γ_{a2} ——泵房内、外空气重度，kN/m^3。

从式(7-4)可以看出，在泵房内外空气重度一定的情况下，欲增加热压通风的效果，只需增大两个窗户中心距离即可，这也是泵房窗户做成高低窗口的主要原因。自然通风的设计是根据泵房的散热量来计算通风所需要的空气量，根据泵房内外的温差来计算所需的空气量，以及根据泵房内外的温差来计算所需要的进、排风口面积。然后与实际所开门窗面积相比较，如果需要的面积小于实际所开门窗面积，则自然通风能满足要求。反之，要调整门窗面积和高度，甚至加设机械通风设备。

（二）机械通风

机械通风需要另设通风管道和通风机。当自然通风不能满足泵房内降温要求时，可采用以机械通风为主，配以自然通风的方式。

1. 机械通风方式

（1）机械抽风方式：用通风管与电动机的排风口相接，将热空气直接排至室外。其排出口的高度宜接至室外檐口以上，以免热风从门窗口倒灌。管道内的风压损失在 2 mm H_2O以内时，可直接利用电动机本身的风扇自动排风，否则必须加设通风机排风。

（2）机械进风方式：用鼓风机和通风管送风至泵房下面，电动机所需要的冷却空气直接从室内吸取，热空气自流排出，即利用自然排风。

（3）机械进风和机械抽风方式：用鼓风机和通风管送风至泵房下面，另用管道与电动机的排风口相接，将热空气排至室外。其排出口的高度以及对风压损失的要求等与第一种机械通风方式相同。

比较上述三种机械通风方式，当电动机容量较大时，采用第二种或第三种通风效果较好。

2. 风道布置及构造

在进行风道布置时，应尽可能缩短风道长度和减少不必要的弯头，不占或少占泵房的有效面积。可以一台电动机布置一根风道，布置在泵房的进水侧或出水侧，也可以是一根或两根干管，用支管接至电动机。干管一般从泵房的两端通向室外。排风管的通风机（换气扇）一般放在出口处，高度越高，通风效果越好。风道要求严密不漏气，材料一般用铁皮或薄钢板，也可用砖、石、混凝土砌成或用塑料管，在铁皮通风管中，接缝用咬口。为保护金属不锈蚀，可涂油漆。为了调节排风量，可在排风道上靠近电动机处设活动风门。

十、采光措施及设备

泵房采光设计要求贯彻国家的技术经济政策，充分利用天然光，创造良好光环境和节约能源,做到技术先进、经济合理,有利于生产、工作。采光外窗要求采光性能良好,采光系数为1/5~1/7,即($S_{窗}/S_{地板}=1/5\sim1/7$)。

任务四 泵房的尺寸确定

【学习目标】1. 掌握卧式、立式机组泵房尺寸的确定原则。
2. 掌握泵房尺寸的确定方法。

泵房尺寸根据泵房内设备布置、结构形式等因素确定,并符合国家有关规范要求。泵房主要尺寸的确定是指机组间距与泵房的长、宽、高的确定。

一、卧式机组泵房尺寸

(一)泵房长度

泵房长度指泵房两山墙轴线间的距离,如图7-14所示。它根据主机组台数、布置形式、机组间距、机组长度和检修间的布置等因素确定,且应满足机组吊运和泵房内交通的要求,用下式表述:

$$L = n(l_0 + l_1) + L_1 + L_2 \tag{7-5}$$

式中 L——泵房长度,mm;

L_1、L_2——配电间和检修间的长度,mm;

l_0——主机组基础的长度,mm;

l_1——主机组基础间距或机组到墙壁之间的距离,mm,见表7-2;

n——主机组台数。

表7-2 泵房内部设备间距 (单位:mm)

项目	流量(m^3/s)		
	<0.5	0.5~1.5	>1.5
设备顶端与墙间	70	100	120
设备与设备顶端	80~100	100~120	120~150
设备与墙间	100	120	150
平行设备之间	100~120	120~150	150~200
高压或立式电动机组间	150	150~175	200

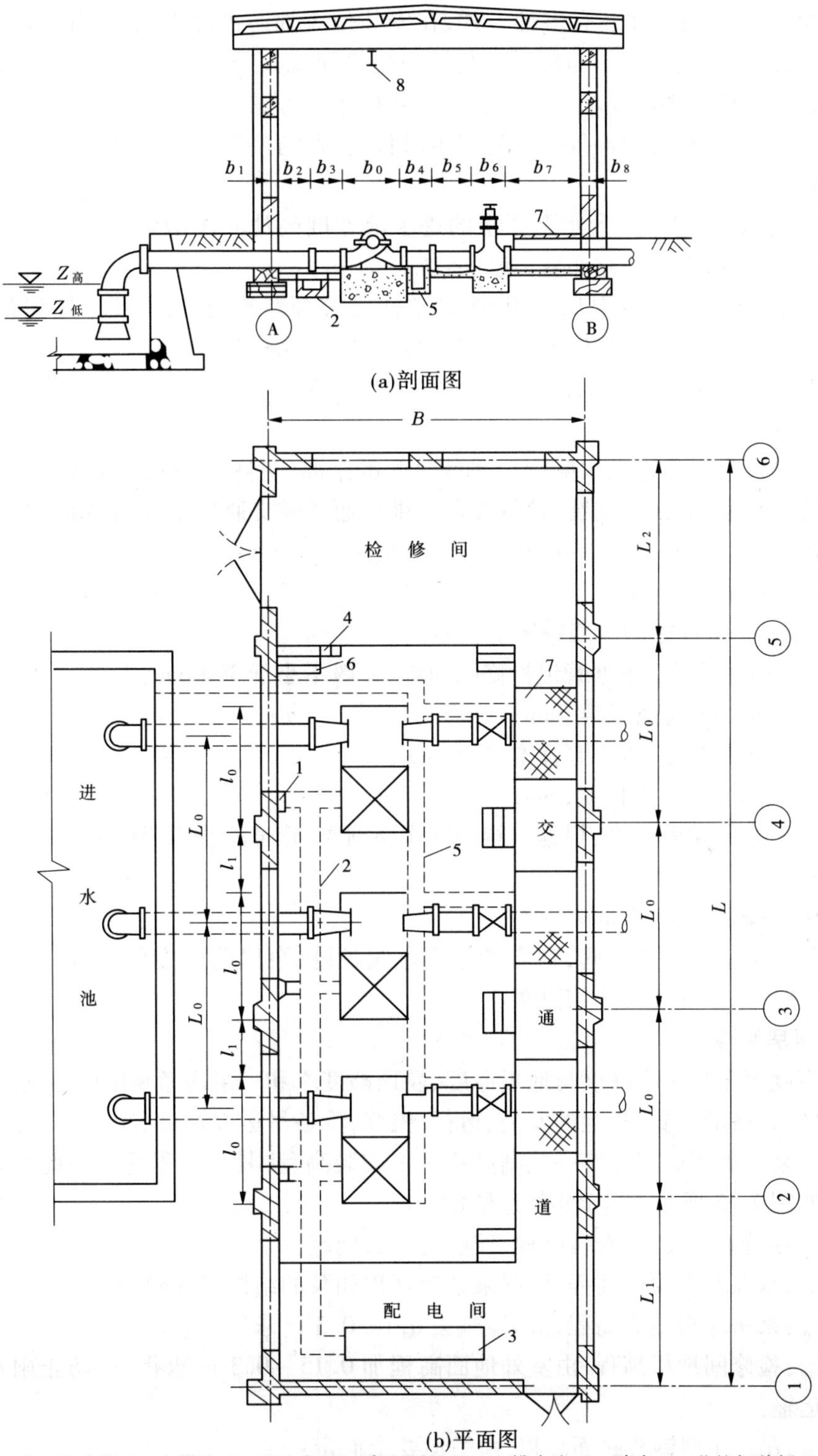

(a)剖面图

(b)平面图

1—启动器;2—电缆沟;3—配电柜;4—真空泵机组;5—排水沟;6—踏步;7—花纹钢盖板;

8—单轨吊车;$Z_{高}$—进水池最高运行水位;$Z_{低}$—进水池最低运行水位

图 7-14　分基型泵房布置图

卧式机组的电动机抽芯有多种方式,在安装位置抽芯需加大机组间距,增大泵房投资,多数情况是将电动机定子与转子一起吊到检修间或其他地方进行抽芯。边机组段长度主要考虑电动机吊装的要求,有空气冷却器时,还要考虑空气冷却器的吊装。另需布置楼梯时,注意不能因楼梯而额外增加边机组段长度,否则楼梯另外考虑。

应注意的是:

(1)机组间距应等于每台水泵要求的进水池宽度与池间隔墩厚度之和,两者如果不一致,应调整机组间距或管路布置,使两者统一。

(2)机组中心距一般为泵房柱距,要调整使其符合建筑模数,以便采用建筑标准件;检修间、配电间的柱距可与机组间距相同,也可不同,根据其需要而定。

(3)进出水管路避免在墙柱下通过,以免管壁超压而损坏。

(二)泵房跨度

泵房的跨度是泵房进出水侧(柱)轴线之间的距离(见图7-14),应根据水泵、阀门、所配的其他管件尺寸,并满足安装、检修及运行维护通道或交通道布置的要求而定。即

$$B = b_1 + b_2 + b_3 + b_0 + b_4 + b_5 + b_6 + b_7 + b_8 \tag{7-6}$$

式中 B——泵房跨度,mm;

b_1、b_8——轴线之间的墙壁厚度,mm;

b_2——水平管长,根据管道检修间而定,一般不小于300 mm;

b_3——偏心渐缩管长度,mm;

b_0——水泵长度,查水泵样本可得,mm;

b_4——同心渐放管长度,mm;

b_5——水平接管长度,根据闸阀的操作及闸阀、管道检修需要而定,mm;

b_6——闸阀长度,mm;

b_7——交通道宽度,mm。

若内部管道上装有逆止阀,则应考虑逆止阀长度,泵房跨度亦应符合建筑模数。此外,还应注意和吊车安装尺寸相协调。

(三)泵房高度

泵房高度等于泵房净高度与地板厚度、屋顶高度之和。泵房净高度应根据主机组、辅助设备、电气设备的布置,机组的安装、运行、检修,设备吊运以及泵房内通风、采光要求等因素而定。泵房高程确定时有一控制高程——安装高程,其他高程均是在此高程基础上确定的。如图7-15所示,其高程确定方法如下:

(1)$Z_{泵}$:泵轴线高程即安装高程,按前述方法确定。

(2)$Z_{墩}$:水泵基础顶面高程,根据泵轴线高程和泵的结构尺寸确定。

(3)$Z_{底}$:泵房底板地面高程,由$Z_{墩}$减去0.1~0.3 m求得。

(4)$Z_{地}$:检修间地板高程,由室外地面高程加0.15~0.3 m求得,应防止雨水倒灌及便于交通运输。

(5)$Z_{轨}$:吊车I型钢轨底面高程,由吊运要求而定:

$$Z_{轨} = Z_{地} + h_1 + h_2 + h_3 + h_4 + h_5 \tag{7-7}$$

式中 $Z_{轨}$——吊车轨面高程,m;

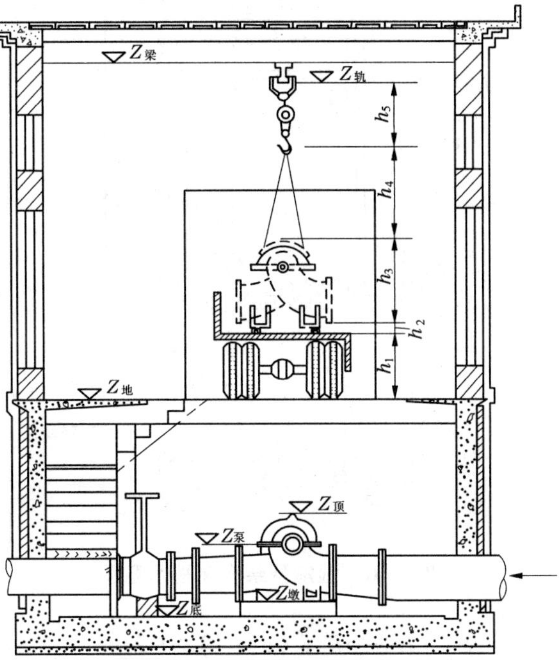

图 7-15　干室型泵房高程示意图

$Z_{地}$——检修间地板高程，m；

h_1——车厢离地面高度，国产汽车一般为 1.2～1.55 m；

h_2——垫块高或吊起物底部与泵房进口处室内地面的距离，一般不小于 0.2 m；

h_3——最高设备高度，m；

h_4——起重绳的捆扎长度，对于水泵为 $0.85x$，对于电动机为 $1.2x$，x 为起重部件宽度，取两者中的较大者，m；

h_5——吊钩至轨面的距离，由起吊设备查手册而定，m。

(6) $Z_{梁}$：屋面大梁下缘高程，由 $Z_{轨}$ 加 I 型钢高度而定。

泵房净高 $H = Z_{梁} - Z_{底}$，应符合扩大模数整倍数要求。

二、立式机组泵房尺寸

立式离心泵采用干室型泵房时，其尺寸确定可参照前述卧式机组泵房的内容。中、小型立式轴流泵多采用湿室型泵房，如图 7-16 所示。平面尺寸确定：湿室型泵房从结构上可分为上、下两层，上层放置电动机，为电机层，其尺寸根据电动机台数和安装尺寸、配电柜尺寸、检修空间来确定；下层放置水泵，为水泵层，相当于进水池，应根据水泵安装尺寸及所需进水池尺寸而定。作为一个建筑物，上下尺寸应统一，综合考虑取符合建筑模数、上下兼顾的合适尺寸。

（一）长度的确定

长度按下式确定：

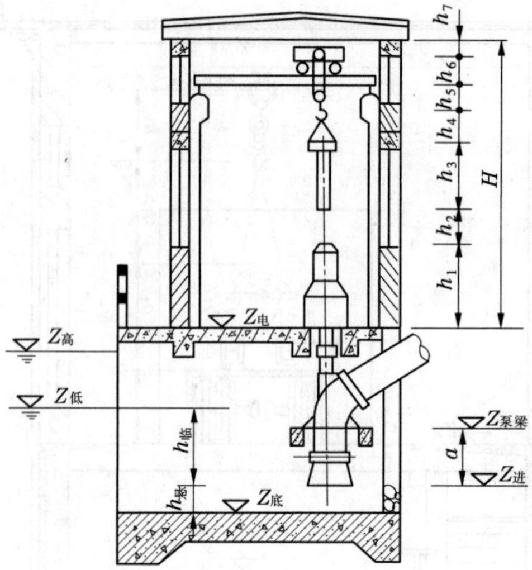

图 7-16　湿室型泵房高程示意图

$$L = nB + (n-1)\delta + 2c \tag{7-8}$$

式中　L——主泵房长度,m;

n——主机组台数;

B——单个进水池宽度,m;

δ——隔墩厚度,一般为 0.8~1.0 m,通过结构计算确定,如设缝墩等;

c——边墩厚度,一般为 1.0~1.2 m,通过结构计算确定。

根据式(7-8)计算的泵房长度应满足电机层要求,即 $B + a - D \geqslant 1.5$,D 为电动机的最大外径,a 为叶轮拆装需要的操作空间。

(二)跨度的确定

跨度由电机层设备布置而定。

如图 7-17 所示,配电柜分散布置,吊物孔沿跨度方向布置,则

$$B = D + b_1 + b_2 + b_3 + b_4 + b_5 + b_6 \tag{7-9}$$

式中　B——电机层净宽,m;

D——电动机的外径,m;

b_1——配电柜与墙间距,m;

b_2——配电柜厚,m;

b_3——电动机与配电柜间距离,m;

b_4——吊物孔与电动机间距离,m;

b_5——吊物孔的宽度,由吊运最大部件尺寸而定,m;

b_6——吊物孔边缘至吊车柱的距离,m,应满足盖板的支撑宽度。

若配电柜集中布置,吊物孔不设在跨度方向(如利用电机主次梁之间空隙,则跨度大

大减小，只考虑电机外形尺寸及泵房内交通即可）。对于中、小型泵站可不考虑吊物孔。

由上述确定的跨度应满足水泵进水的条件，符合建筑模数。

（三）立面尺寸的确定

泵房各控制高程的确定如下所述：

(1) $Z_{进}$：水泵进口高程，由进水池最低水位($Z_{低}$)时所确定的允许吸水高度和临界淹没深度($h_{临}$)而定。

(2) $Z_{底}$：泵房底板高程，由水泵进口高程减去悬空高度确定。

(3) $Z_{泵梁}$：水泵梁顶部高程，$Z_{泵梁} = Z_{进} + a$，a 为水泵进口至导叶体出口平面间的安装尺寸，查样本可得。

(4) $Z_{电}$：电机层楼面高程，由三个因素确定，即高于室外地面 0.15～0.3 m，防止雨水倒灌，便于交通；高于进水池最高水位 0.5～1.0 m，防止池水入室；考虑泵轴的挡位。

(5) 电机层净高 H，由下式确定：

$$H = h_1 + h_2 + h_3 + h_4 + h_5 + h_6 + h_7 \quad (7\text{-}10)$$

式中　h_1——电动机高度，m；

h_5——吊钩最高位置到吊轨顶面的高度，m，查吊车样本；

h_6——吊车轨道顶面到吊车的小车顶面之间的距离，m，查吊车样本；

h_7——吊车小车顶面与屋面大梁下缘之间的安全高度，一般不小于 0.3 m；

其他符号含义同前。

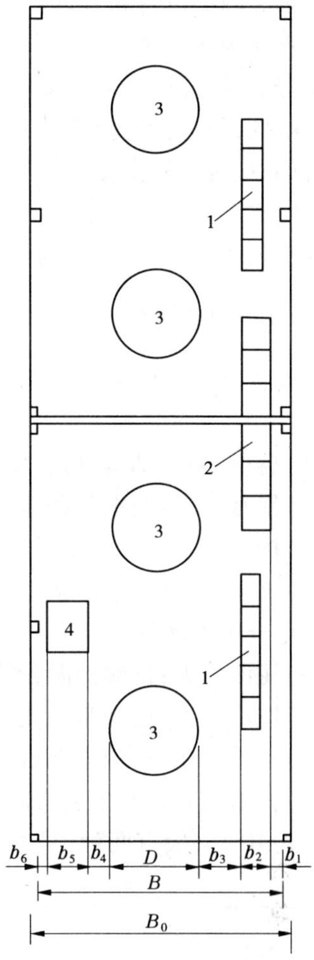

1—低压配电盘；2—高压配电盘；3—电动机；4—吊物孔

图 7-17　电机层平面布置示意图

任务五　泵房的整体稳定分析

【学习目标】 1. 掌握泵房的荷载分析与计算。

2. 掌握泵房抗滑、抗浮、抗渗、地基稳定分析的原理和方法。

泵房内部布置及尺寸拟定之后，为保证泵房在不同工况时均能保证整体稳定，还需对泵房进行整体稳定分析。其内容包括抗滑、抗渗、抗浮和地基稳定分析，若不能满足要求，必须对泵房内的设备布置进行修改、尺寸重新进行拟定或改变泵房的结构形式，对泵房地基处理等使泵房满足稳定要求。

泵房的结构形式不同、适用条件不同，稳定分析的内容也不同。一般分基型泵房由于地下水位低，只进行地基稳定分析；干室型泵房因地下水位高，除进行地基稳定分析外，还须进行抗浮、抗滑稳定分析；对于湿室型泵房，四个分析内容全部进行。

泵房稳定分析可采用一个典型机组段或一个联段（几个机组共用一块底板，以底板两侧的永久变形缝为界）作为计算单元。

一、泵房的荷载

荷载主要包括自重、静水压力、扬压力、土压力、泥沙压力、波浪压力、地震作用及其他荷载等。

（1）自重：泵房结构自重、填料重量和永久设备重量。

（2）静水压力：根据各种运行水位计算，多泥沙河流应考虑含沙量对水容重的影响。

（3）扬压力：浮托力、渗透压力，根据实际情况计算。

（4）土压力：根据地基条件、回填土性质、泵房结构、可能产生变形等因素按主动土压力或静止土压力计算。

（5）泥沙压力：按泥沙淤积情况及泵房位置计算。

（6）波浪压力：按经验公式计算。

（7）地震作用：按国家现行标准的规定计算。

（8）其他荷载根据工程实际情况确定。

荷载组合一般有两种：基本组合和特殊组合。其荷载组合见表7-3。

表7-3　荷载组合

荷载组合	计算情况	荷载							
		自重	静水压力	扬压力	土压力	泥沙压力	波浪压力	地震作用	其他荷载
基本组合	完建情况	√	—	—	√	—	—	—	√
	设计运用情况	√	√	√	√	√	√	—	√
特殊组合	施工情况	√	—	—	√	—	—	—	√
	检修情况	√	√	√	√	√	√	—	√
	核算运用情况	√	√	√	√	√	√	—	—
	地震情况	√	√	√	√	√	√	√	—

二、抗滑稳定分析

由于泵房受水平荷载、垂直荷载的作用，为保证泵房基础不沿基础面水平滑动和深层滑动，必须进行抗滑稳定分析。

泵房沿基础底面的抗滑稳定安全系数按下式计算：

$$K_c = \frac{f\sum G}{\sum H} \geqslant [K_{滑}] \tag{7-11}$$

$$K_c = \frac{f'\sum G + c_0 A}{\sum H} \geqslant [K_{滑}] \tag{7-12}$$

式中 K_c——抗滑稳定安全系数；

$\sum G$——作用在泵房基础底面上的全部竖直荷载(包括扬压力)，kN；

$\sum H$——作用在泵房基础底面上的全部水平荷载，kN；

A——泵房基础底面面积，m^2；

f——泵房基础底面与地基之间的摩擦系数，可按试验资料确定，无试验资料时，可查规范选用；

f'——泵房基础底面与地基之间摩擦角 φ_0 的正切值，即$f' = \tan\varphi_0$；

c_0——泵房基础底面与地基之间的黏结力，kPa；

$[K_{滑}]$——抗滑稳定安全系数允许值。

如果计算后发现不满足抗滑稳定的要求，在不专门增加泵房重量的前提下，可采取下列措施予以调整，重新计算：

(1)降低后墙及边墩的填土高度，控制回填土料，尽量避免选用饱和黏土和石料，以增大土壤的内摩擦角。

(2)设排水设施，控制地下水位。

(3)加大齿坎深度或在泵房出水侧加设或加长阻滑板。

泵房加设齿坎和阻滑板后，抗滑稳定安全系数计算式为

$$K_e = \frac{f'\sum G + cA}{\sum H} + \frac{f\sum G'}{\sum H} \tag{7-13}$$

式中 f'——齿坎间地基滑动面土壤的摩擦系数；

$\sum G$——全部垂直力(包括齿坎间土体的重量)的代数和，kN；

c——齿坎间地基滑动面土壤的黏结力，kPa；

$\sum H$——全部水平力的代数和，kN；

f——阻滑板与地基之间的摩擦系数；

$\sum G'$——阻滑板上全部垂直力的代数和，kN；

A——齿坎间土体的剪切面积，m^2。

三、抗浮稳定分析

干室型泵房不允许进水，进水侧水位高或地下水位高时，受很大的浮力，必须进行抗浮校核。泵房抗浮稳定程度以安全系数 K_f 表示，其计算公式为

$$K_f = \frac{\sum V}{\sum U} \geqslant [K_f] \tag{7-14}$$

式中 K_f ——抗浮稳定安全系数；

$\sum V$ ——作用于泵房基础底面上的全部重力，kN；

$\sum U$ ——作用于泵房基础底面上的扬压力，kN；

$[K_f]$ ——泵房抗浮稳定安全系数的允许值，不分泵站级别和地基类别，基本荷载组合下为1.10，特殊荷载组合下为1.05。

如果计算的 K_f 不满足抗浮稳定要求，可增加泵房的自重或将底板适当伸出并回填土，以利用其上的土重而加大泵房的抗浮能力。

四、抗渗稳定分析

泵房进出水侧水位差形成对泵房的渗透压力，故泵房尺寸确定后，应有足够的地下轮廓线长度，避免地基土壤出现管涌或流土等渗透变形。地下轮廓线长度是从水流的入渗点开始，沿建筑物的不透水地下轮廓线到渗流的逸出点为止。

为了保证地基土的渗透稳定性，泵房及其连接建筑物不透水部分的地下轮廓线长度，必须大于不产生渗透变形所需的渗径长度。中、小型泵站设计中，常用勃莱法或莱茵法计算最小渗径长度。

（一）勃莱法

$$L = \sum L_H + \sum L_V \geq C_B H \tag{7-15}$$

式中 C_B ——勃莱系数；

L_H、L_V ——水平、铅直防渗长度，m；

H——作用水头，m。

（二）莱茵法

$$L = \frac{1}{3}\sum L_H + \sum L_V \geq C_L H \tag{7-16}$$

式中 C_L ——莱茵系数。

五、地基稳定分析

泵房基础底面应力由泵房结构布置、受力情况决定，矩形基础单向受力时

$$P_{min}^{max} = \frac{\sum G}{A} \pm \frac{\sum M}{W} \tag{7-17}$$

式中 P_{min}^{max} ——泵房基础底面应力的最大值或最小值，kPa；

$\sum G$ ——作用在泵房基础底面上的全部垂直荷载，kN；

A——泵房基础底面面积，m^2；

$\sum M$ ——作用在泵房基础底面上的全部垂直荷载和水平荷载对于基础底面垂直于水流方向的形心轴的力矩，kN · m；

W——泵房基础底面对于该底面垂直水流方向的形心轴的截面距，m^3。

在各种荷载作用下，泵房地基应力必须满足

$$\left.\begin{aligned}&\overline{P}\leqslant[R]\\&P_{\max}\leqslant 1.2[R]\\&P_{\min}\geqslant 0\\&\frac{P_{\max}}{P_{\min}}\leqslant\eta\end{aligned}\right\}\qquad(7\text{-}18)$$

式中　$\overline{P}$——泵房基础底面上的平均地基应力，kPa；

$[R]$——地基的允许承载力，kPa；

η——地基压应力不均匀系数，应小于规范中规定的数值。

当在设计中不能满足稳定要求时，可以针对具体情况采取下述措施：

(1)将底板向进水侧或出水侧方向延长，利用改变基础宽度的办法减小偏心程度。

(2)用减轻(挖空)或增加(填砂或放水)某一侧及某一部位重量的方法，使地基应力分布尽量均匀。

(3)改变底板的底部形状，如做成齿墙状或反拱、反连拱状，或者根据需要将部分底板做成向进水侧或出水侧方向倾斜，以达到降低进口或出口处挡土墙高度的目的，对泵房的稳定有利。

(4)进行必要的地基处理，如换砂基或打板桩及加做阻滑板等。

采取上述措施后，都会不同程度地改变垂直力或水平力的数值，因此应重新校核地基反力。

任务六　泵房的结构设计

【学习目标】 1. 掌握分基型泵房、干室型泵房、湿室型泵房的结构设计原则。
2. 掌握泵房的结构设计方法。

泵房是由基础、墙体、楼板层、屋盖、门窗几大部分所组成的建筑物，不同结构形式形成不同类型的泵房。下面介绍分基型、干室型、湿室型三种常见泵房主要构件的结构设计。

一、分基型泵房

机组的基础用来固定水泵和电动机的相对位置，承受机组重量及其运转时的振动力，故基础应有足够的强度和刚度。卧式机组基础多为墩式，立式机组基础多为梁式。

(一)基础的尺寸

在确定基础平面尺寸时，应满足水泵样本中水泵安装尺寸的要求，且螺孔中心离基础边缘的距离 b 应不小于 200 mm，螺栓的埋深 h_2 参照表 7-4 确定，螺栓的保护层厚度 t 不小于 150 ~ 200 mm。为防止积水，便于安装，基础的最低顶面应比室内地坪高 h_1 = 100 ~ 300 mm，如图 7-18 所示。

表 7-4　螺栓最小埋深

螺栓直径(mm)	末端有弯钩的螺栓埋深 h_2(cm)
<20	40
24 ~ 30	50
32 ~ 36	60
40 ~ 50	70 ~ 80

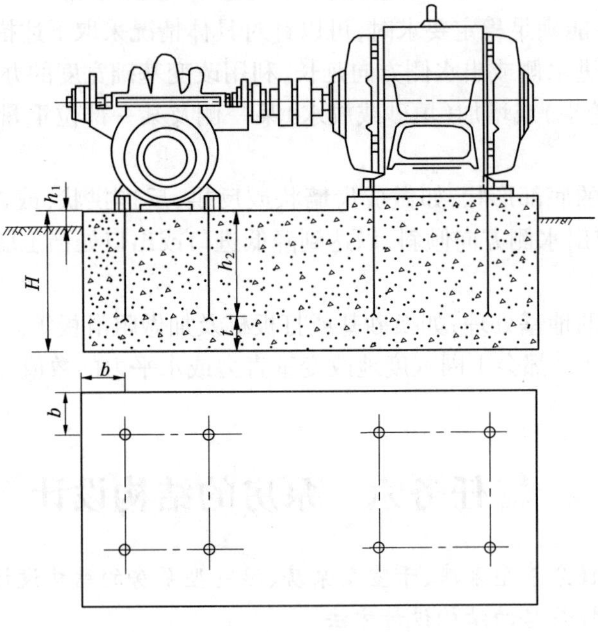

图 7-18　卧式机组基础(不带底座)

小型机组带有底座时,底座边缘至基础边缘的距离应大于 100 mm。对于电动水泵机组,其墩基的重量应大于机组总重量的 3 倍;对于柴油机水泵机组,其墩基的重量应大于机组总重量的 5 倍。

(二)地基应力校核

机组基础除受到静力作用外,还受到动力作用,振动过大不仅影响机组正常运转和工作人员的健康,还会引起地基附加沉陷,引起泵房损坏,故基础设计时应使基础应力满足地基允许承载力的要求。因实际上很难估计地基受动力影响的效果,常按静荷载下的地基允许承载力$[R]$乘以振动折减系数 ψ 计算。地基应力应满足下列条件:

$$P \leqslant \psi[R] \tag{7-19}$$

式中　P——基础底面应力,kPa,$P = G/F$,G 为基础和机组重力,kN,F 为基础底面面积,m^2;

ψ——振动折减系数,可按 0.8 ~ 1.0 选用,高扬程机组的基础可采用小值,低扬程机组的块基型整体式基础可采用大值;

$[R]$——在静荷载作用下的地基允许承载力,kN/m^2。

地基应力还应满足式(7-18)的要求。

二、干室型泵房

干室型泵房水上部分同分基型泵房,水下部分一般由墙、底板、楼梯组成。下面分别讨论其墙体和底板的结构设计。

(一)墙体

干室型泵房水下墙体既承受泵房地面以上部分墙体传来的垂直力、弯矩、剪力,又承受墙侧的土压力和水压力。其计算方法视上部墙体形式不同而不同,若其与上部墙体的刚度比值小于或等于5,则两者视为一个整体,按变截面的排架进行计算。若刚度比值大于5,则下部墙体不受上部墙体变形影响,两者可分开计算,荷载组合情况如下:

(1)地下室墙体已建成,且已回填土,地下水位为最高设计水位时,按上端自由、下端固定的悬臂梁计算,如图7-19(a)所示。

(2)泵房已建成,室外未回填土,按偏心受压构件计算,如图7-19(b)所示。

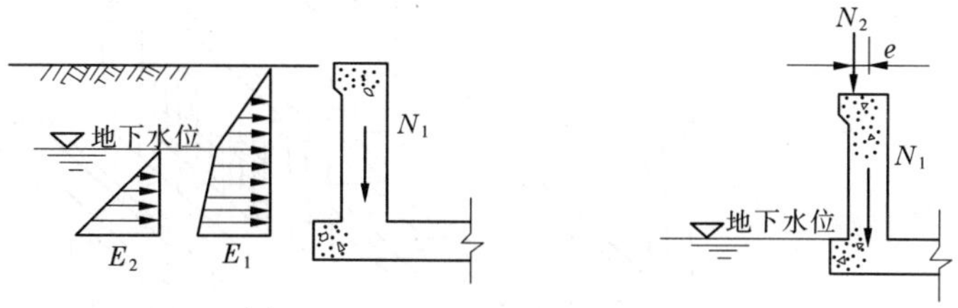

(a) (b)

E_1—土压力;E_2—水压力;N_1—自重;

N_2—上部垂直力;e—上部垂直力的偏心距

图7-19 干室型泵房地下墙体荷载组合

墙体常用钢筋混凝土材料,其厚度和配筋按上面两种荷载组合中最大应力确定。若上部荷载较小、地下水位较低,也可采用砖墙结构,但墙厚应大于或等于490 mm,并设有防潮设施。

(二)底板

干室型泵房底板即泵房的基础,直接承受各种荷载作用。

(1)主要荷载有:①底板自重;②泵房上部屋面、砖墙,下部墙体荷载;③泵房内设备重;④土压力、水压力及地面活荷载对下部墙体底部产生的弯矩传至底板;⑤扬压力;⑥风荷载;⑦地基反力。

(2)计算方法:常用倒置梁法,当矩形底板长宽比大于2时,沿泵房进出水方向取单宽(1 m)板条视为以墙为支撑的倒置梁,计算简图如图7-20所示。

$$q = q_{均} + q_{扬} - q_{自} \tag{7-20}$$

式中 $q_{均}$——地基平均应力,kN/m;

$q_{扬}$——底板承受的扬压力,kN/m;

$q_{自}$——底板自重,kN/m。

倒置梁法计算简便,但精度差,中、小型泵房可采用此法。

由于干室型泵房地下墙体和底板经常受到水压力作用，故不允许出现裂缝，计算时应进行抗裂验算。

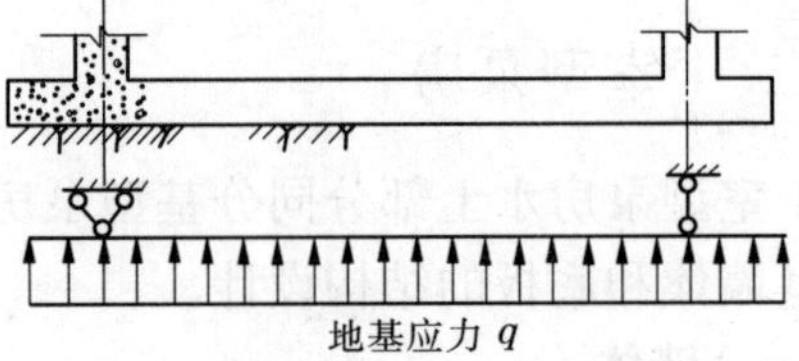

图 7-20 底板计算简图

三、湿室型泵房

电机层楼板以上的墙体及屋盖同分基型泵房，其楼板常采用钢筋混凝土梁板结构。

(一)楼板

墩墙式湿室型泵房，电机层楼板为墩墙上的预制板(见图 7-21)，排架式湿室型泵房电机层楼板与排架柱整体浇筑，常用整浇板。

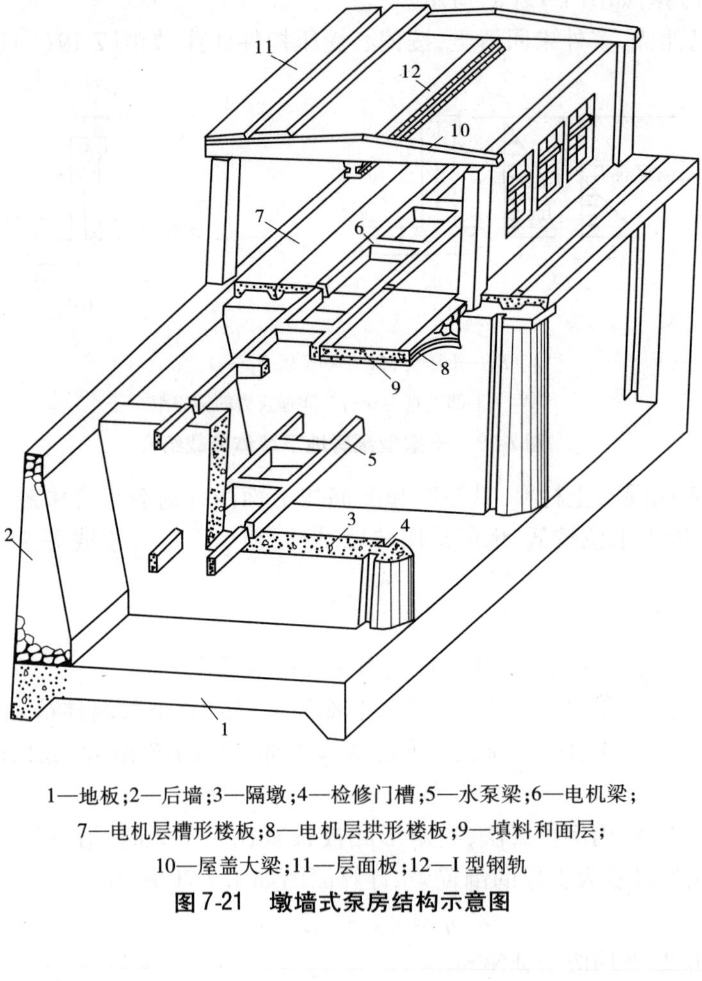

1—地板；2—后墙；3—隔墩；4—检修门槽；5—水泵梁；6—电机梁；
7—电机层槽形楼板；8—电机层拱形楼板；9—填料和面层；
10—屋盖大梁；11—层面板；12—I 型钢轨

图 7-21 墩墙式泵房结构示意图

1. 荷载

(1)板自重 q_1。

(2)活荷载，包括人群荷载 q_2(均布)和设备安装检修荷载(按一台最重的设备重量作为集中荷载 P)。

2. 荷载组合

设计荷载组合：q_1+q_2。

校核荷载组合：q_2+P。

（二）电机梁

电机梁为电动机的支撑结构，它是由主、次梁组成的井字梁系结构，主梁之间、次梁之间距离由电动机底座尺寸而定。

主梁上承受的荷载有：

（1）主梁自重 q_1，kN/m，静荷载；

（2）电机层楼板重 q_2，kN/m，静荷载；

（3）电机层楼板上的活荷载 q_3，kN/m，静荷载；

（4）电动机定子和底座的重量 P_1，kN，静荷载，无资料时，$P_1=60\% G_{电动机}$；

（5）电动机转子重量 P_2，kN，动荷载，无资料时，$P_2=40\% G_{电动机}$；

（6）水泵泵轴和叶轮重 P_3，kN，动荷载；

（7）作用在水泵叶轮上的轴向水压力 P_4，kN；

（8）电机梁还承受机组正常运行时产生的正常扭矩 M_Z 与短路停机时所产生的短路扭矩 M_D，$P_电<500$ kW 可不考虑。

为简化计算，将上述动荷载乘以动力系数 μ（1.2～1.8）后按静荷载计算，则

$$q=q_1+q_2+q_3 \tag{7-21}$$

$$P=\frac{P_1+\mu(P_2+P_3+P_4)}{2} \tag{7-22}$$

当主梁为简支梁时，计算如图 7-22 所示，若为连续梁，应选用最不利情况：一些跨机组已运行，另一些跨机组尚未安装。

（三）水泵梁

水泵梁为泵壳等部件的支撑结构，其形式相似于电机梁，亦为井字梁系结构。墩墙式湿室型泵房的水泵梁为单跨梁，根据梁、墩墙的刚度情况，可按两端固定或两端简支计算，计算简图如图 7-23 所示。

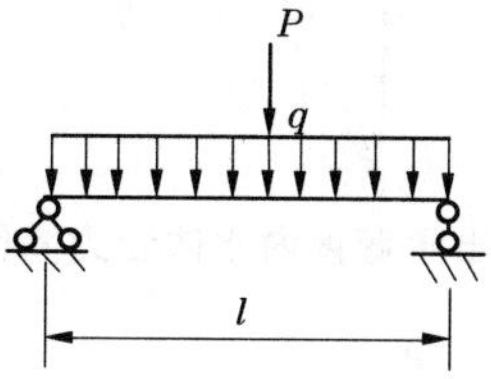

图 7-22　电机梁计算简图

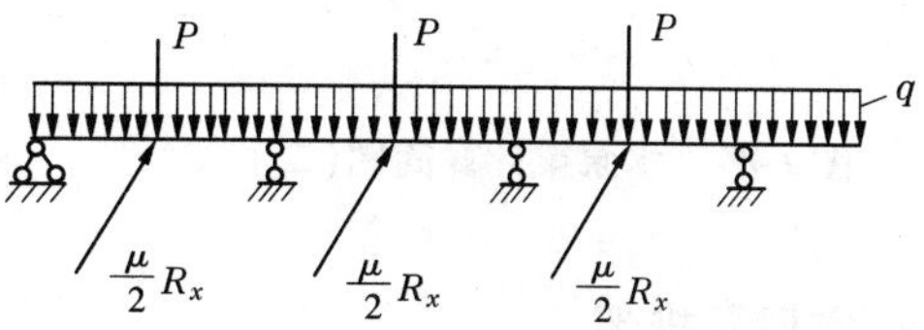

图 7-23　水泵梁计算简图（一）

排架式湿室型泵房的水泵梁与排架整体浇筑，常按连续梁计算，计算简图如图 7-24 所示。

作用荷载主要有：

（1）水泵梁自重 q，均布静荷载，kN/m。

(2)泵体重 G_1，包括喇叭段、导叶体，弯管等，kN。

(3)出水弯管至后墙之间水管重及管中水重 G_2，由水泵梁所承担的部分荷载。

(4)倒流水冲击力，水泵事故停机时，水倒流对水泵弯管管壁产生冲击力，如图 7-25 所示，事故停机时，作用在一根主梁上的水平冲击力 P_x 为

$$P_x = \mu \frac{F_x}{2} = \mu \frac{R_x}{2} \tag{7-23}$$

$$R_x = P_1 \cos\alpha + \frac{\gamma Q}{g} v_1 \cos\alpha \tag{7-24}$$

式中　μ——动荷系数，$\mu = 2.0$；

R_x——泵壳对水体作用力的水平分力，kN；

F_x——水体对泵壳作用力的水平分力，kN，与 R_x 为反作用力；

P_1——1—1 断面处水压力，kN，$P_1 = \frac{\pi D^2}{4}\gamma(h_1 - \frac{v_1^2}{2g} - h_{损})$，$D$ 为出水弯管直径，m，h_1 为出水池最高水位与 1—1 断面中心高程之差，m，$h_{损}$ 为压力水管出口到 1—1 断面的水力损失，m；

γ——水的容重，kN/ m^3；

α——出水管出口中心线与水平线间的夹角；

v_1——1—1 断面处水体倒流流速，m/s；

Q——水泵倒流流量，一般按轴流泵额定流量的 1.2 ~ 1.6 倍估算，m^3/s。

均布荷载各自承担，集中荷载每根梁承受一半。

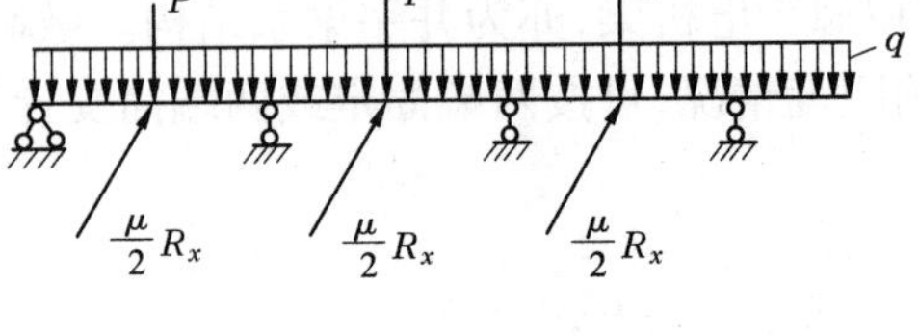

图 7-24　水泵梁计算简图(二)

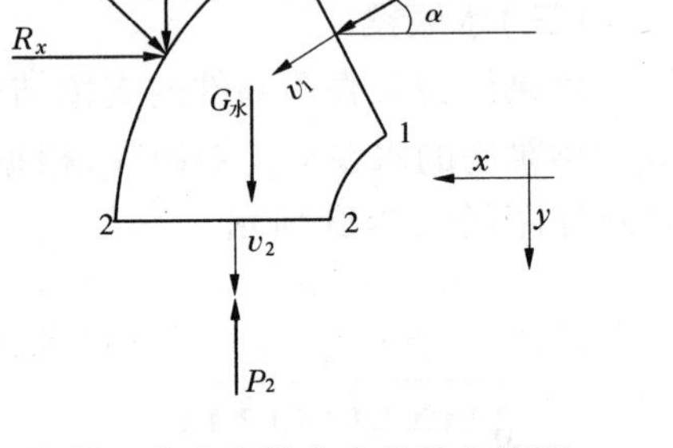

图 7-25　出水弯管内水体受力简图

(四)墩墙及排架

墩墙为墩墙式湿室型泵房的承重和围护构件，排架则为排架式湿室型泵房的承重构件。

1. 墩墙

墩墙包括边墩、中墩、后墙三部分，起围护承重、防渗、挡水(土)作用。边墩为重力挡土墙的结构形式，中墩类似于水闸的闸墩，后墙的结构形式常用平板式或拱式，其结构计算方法随墙的高宽比不同而异：平板式后墙高宽比大于 2 时，按连续梁计算；高宽比小于

2时，视后墙、边墩、中墩以及底板的连接情况分别按三边固定、一边自由或三边简支、一边自由的双向板计算；拱式后墙一般采用等截面圆弧拱，按无铰圆弧拱进行计算，拱脚支撑于边墙和中墩上，用混凝土封固。

2. 排架

排架式湿室型泵房的下部排架是由立柱、上下横梁、底板组成一个刚性结构，为简化计算，按平面结构计算。顺水流方向为横排架，垂直水流方向为纵排架。

(1)横排架。如图7-26所示，计算单元取一跨，作用荷载有：①上横梁自重及电机层楼板传来的均布静荷载$q_{上}$；②下横梁自重$q_{下}$；③电机梁传给上横梁的集中荷载$P_{电}$；④水泵梁传给下横梁的集中荷载$P_{泵}$；⑤上部墙柱(进、出水侧)传给上横梁的集中力$P_{支}$及弯矩M_1、M_2；⑥水平风力$P_{风}$及弯矩$M_{风}$(考虑左、右吹两种情况)。

(2)纵排架。如图7-27所示，常取出水侧纵排架为计算单元，为一双层多跨刚架，作用荷载有：①均布荷载$q_{上}$，$q_{上}=q_1+q_2+q_4$，q_1为上纵梁自重，q_2为上纵梁电机层楼板自重，q_4为上纵梁上部砖墙及屋面系统荷载；②电机层楼板均布活荷载q_3；③下纵梁自重$q_{下}$；④集中荷载P，由纵梁支撑的出水管及管中水重；⑤水平风力$P_{风}$及弯矩$M_{风}$(图中假设为右吹)。

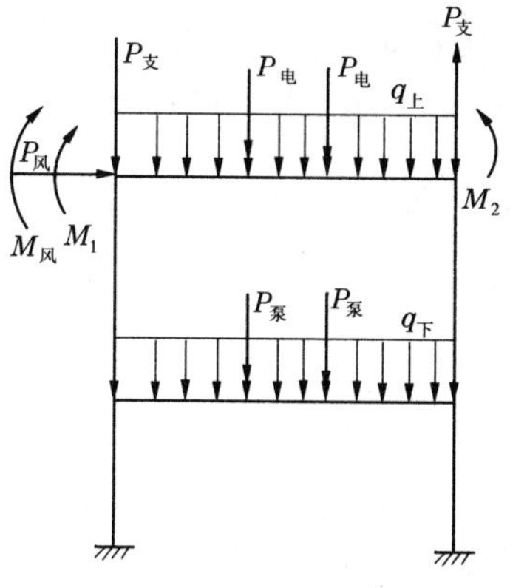

图7-26　横排架计算简图

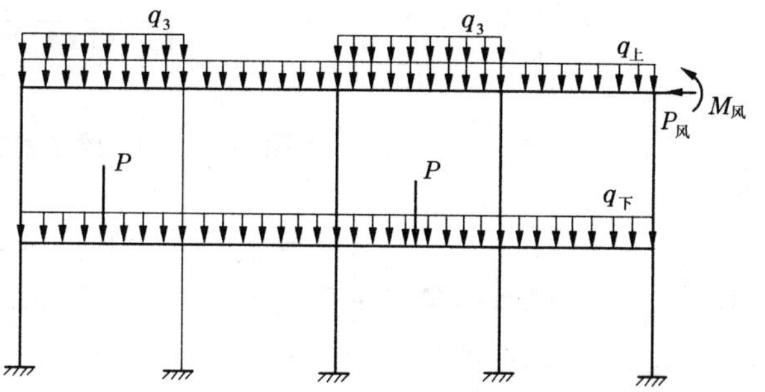

图7-27　纵排架计算简图

注意：计算简图中q_3及P的作用位置应考虑最不利荷载组合。

(五)底板

不同泵房结构及不同地基条件决定了湿室型泵房的底板结构形式不同。软土地基时，墩墙式湿室型泵房常采用带齿坎的等厚平底板或板梁式平底板；硬土或承载力大的地基上，可用条形基础。排架式湿室型泵房，底板常用带齿坎的等厚平底板或板梁式平底板，硬土基、岩基上用独立基础。

1. 墩墙式湿室型泵房带齿坎等厚平底板计算

为简化计算，常近似地认为地基反力在垂直水流方向上是均匀分布的，把底板按平面问题处理。由于边墩、中墩的刚度在顺水流方向较大，故底板的弯曲变形主要产生在垂直水流方向上，可在垂直水流方向上截取具有代表性的单宽板条按连续梁设计，常用方法为倒置梁法。

取整个底板或相邻两沉陷缝之间的底板为计算单元，垂直水流方向取单宽板条，视为以边墩和中墩为支点的连续梁，取几个时期中荷载组合最大值为均布荷载 q，如图 7-28 所示。

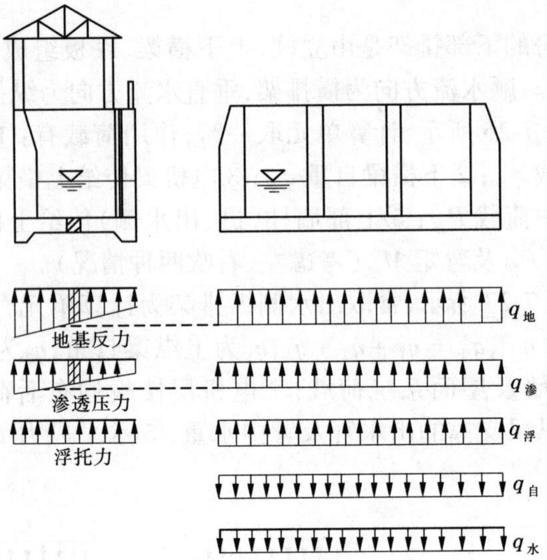

图 7-28　倒置梁法底板荷载

$$q = q_{地} + q_{渗} + q_{浮} + q_{自} + q_{水} \tag{7-25}$$

式中 $q_{地}$ ——单宽板条上承受的地基反力，kN/m；

$q_{渗}$ ——单宽板条上承受的渗透压力，kN/m；

$q_{浮}$ ——单宽板条上承受的浮托力，kN/m；

$q_{自}$ ——单宽板条上的自重，kN/m；

$q_{水}$ ——单宽板条上承受的水重，kN/m。

2. 排架式泵房底板计算

为简化计算，可按平面结构计算。

1) 带齿坎的等厚底板计算

作用在底板上的设计荷载 q 可参照墩墙式计算方法，把底板无齿坎部分看作两端为弹性固结于齿坎的单向板，再将底板迎水面和背水面的齿坎部分作为以排架立柱为支点的连续梁计算。

2) 板梁式平底板计算

板梁式平底板的结构形式一般有两种，如图 7-29 所示。作用在平底板上的设计荷载的计算方法同倒置梁。当底板采用图 7-29(a) 所示结构形式时，板的部分可按承受均布荷载的连续板(以梁为支点)计算，梁的部分可按承受均布荷载以柱为支点的简支梁计算。若底板采用图 7-29(b) 所示的结构形式，则板按以次梁为支点的连续板计算，次梁按受底板传来的均布荷载连续梁计算，主梁按受次梁传来的集中荷载的简支梁计算。

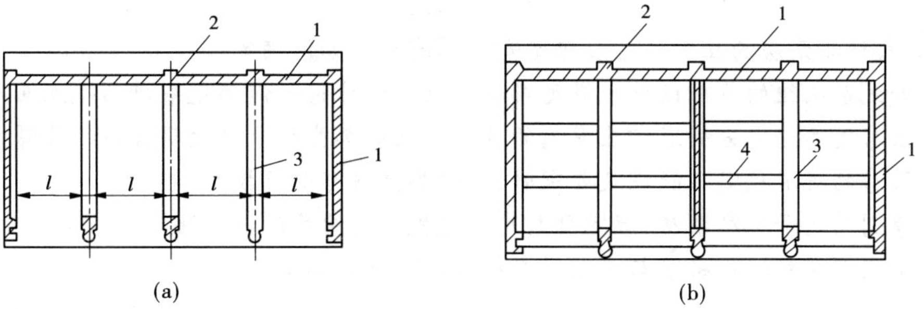

1—挡土墙;2—排架立柱;3—主梁;4—次梁

图 7-29 板梁式平底板结构图

项目小结

(1)泵房的结构形式决定了泵房的类型。按泵房能否移动分为固定式泵房和移动式泵房两大类。固定式泵房按基础结构又分为分基型、干室型、湿室型和块基型四种,移动式泵房根据移动方式的不同分为浮船式和缆车式两种。各种类型的泵房均有其各自的结构特点和适用场合。

(2)水泵机组的类型和泵房的结构形式确定后,便可进行泵房的内部布置,进而确定泵房的尺寸。泵房通常由主泵房、配电间、检修间、交通道四大部分组成,泵房内部布置就是对主机组、电气设备、辅助设备、检修间、控制室等进行统筹安排,合理确定其位置和尺寸。

(3)泵房整体结构稳定分析包括表层的抗滑稳定、抗浮稳定、抗渗稳定的分析方法和设计要求,地基稳定分析方法和设计要求,泵房的抗渗措施和地基处理方法。

(4)泵房的结构设计内容包括分基型泵房的基础设计和地基应力校核;干室型泵房的墙、底板的结构设计计算;湿室型泵房的楼板、电机梁和水泵梁、墩墙、排架、底板的结构设计计算。

复习思考题

1. 简述泵房设计的主要内容和步骤。

2. 固定式泵房有哪几种基本类型? 试比较各种泵房的特点及适用条件。

3. 选定泵房结构形式时应主要考虑哪些因素?

4. 泵房内主机组布置有哪几种形式? 各有何优、缺点? 分别适用于何种场合?

5. 湿室型泵房按其湿室结构可分哪几种形式? 各有何优、缺点? 分别适用于何种场合?

6. 泵房内常见的辅助设备有哪些? 说明其各自是如何布置和选择的。

7. 卧式机组泵房的平面尺寸如何确定?

8. 立式机组泵房水泵层地板高程、电机层地板高程以及吊车梁上轨顶高程分别如何确定?

9. 卧式机组泵房的立面尺寸应确定哪几个高程? 如何确定?

10. 卧式泵机组的基础设计应满足哪些要求? 设计时如何确定基础的平立面尺寸?

11. 泵房整体稳定分析通常应考虑的计算工况有哪些? 简要说明各自的计算方法。

12. 泵房的抗滑稳定不能满足要求时,有哪些措施可以补救?

13. 分别简述干室型泵房、湿室型泵房主要构件的结构设计方法。

14. 湿室型泵房的电机梁与水泵梁在结构计算中有哪些异同点?

项目八　其他类型的水泵与水泵站

任务一　井泵与井泵站

【学习目标】1. 掌握井泵的结构及使用。
2. 掌握井泵站的组成及使用。

井泵又名长轴井泵，是一种专门从井中取水的水泵，它通过一根长传动轴把地面的动力传递给淹没在井水面以下的水泵叶轮。其结构紧凑、性能稳定、使用方便，主要适用于平原井灌地区及喷灌、滴灌工程中。

一、井泵的类型

按照扬程的高低，井泵可分为深井泵和浅井泵。

(1)浅井泵：泵的扬程在 60 m 以下，叶轮个数为 1 ~ 5 个。它适用于井口较大的机井或大口井，主要用于浅层水的提取。

(2)深井泵：泵的扬程在 60 m 以上，叶轮个数较多。它主要用于井径较小的机井中，能够从几十米到上百米深的井下抽水。

二、井泵的构造

井泵由三大部分组成，包括滤水器与泵体部分、输水管与传动轴部分及泵座与电动机部分。前两部分位于井下，泵体没入井水中。后一部分一般位于井上。生产中常用的井泵有 JC 型、JC/Q 型、JC/S 型和 JD 型等，其结构组成相差不大。下面以 JC 型为例介绍长轴井泵的结构组成，如图 8-1 所示。

(一)滤水器与泵体部分

1. 滤水器

滤水器有滤水管和滤网两种形式，安装于泵体的下端，主要用于防止井中杂物吸入泵体。滤水管由一节短管加工而成，短管下部管壁处钻有若干个直径为 10 ~ 25 mm 的进水孔；上部为进水管，长度要适宜，用于平稳水流。滤水管用螺纹或法兰与下导流壳相连。选用滤网时，要确保滤网能防止大颗粒杂物进入泵体。

2. 泵体

泵体由防砂环、导流壳、叶轮轴、叶轮、锥套和橡胶轴承组成。防砂环主要用于保护下壳轴承，并防止砂粒积聚。

导流壳分为上导流壳、中导流壳和下导流壳，其作用是引导水流平稳地流向各级叶轮,从而减小水力损失。上、下导流壳各有一个,中导流壳数目为总叶轮级数减一。

叶轮一般选用半开式或封闭式,叶轮的中心孔为锥形,叶轮靠锥套固定在叶轮轴上。为限制轴泵在运转时径向摆动过大和承受由此引起的径向力,在每节导流壳中均装有水润滑的橡胶轴承。

(二)输水管与传动轴部分

该部分包括输水管、传动轴、轴承、轴承支架、联管器及联轴器等。输水管由中间若干根等长管段和上、下两根短管用联管器连接而成。传动轴由若干节等长轴和上、下两节短轴用联轴器连接而成。传动轴与泵座相交处填密封材料,用以节流、减少泄漏。轴承支架内装有橡胶轴承,用于径向稳定传动轴。

(三)泵座与电动机部分

泵座部分包括泵座、进水法兰、填料压盖和填料衬套等,并用4个地脚螺栓将泵座固定在混凝土基础上,承受水泵的全部重量和水泵的轴向力。泵座下部有进水法兰,泵座上出水弯管的出口有出水法兰,泵座中部有填料装置。电动机安装在泵座上,一般用立式空心轴电动机,也有使用普通立式电动机的。立式空心轴电动机结构紧凑,传动方便,效率较高。在缺电地区,也可采用柴油机做动力。

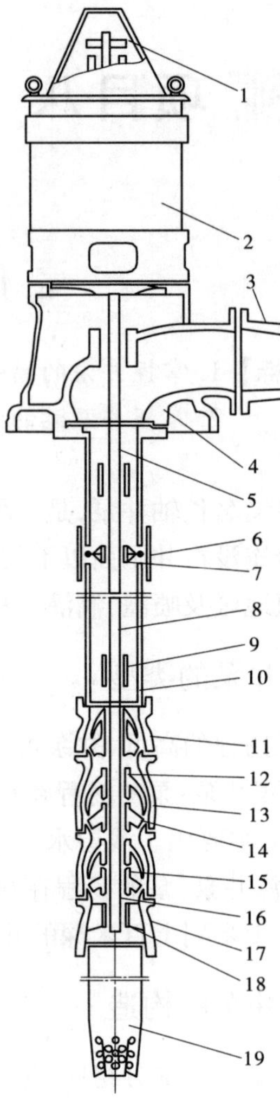

1—调节螺母;2—电机;3—出水管;4—泵座;5—电机轴;6—支架;7—支架轴承;8—传动轴;9—联轴器;10—输水管;11—上导流壳;12—橡胶轴承;13—中导流壳;14—叶轮;15—锥形套;16—叶轮轴;17—下导流壳;18—轴承;19—滤水管

图8-1　JC型长轴井泵结构示意图

三、井泵站

安装长轴井泵或井用潜水泵等泵型,从井中抽取地下水的泵站称为井泵站。井泵站主要由井、井泵、泵房、出水管道、出水池或水塔等组成。

(一)井泵的选用

1. 初步确定井泵适用的最小井径

为了保证井泵能安全下井和便于安装,所选井泵的适用最小井径应比井筒内径小50 mm以上。

2. 确定井泵的流量

机井的最佳出水量 Q_M 一般应根据井的抽水试验数据确定。若没有做抽水试验,可按下列公式估算。

1)非承压完整井

$$Q_M = \frac{(2H_{水} - S_M)S_M}{(2H_{水} - S)S}Q \tag{8-1}$$

式中 Q_M——机井的最佳出水量,m^3/h;

S_M——井中水位的最大降深,m,一般采用水深的一半;

$H_{水}$——井中水深,即从静水位到井底之间的距离,m;

Q——洗井时,与井的某一稳定动水位相应的出水量,m^3/h;

S——洗井时,与井的某一稳定动水位相应的降深,m。

2)承压完整井

$$Q_M = \frac{S_M}{S}Q \tag{8-2}$$

式中 Q_M——承压完整井的最佳出水量,m^3/h;

S_M——承压完整井的水位最大允许降深值,m,可采用 $S_M = (1/2 \sim 1/3)H_{水}$;

Q——洗井时,与井的某一稳定动水位相应的出水量,m^3/h;

S——洗井时,与井的某一稳定动水位相应的降深,m。

根据生产要求的流量和井的最佳出水量,查井泵性能表,选择一台流量合适的泵型。流量不能大于井的最大出水量,否则由于降深过大,会造成井壁坍塌事故。

3.计算机井水位的实际降深

井泵选定后,根据其额定流量,按式(8-3)计算井中实际水位降落值 S。

$$S = \frac{S_M}{Q_M}Q_{泵} \tag{8-3}$$

式中 $Q_{泵}$——所选泵的额定流量,m^3/h。

计算所得的 S 应不大于井水深的一半,即 $S \leqslant H/2$。

4.计算井下部分的输水管长度

为了保证井泵工作可靠,一般要求泵体淹没在动水位以下 1~2 m。所以,井下部分输水管长度 L 值为

$$L = H_{动} + (1 \sim 2) \tag{8-4}$$

式中 $H_{动}$——动水位深度,m, $H_{动} = H_{静} + S$,$H_{静}$为静水位深度,即地面到静水位的垂直距离,S 为降深,m。

求得的 L 应小于该井泵性能表中给出的输水管放入井中的最大长度值。

5.确定所选井泵的扬程

井泵的扬程可按下式计算:

$$H = 1.1(H_1 + H_2 + h_{损}) \tag{8-5}$$

式中 H——所选井泵的扬程,m;

H_1——井中动水位到泵座出口中心的高差,m;

H_2——泵座出口中心到出水池水面的高差,m;

$h_{损}$——管路损失,包括输水管路和出水管路两部分的水头损失,m。

6. 确定叶轮级数及井泵的型号

用所选井泵的扬程，除以一级叶轮的扬程，即得需要叶轮级数。如果算出的级数为非整数值，可就近取成整数。最后查井泵性能表确定井泵型号。

7. 井泵工作点校核

根据选出的井泵及装置组成，确定井泵的工作点，检验所选井泵是否满足生产要求，是否经济合理等。

井泵工作点常用图解法确定，如图 8-2 所示。

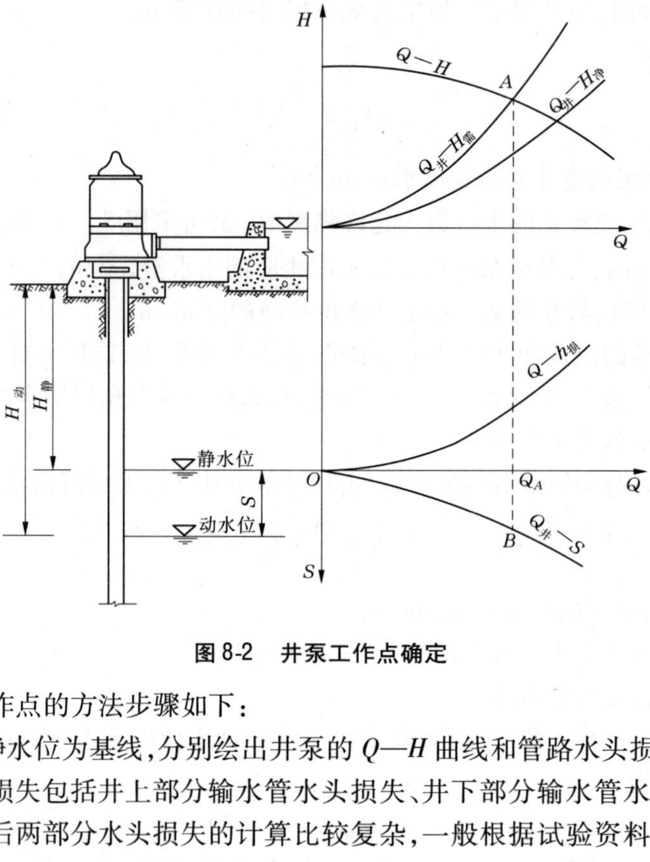

图 8-2　井泵工作点确定

确定井泵工作点的方法步骤如下：

(1) 以井中静水位为基线，分别绘出井泵的 $Q—H$ 曲线和管路水头损失曲线 $Q—h_{损}$。

输水管水头损失包括井上部分输水管水头损失、井下部分输水管水头损失和水泵座中的水头损失。后两部分水头损失的计算比较复杂，一般根据试验资料所绘制的曲线进行计算。

(2) 以井中静水位为基准线，绘出水井涌水量与降深的关系曲线 $Q_{井}—S$。再以出水池水面为基准绘一条水平线，将 $Q_{井}—S$ 曲线叠加在此水平线上，得到净扬程与流量间的关系曲线 $Q_{井}—H_{净}$。

(3) 如图 8-2 所示，把 $Q_{井}—H_{净}$ 曲线与 $Q—h_{损}$ 曲线在同一流量下纵坐标对应相叠加，可得到井泵站的需要扬程和流量之间的关系曲线 $Q_{井}—H_{需}$。该曲线与井泵 $Q—H$ 曲线的交点 A 就是井泵的工作点。

(二) 井泵房

井泵房的主要作用是保护井口与泵房内的机电设备，并为设备安装、检修及运行创造有利条件。按其平面形状划分，井泵房有圆形、方形与矩形三种；按其构造形式划分，井泵房有地面式、半地下式与地下式三种。矩形地面式井泵房构造简单,通风采光较好,使用方便,所以是最常用的形式,如图 8-3 所示。

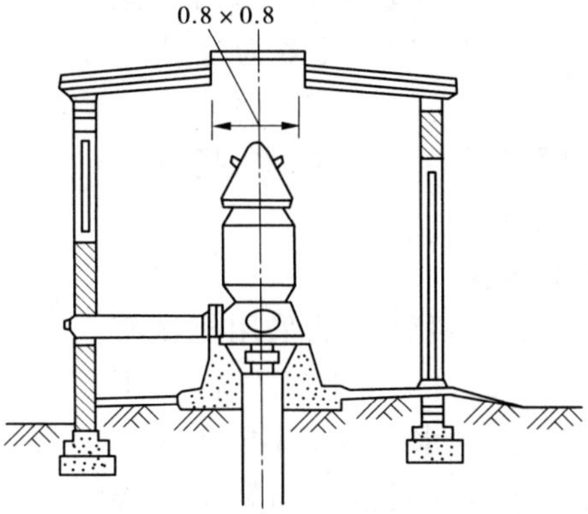

图 8-3　地面式井泵房　(单位:m)

1. 井泵房的平面尺寸

井泵房内只安装一台水泵机组,其辅助设备较少,所以井泵房的平面尺寸通常不大。井泵房的平面尺寸主要考虑满足机组及管路布置、安装与检修、安全与交通、通风与采光等要求。

2. 井泵房的高度

井泵房的高度主要考虑满足井泵机组的安装、检修、室内通风及采光等要求。地面式井泵房的高度是指从泵房内地板到房顶承重的构件下表面的垂直距离。一般要求电动机顶端到房顶的距离不小于 1.5 m,泵房地面以上的高度不小于 3 m。为降低井泵房的高度,通常在机组正上方的房顶设置天窗,安装与检修机组时利用简易三角吊架从天窗吊起输水管与传动轴等部件。

任务二　潜水电泵

【学习目标】1. 掌握潜水电泵的结构及性能。
2. 掌握潜水电泵的使用。

潜水电泵是潜入水中运行的一种水泵,主要由泵体、电机、进水节等组成。它具有结构简单,体积小,重量轻,安装容易,使用方便等特点,适用于从浅井、机井、河流湖泊、水库及水渠中提水灌溉,也可用于工厂、矿山给排水和农村人畜饮水等方面。潜水泵用途广泛,是我国井灌区中使用较多的一种泵型。

一、潜水电泵的类型

(一)按叶轮形式分类

按照叶轮形式不同,潜水电泵可分为离心式潜水泵、轴流式潜水泵及混流式潜水泵等。

（二）按使用场合分类

（1）作业面潜水电泵。用于从浅井、沟、塘、河、湖中提水，重量轻，移动方便，水泵部分大多为立式单级泵。

（2）深井潜水电泵。用于从深井中提水，扬程较高，水泵部分一般为立式多级泵。

（三）按电动机防水方式分类

（1）干式潜水电泵。在电动机轴伸端采用机械密封或气垫密封装置，进行严密轴封，保持电机内无水、干燥。由于受密封结构的限制，浸入水下深度不能太大。

（2）半干式潜水电泵。把电动机定子与转子用屏蔽罩分开，只把定子密封起来，与水隔离，而转子在水中运行。由于屏蔽罩的存在，气隙增大，影响了电动机的性能，目前已很少采用。

（3）充油式潜水电泵。在电动机内腔充满绝缘油，以阻止水和潮气侵害电动机绕组，并起绝缘、冷却、润滑作用。为防止油的外泄和水的浸入，轴伸端仍需采用密封装置。当密封失效后，会使水源污染，故不适合提取生活用水。

（4）湿式潜水电泵。电动机定子绕组采用防水绝缘导线，电动机内充满纯净的水，转子浸在水中运转，散热性能较好。这种泵对材质的要求较高，对部件的防锈蚀问题要求较严。

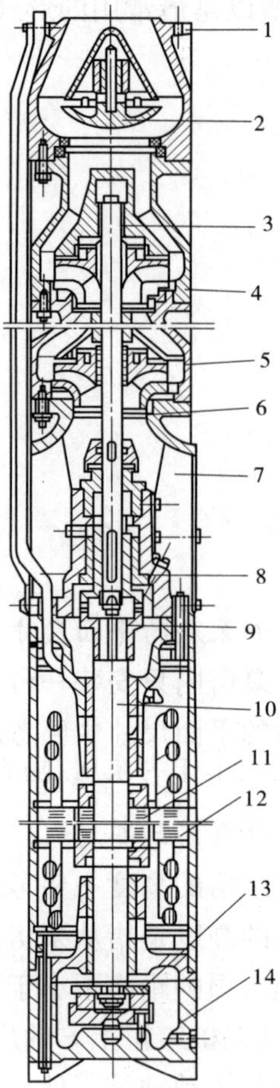

1—闸体；2—阀盖；
3—轴套；4—上导流壳；
5—叶轮；6—泵轴；
7—进水壳；8—电缆；
9—联轴节；10—电机轴；
11—转子；12—定子；
13—止推盘；14—底座

图 8-4　QJ 系列潜水电泵结构示意图

二、潜水电泵的构造

潜水电泵类型较多，井灌及城乡供水、取水井泵站中使用较多的目前有 QJ 系列、QJ（R）系列、QJC 系列及 RS 系列产品。现以 QJ 系列潜水电泵为例，简单介绍潜水电泵的构造。QJ 系列潜水电泵由水泵、电动机、进水壳和密封装置等部分组成，如图 8-4 所示。

水泵部分位于潜水电泵上部，主要由叶轮、导流壳、泵轴、橡胶轴承等零部件组成，与电机轴用联轴器刚性连接。叶轮为离心式或混流式，为了防止水泵停机时倒泄水流引起的超速反转，上端设逆止阀。

电机部分位于潜水电泵下部，为密封式充水湿式结构，主要由转子、定子、导轴承、推力轴承以及调压膜等零部件组成。在电动机底部装有橡胶调压膜，用以调整电机温升引起的机体内部清水的胀缩压差。在电机的上端装有防砂机构，防止泥沙进入电机内部。

进水壳和密封装置部分位于潜水电泵的中部。密封装置在电机的上端，由整体式密封盒和大小橡胶封环组成,其作用是防止水中的泥沙进入电机内部。

三、潜水电泵的使用

潜水电泵应用广泛,工作环境和生产任务不同,要求使用的潜水电泵型号及规格也不同。使用作业面潜水电泵时,应考虑供水目的、供水任务的流量与扬程、水源类型等因素选用合适的潜水电泵。使用深井潜水电泵时,应充分考虑井型、井径、井深、井的出水量、供水目的、供水任务的流量与扬程等因素,经分析计算和比较,选择满足生产要求、质量可靠的名优潜水电泵系列产品。深井潜水电泵的选型,可以参考深井泵的选型方法和步骤。

任务三　移动式泵站

【学习目标】 1. 掌握移动式泵站的类型和组成。
2. 掌握移动式泵站的使用。

在水位变幅较大的河流上或水库边建造固定式泵站有困难时,可以建造移动式泵站。根据承载方式不同,移动式泵站一般有浮船式和缆车式两种。移动式泵站利用可移动的浮船或缆车作为泵房,随着水源水位的变化而升降,不需要复杂的水下工程,施工简单,投资较省,适应性强。

一、浮船式泵站

当水源水位变化幅度在 10 m 以上,水位涨落速度不大于 2 m/h,枯水期最小水深在 1 m 以上时,可采用浮船式泵站,如图 8-5 所示。

(一)站址选择

浮船式泵站的站址应选择在水位平稳,河面宽阔且不易受船只、浮筏等撞击的地方。同时,要注意避开急流、大回流和大风浪区以及与支流交汇处,并要与主航道保持一定的距离。为了保证河岸的稳定,岸坡坡度宜为 1∶1.5 ~ 1∶4。

(二)结构组成

浮船式泵站由浮船、岸上固定输水管,以及水泵出水管与岸坡固定输水管之间的联络管等部分所组成。

1. 浮船

1)浮船上的设备布置

浮船是泵站主机组、辅助设备及进水管路等的载体,是浮船式泵站的泵房,务必保证船体安全、稳定和平衡。水泵机组在浮船上的布置形式有上承式和下承式两种。

上承式布置是把水泵机组安装在浮船甲板上,如图 8-6 所示。它的优点是抽水设备安装和操作比较方便,通风条件好,但船的重心偏高,稳定性差,振动大。

下承式布置是把水泵机组安装在浮船甲板下的船舱内,如图 8-7 所示。它的优点是船的重心较低,稳定性好,振动也小。但是,通风和照明条件差,管理和操作不太方便。另外,水泵的进出水管道要穿通船舷,穿通处需要设置密封装置。当机组容量较大、台数较

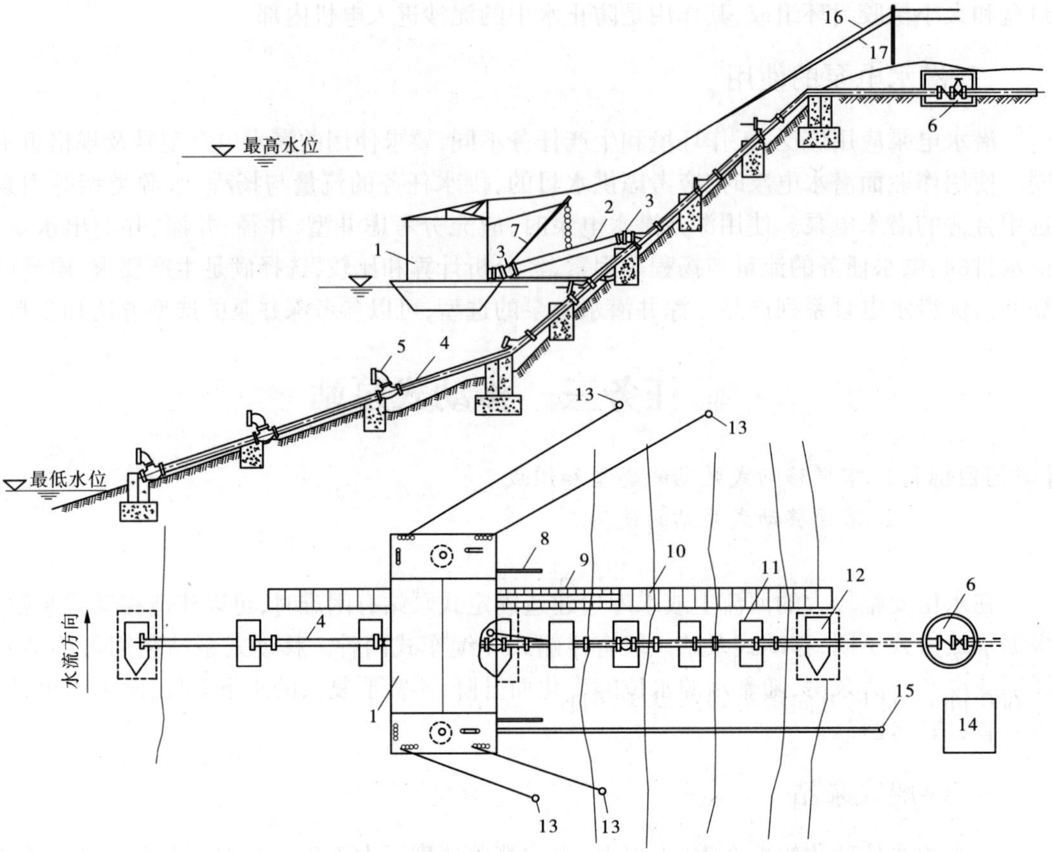

1—浮船;2—联络管;3—球形万向接头;4—输水管;5—叉管;6—闸门井;7—吊杆;
8—撑杆;9—跳板;10—台阶;11—操作平台;12—主墩;13—系缆桩;14—变电房;
15—电杆;16—电缆;17—电话线

图 8-5 浮船式泵站布置图

多时,宜采用下承式布置。

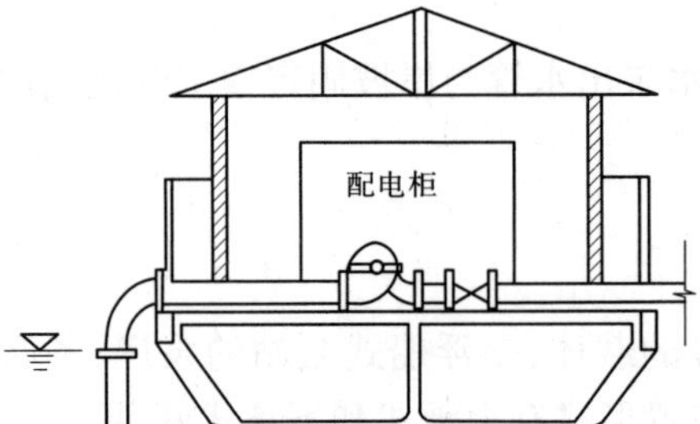

图 8-6 上承式布置形式

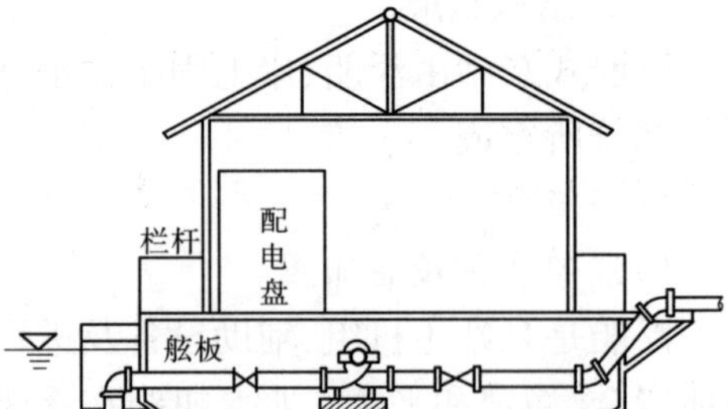

图 8-7 下承式布置形式

2)浮船的稳定性

浮船受风浪等外力的作用而产生倾斜时,破坏了原来正浮的平衡状态,浮船或者因倾斜而翻船,或者在外力消失后,自行恢复到原来的平衡位置。浮船在平衡状态遭到破坏时,其自行恢复原状的能力,称为浮船的稳定性。

浮船的稳定分析,主要是分析计算浮船及其设备的重心和浮船的浮心(浮力中心)的相对位置关系。为保证浮船安全正常工作,浮船的形状和主尺度(船长、船宽、长宽比、吃水深、干弦)应按最大排水量及设备布置的要求选定。在船体尺寸、设备布置形式确定后,应进行船体稳定性验算,确保浮船的稳定性满足设计要求。

2. 联络管

联络管是浮船出水管与岸上固定输水管之间的连接管,常用形式有以下几种。

1)橡胶软管

橡胶软管适用于岸坡固定输水斜管上设有阶梯式进水叉管的情况,管径一般小于350 mm。橡胶软管两端用法兰连接,结构简单,能适应船体各种方向的位移和摆动,。

2)采用球形万向接头的钢联络管

钢联络管两端采用球形万向接头,一般与岸坡输水斜管上的阶梯式叉管相连接,或者与岸坡支墩上的固定输水管相连接。联络管管径不宜过大,一般在350 mm以下,最大可达600 mm。球形万向接头转动灵活,但比较笨重,装拆接头时操作不便。

3)采用套筒接头的摇臂式钢联络管

采用套筒接头的摇臂式钢联络管两端安装有水平和垂直套管,浮船移动时,不需拆卸接头,使用管理方便,可适用于各种管径。

4)安装在钢引桥上的钢联络管

安装在钢引桥上的钢联络管的两端采用带法兰盘的橡胶软管连接。

3. 输水管与叉管

固定输水斜管沿岸坡敷设,管道可采用同一个坡度,也可有转角。输水斜管常采用钢管,接头采用法兰螺栓连接。在水源最高水位和最低水位之间,输水斜管上设有若干个进水叉管。叉管的位置及两叉管的间距,根据水源水位的变化速度及河岸坡度而定。

(三)浮船式泵站的布置形式

影响浮船式泵站布置形式的主要因素有站址的岸坡坡度、联络水管的形式及其连接方式、水源水位变幅及水位的涨落速度等。浮船式泵站的布置形式一般有下列三种。

1. 阶梯式布置

阶梯式布置是在岸坡上敷设固定输水管,斜管上每隔一定的高差设一个进水叉管,布置成阶梯状,如图8-5所示。水泵出水管与进水叉管之间,可用橡胶软管连接,也可用钢管做联络管,两端用球形万向接头连接。这种布置方式,一般适用于站址岸坡较缓,水源水位涨落速度较慢的场合。

2. 摇臂式布置

摇臂式布置适用于站址岸坡较陡,水源水位升降变化较快或水源水流速度较大的场合。

3. 钢架引桥式布置

钢架引桥式布置适用于取水量较大、站址岸坡较陡、河道水流速度较大的场合。

二、缆车式泵站

当水源水位变化幅度较大，站址岸坡在10°～30°，水流急、风浪大，浮船式泵站不适用时，可采用缆车式泵站。其优点是不受水流冲击和风浪波动的影响，稳定性较好。但由于牵引设备的限制，泵车不宜过大，单车提水流量一般多在1 m^3/s 以下。

缆车式泵站由坡道、泵车、绞车房、牵引设备、活动水管和岸坡固定输水管等部分组成。

（一）坡道

1. 坡道的形式

坡道是设置泵车轨道、轨床和固定输水管的建筑物。泵车沿着坡道上的钢轨，在绞车的牵引下随着水源水位的升降而上下移动。坡道的布置形式一般有斜坡式和斜桥式两种。

在站址地质条件较好，岸坡稳定，地面起伏不大，岸坡坡度与泵车坡道的纵坡大致接近的情况下，一般采用斜坡式坡道。图8-8为斜坡式坡道的布置图。

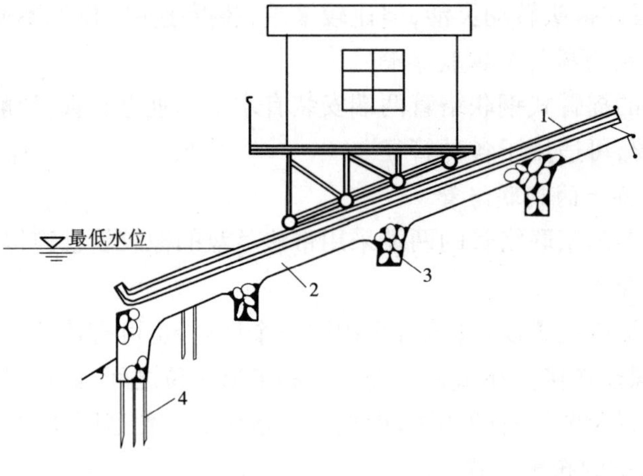

1—轨道；2—轨床；3—齿坎；4—桩基

图8-8 斜坡式坡道布置图

图8-9为采用斜桥式坡道的缆车式泵站布置图。斜桥式坡道是建于岸坡上的钢筋混凝土连续梁结构，泵车轨道辅设在斜桥上部的纵梁上。

2. 坡道的布置

坡道的纵坡一般以10°～25°为宜，坡度过陡，泵车所需的牵引力大，牵引设备投资就大，而且不安全。坡度过缓，不仅会增加坡道的长度，也会使泥沙在此淤积。坡道的宽度主要考虑泵车数量和泵车轨距，以及输水管、电缆沟、人行道等设施的布置要求来确定。泵车轨距一般根据水泵大小和台数来确定，一般为1.5～4 m。

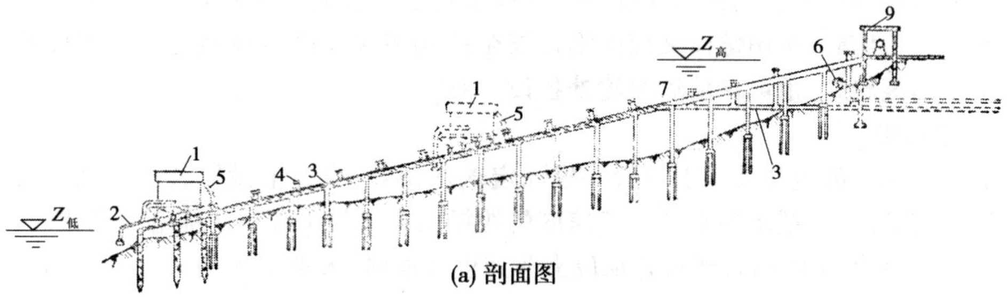

(a) 剖面图

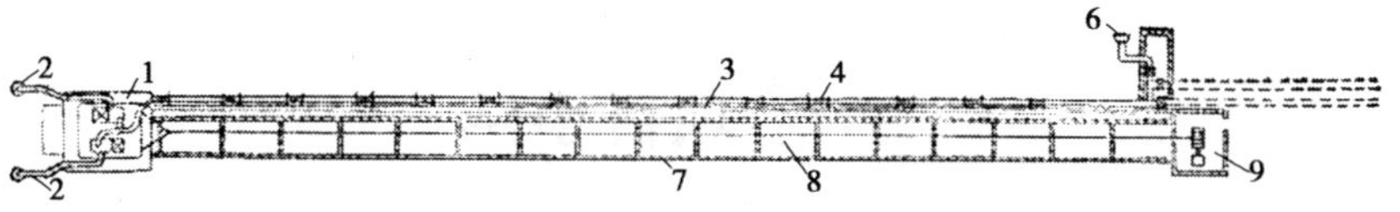

(b) 平面图

1—泵车;2—吸水管;3—输水斜管;4—叉管;5—橡胶联络管;
6—高水位自流进水口;7—斜桥;8—钢丝绳;9—绞车房

图 8-9 斜桥式坡道的缆车式泵站布置图

(二)泵车

泵车一般由车架、滚轮、泵房、吸水管、联络管以及保险装置等组成,结构设计上要求其重量轻、刚度大、振动小和稳定性好。

1. 泵车的结构要求

(1)为了减轻泵车的重量,泵房内部设备应力求精简,尽量缩小泵房平面尺寸。泵房内设手动吊车时,泵房室内净高采用 4.0 ~ 4.5 m;不设吊车时,室内净高采用 2.5 ~ 3.0 m。屋盖和墙体宜采用轻质隔热建筑材料,以减轻车体重量,并起隔热作用。

(2)为了增强泵车的稳定性,应降低泵车重心高度。可适当减小车架三角形桁架腹杆的长度,并将桁架在竖向布置成阶梯状。

(3)泵车的滚轮应设置在桁架节点的下端,滚轮数目不宜过多,节点间距一般采用 1.2 ~ 1.5 m。

2. 泵车内的设备布置

(1)泵车内部的设备尽可能对称布置,使其重心位于泵车的轴线上,以利于泵车的稳定。

(2)当泵车桁架呈阶梯状时,可以将进水管路布置在泵车底板下面,这样不仅减小了泵房的面积,而且可以降低泵车的重心位置。

(3)水泵的进水管路可根据坡道纵坡大小和水源水位涨落的快慢采用不同的布置方式。可将它直接架空布置在泵车后面,也可在泵车后侧增设悬臂托架,还可将管路布置在泵车后的尾车上。

3. 泵车的保险装置

在泵车移动位置时,为防止牵引泵车的钢丝绳意外中断,一般采用钢丝绳套挂钩来保险。在每辆泵车上设置两根钢丝绳套,一端固定在泵车上,另一端的挂钩挂在固定于轨枕上或钢轨上的挂钩座上。绳套的长度一般为输水管上叉管之间距离的 2 ~ 8 倍。

泵车定位工作时,采用螺栓夹板或钢杆安全挂钩将泵车固定在轨道上。螺栓夹板可单设在泵车前滚轮处,也可在前后滚轮处各设一对。

(三)输水管

浮船式泵站一般应在坡道上设置一根固定输水斜管,管道上设置若干进水叉管。叉管与叉管之间的高差,视水源水位涨落速度的快慢而定。当水源水位涨落速度快时,两叉管之间的高差不宜小于 2 m;当水源水位涨落速度较慢时,大型泵车两叉管之间的高差采用 2 m,小型泵车两叉管之间的高差可采用 0.6 ~ 1.0 m。

项目小结

本项目设置了三项任务,主要讲述了其他类型水泵及泵站的有关知识。其他类型水泵有很多,如井泵、潜水电泵、水轮泵、螺旋泵、气升泵、射流泵等,本项目只讲述井泵和潜水电泵的结构及使用。

井泵是一种专门从井中取水的水泵,由泵体、输水管和传动轴以及泵座和电动机三大部分组成。前两大部分位于井内动水位下,后一部分一般位于井上。

潜水电泵是机泵一体化的泵型,由水泵、电动机、进水和密封装置等部分组成。它具有结构简单、体积小、重量轻、安装使用方便、不怕雨淋水淹等特点,是我国井灌区中使用较多的一种泵型。

井泵站组成相对简单,主要有机井、井泵机组、出水建筑物及电气设备等。使用井泵要考虑生产要求、机井的直径与出水量、井泵规格等几方面的因素,根据已有条件计算井泵适用的最小井径、流量、扬程和井下部分输水管长度,确定叶轮级数及井泵型号,并根据选定的井泵性能参数确定井泵工作点。

移动式泵站可以适应水源水位的大幅变化,有浮船式和缆车式两种。浮船式泵站由浮船、输水管和联络管等部分组成,常用的布置形式有叉管式、摇臂式和钢架引桥式三种。缆车式泵站由坡道、泵车、绞车房和牵引设备及输水管等部分组成。

复习思考题

1. 井泵由哪些部分组成?其特点是什么?
2. 井泵选型的方法步骤是什么?
3. 井泵工作点确定的方法和步骤是什么?
4. 潜水电泵的类型有哪些?潜水电泵如何分类?可分为哪几类?
5. 什么是移动式泵站?有哪几种形式?适用于什么情况?
6. 浮船式泵站由哪几部分组成?
7. 浮船式泵站的站址选择应该注意什么?
8. 缆车式泵站由哪几部分组成?

项目九　泵站施工

任务一　施工准备

【学习目标】1.熟悉泵站施工准备工作的内容。
2.掌握泵站泵房施工要点。

施工准备工作是为了保证泵站工程顺利开工和施工活动正常进行所必须事先做好的各项准备工作。它是泵站生产经营管理的重要组成部分，是施工程序中的重要一环。做好施工准备工作具有以下意义：

(1)施工准备是全面完成施工任务的必要条件。

工程施工不仅需要消耗大量的人力、物力、财力，还会遇到各种各样的复杂技术问题、协作配合问题等。对于一项复杂而庞大的系统工程，如果事先缺乏充分的统筹安排，必然使施工过程陷于被动，施工无法正常进行。由此可见，做好施工准备工作，既可以为整个工程的施工打下基础，又可以为各个分部(分项)工程的施工创造先决条件。

(2)施工准备是降低工程成本、提高经济效益的有力保证。

认真细致地做好施工准备工作，能充分发挥各方面的积极因素、合理组织各种资源，能有效地加快施工进度、提高工程质量、降低工程成本、实现文明施工、保证施工安全，从而获得较高的经济效益，为企业赢得良好的社会声誉。

(3)施工准备是取得施工主动、降低施工风险的有力保障。

工程产品的生产要素多且易变，影响因素多且预见性差，可能遇到的风险也大，只有充分做好施工准备工作，采取预防措施，增强应变能力，才能有效地降低风险损失。

(4)施工准备是遵循施工程序的重要体现。

水利工程产品的生产，有其科学的技术规律和市场经济规律。泵站建设工程项目的总程序是按照规划、设计和施工等几个阶段进行的，施工阶段又分为施工准备、土建施工、设备安装和交工验收阶段。由此可见，施工准备是基本建设施工的重要阶段之一。

由于工程产品及其生产的特点，施工准备工作的好坏将直接影响工程产品生产的全过程。实践证明，凡是重视施工准备工作、积极为拟建工程创造一切良好施工条件的，其工程的施工会顺利地进行；凡是不重视施工准备工作的，将会处处被动，给工程的施工带来麻烦，甚至造成重大损失。

一、技术准备

技术准备是施工准备工作的核心，是现场施工准备工作的基础。由于任何技术的差错或隐患都可能引起人身安全和质量事故，造成生命、财产和经济的巨大损失，所以必须认真地做好技术准备工作。其主要内容包括熟悉与会审图纸、编制施工组织设计、编制施工图预算和施工预算。

(一)熟悉与会审图纸

1.熟悉与会审图纸的目的

(1)能够在工程开工之前,使工程技术人员充分了解和掌握设计图纸的设计意图、结构与构造特点及技术要求。

(2)通过审查发现图纸中存在的问题和错误并加以改正,为工程施工提供一份准确、齐全的设计图纸。

(3)保证能按设计图纸的要求顺利施工,生产出符合设计要求的最终建筑产品。

2.熟悉图纸及其他设计技术资料的重点

1)基础及地下室部分

基础及地下室部分应做好以下工作:一是核对建筑、结构、设备施工图中关于基础留口、留洞的位置及标高的相互关系是否处理恰当;二是给水及排水的去向,防水体系的做法及要求;三是特殊基础的做法,变形缝及人防出口的做法。

2)主体结构部分

主体结构部分应注意以下四点:一是定位轴线的布置及与承重结构的位置关系;二是各层所用材料是否有变化;三是各种构配件的构造及做法;四是采用的标准图集有无特殊变化和要求。

3)装饰部分

装饰部分应注意以下三点:一是装修与结构施工的关系;二是变形缝的做法及防水处理的特殊要求;三是防火、保温、隔热、防噪等设施的类型及技术要求。

3.审查图纸及其他设计技术资料的内容

(1)设计图纸是否符合国家有关技术规范的要求。

(2)核对设计图纸及说明书是否完整、明确,设计图纸与说明等其他各组成部分之间有无矛盾和错误,内容是否一致,有无遗漏。

(3)总图的建筑物坐标位置与单位工程建筑平面图是否一致。

(4)核对主要轴线、几何尺寸、坐标、标高、说明等是否一致,有无错误和遗漏。

(5)基础设计与实际地质情况是否相符,建筑物与地下构筑物及管线之间有无矛盾。

(6)主体建筑材料在各部分有无变化,各部分的构造做法。

(7)建筑施工与安装在配合上存在哪些技术问题,能否合理解决。

(8)设计中所选用的各种材料、配件、构件等能否满足设计规定的需要。

(9)工程中采用的新工艺、新结构、新材料的施工技术要求及技术措施。

(10)对设计技术资料有什么合理化建议及其他问题。

4.熟悉技术规范、规程和有关技术规定

技术规范、规程是国家制定的建设法规,是实践经验的总结,在技术管理上具有法律效用。工程施工中常用的技术规范、规程主要有:

(1)建筑安装工程质量检验评定标准。

(2)施工操作规程。

(3)泵站工程施工及验收规范。

(4)设备维护及维修规程。

(5)安全技术规程。

(6)上级技术部门颁发的其他技术规范和规定。

(二)编制施工组织设计

施工组织设计是指导施工现场全部生产活动的技术经济文件。它既是施工准备工作的重要组成部分,又是做好其他施工准备工作的依据;它既要体现建设计划和设计的要求,又要符合施工活动的客观规律,对建设项目的全过程起到战略部署和战术安排的双重作用。

工程产品及施工的特点决定了工程种类繁多、施工方法多变,没有一个通用的、一成不变的施工方法。每个工程项目都需要分别确定施工组织方法,作为组织和指导施工的重要依据。

(三)编制施工图预算和施工预算

施工图预算是技术准备工作的主要组成部分之一。它是按照施工图确定的工程量、施工组织设计所拟定的施工方法、建筑工程预算定额及其取费标准,由施工单位主持,在拟建工程开工前的施工准备工作期编制的确定建筑安装工程造价的经济文件。它是施工企业签订工程承包合同、工程结算、银行拨贷款及进行企业经济核算的依据。

施工预算是根据施工图预算、施工图纸、施工组织设计或施工方案、施工定额等文件,综合企业和工程实际情况编制的。施工预算在工程确定承包关系以后进行。它是企业内部经济核算和班组承包的依据,因而是企业内部使用的一种预算。

二、资料准备

生产资料的准备是指对工程施工中必需的劳动手段(施工机械、机具等)和劳动对象(材料、构件、配件等)的准备。该项工作应根据施工组织设计的各种资源需要量计划,分别落实货源、组织运输和安排储备。

生产资料的准备工作是工程连续施工的基本保证,主要内容有以下三方面。

(一)建筑材料的准备

建筑材料的准备包括对“三材”(钢材、木材、水泥)、地方材料(砖、瓦、石灰、砂、石等)、装饰材料(面砖、地砖等)、特殊材料(防腐、防射线、防爆材料等)的准备。为保证工程顺利施工,材料准备有如下要求。

1.编制材料需要量计划,签订供货合同

根据预算的工料分析,按施工进度计划的使用要求、材料储备定额和消耗定额,分别按材料名称、规格、使用时间进行汇总,编制材料需要量计划。同时,根据不同材料的供应情况,随时注意市场行情,及时组织货源,签订供货合同,保证采购供应计划的准确可靠。

2.材料的储备和运输

材料的储备和运输要按工程进度分期、分批进场。现场储备过多会增加保管费用、占用流动资金,过少则难以保证施工的连续进行。对于使用量少的材料,尽可能一次进场。

3.材料的堆放和保管

现场材料的堆放应按施工平面布置图的位置,材料的性质、种类,选取不同的堆放方式,合理堆放,避免材料的混淆及二次搬运。进场后的材料要依据材料的性质妥善保管,避免材料变质或损坏,以保持材料的原有数量和原有的使用价值。

(二)施工机具和周转材料的准备

施工机具包括施工中所确定选用的各种土方机械、木工机械、钢筋加工机械、混凝土机械、砂浆机械、垂直与水平运输机械、吊装机械等。在进行施工机具的准备工作时,应根据采用的施工方案和施工进度计划,确定施工机械的数量和进场时间,确定施工机具的供应方法和进场后的存放地点和方式,并提出施工机具需要量计划,以便企业内平衡或对外签约租借机械。

周转材料主要指模板和脚手架。此类材料施工现场使用量大、堆放场地面积大、规格多、对堆放场地的要求高,应按施工组织设计的要求分规格、型号整齐码放,以便使用和维修。

(三)预制构件和配件的加工准备

工程施工中需要大量的钢筋混凝土构件、木构件、金属构件、水泥制品、塑料制品、卫生洁具等,应在图纸会审后提出预制加工单,确定加工方案、供应渠道及进场后的储备地点和方式。现场预制的大型构件,应依施工组织设计做好规划,提前加工预制。

此外,对采用商品混凝土的现浇工程,要依施工进度计划要求确定需要量计划,主要内容有商品混凝土的品种、规格、数量、需要时间、送货方式、交货地点,并提前与生产单位签订供货合同,以保证施工顺利进行。

三、施工机械准备

施工机械准备包括以下几方面内容:

(1)根据施工组织设计中确定的施工方法、施工机具、设备的要求和数量以及施工进度的安排,编制施工机具设备需要量计划和进出场计划,组织施工设备计划的落实,确保机械设备按期进场。

(2)组织施工机械进场、安装、调试,做好开工前的准备工作。

(3)施工机械设备的选择,除应考虑施工机械的技术性能、工作效率、工作质量、可靠性及维修难易、能源消耗,以及安全、灵活等方面对施工质量的影响与保证外,还应考虑其数量配置对质量的影响与保证条件。此外,要注意设备形式应与施工对象的特点及施工质量要求相适应。例如,对于黏性土的压实,可以采用羊足碾进行分层碾压;但对于砂性土的压实则宜采用振动压实机等类型的机械。在选择机械性能参数方面,也要与施工对象特点及质量要求相适应,如选择起重机械进行吊装施工时,其起重量、起重高度及起重半径均应满足吊装要求。

(4)审查施工机械设备的数量是否足够。例如,在进行就地灌注桩施工时,是否有备用的混凝土搅拌机和振捣设备,以防止由于机械发生故障,使混凝土浇筑工作中断,造成断桩质量事故等。

(5)审查所需的施工机械设备,是否按已批准的计划备妥;所准备的机械设备是否与监理工程师审查认可的施工组织设计或施工计划中所列者相一致;所准备的施工机械设备是否都处于完好的可用状态等。对于和批准的计划中所列施工机械不一致,或机械设备的类型、规格、性能不能保证施工质量者,以及维护修理不良、不能保证良好的可用状态者,都不准使用。

四、施工队伍准备

施工队伍的建立要考虑工种的合理配合,技工和普工的比例要满足劳动组织的要求。组建施工班组要坚持合理、精干原则,建立的混合施工队或专业施工队及其数量要满足泵站施工要求。在施工过程中,依工程实际进度需求,动态管理劳动力数量。需外部力量的,可通过签订承包合同或联合其他队伍来共同完成。

(一)建立精干的基本施工班组

基本施工班组应根据现有的劳动组织情况、结构特点及施工组织设计的劳动力需要量计划确定,一般有以下几种组织形式:

(1)砖混结构的建筑。该类建筑在主体施工阶段主要是砌筑工程,应以瓦工为主,配合适量的架子工、钢筋工、混凝土工、木工以及小型机械工等;装饰阶段以抹灰工、油漆工为主,配合适量的木工、电工、管工等。因此,该类建筑的施工人员以混合施工班组为宜。

(2)框架、框剪及全现浇结构的建筑。该类建筑主体结构施工主要是钢筋混凝土工程,应以模板工、钢筋工、混凝土工为主,配合适量的瓦工;装饰阶段配备抹灰工、油漆工等。因此,该类建筑的施工人员以专业施工班组为宜。

(3)预制装配式结构的建筑。该类建筑的主要施工工作以构件吊装为主,应以吊装起重工为主,配合适量的电焊工、木工、钢筋工、混凝土工、瓦工等;装饰阶段配备抹灰工、油漆工、木工等。因此,该类建筑的施工人员以专业施工班组为宜。

(二)确定优良的专业施工队伍

大、中型的泵站项目,内部的机电安装、生产设备安装一般需要专业施工队或生产厂家进行安装和调试,某些分项工程也可能需要由机械化施工公司来承担。这些需要外部施工队伍来承担的工作,需在施工准备工作中以签订承包合同的形式予以明确,并落实施工队伍。

(三)选择优势互补的外包施工队伍

随着建筑市场的开放,施工单位依靠自身的力量往往难以满足施工需要,因而需联合其他建筑队伍(外包施工队)来共同完成施工任务。联合时要通过考察外包队伍的市场信誉、已完工程质量、确认资质、施工力量水平等来选择,联合要充分体现优势互补的原则。

五、测量放样

测量放样的任务是把图纸上所设计好的建筑物、构筑物及管线等测设到地面或实物上,并用各种标志表现出来,作为施工的依据。在土方开挖前,按设计单位提供的总平面图及给定的永久性经、纬坐标控制网和水准控制基桩,进行场区施工测量,设置场区永久性坐标、水准基桩和建立场区工程测量控制网。在进行测量放样前,应做好以下几项准备工作：

(1)了解设计意图，熟悉并校核施工图纸。

(2)对测量仪器进行检验和校正。

(3)校核红线桩与水准点。

(4)制订测量放样方案。测量放样方案主要包括平面控制、标高控制、±0.00 以下施测、±0.00 以上施测、沉降观测和竣工测量等项目，该方案依据设计图纸要求和施工方案来确定。

建筑物定位放样是确定整个泵站工程平面位置的关键环节，施测中必须保证精度、杜绝错误，否则其后果将难以处理。建筑物的定位放样，一般通过设计图中平面控制轴线来确定建筑物的轮廓位置，经自检合格后，提交有关部门和甲方（监理人员）验线，以保证定位的准确性。沿红线的建筑物，还要由规划部门验线，以防止建筑物超、压红线。

六、临时工程

现场所需临时设施，应报请规划、市政、消防、交通、环保等有关部门审查批准，按施工组织设计和审查情况来实施。

对于指定的施工用地周围，应用围墙（栏）围挡起来。围挡的形式和材料应符合市容管理的有关规定和要求，并在主要出、入口设置标牌，标明工程名称、施工单位、工地负责人、监理单位等。

各种生产（仓库、混凝土搅拌站、预制构件厂、机修站、生产作业棚等）、生活（办公室、宿舍、食堂等）用的临时设施，严格按批准的施工组织设计规定的数量、标准、面积、位置等来组织实施，不得乱搭乱建，并尽可能做到以下几点：

(1)利用原有建筑物，减少临时设施的数量，以节省投资。

(2)适用、经济、就地取材，尽量采用移动式、装配式临时建筑。

(3)节约用地，少占农田。

任务二　泵房施工

【学习目标】 1.理解泵房基础施工要点。

2.掌握泵房底板施工、设备基础施工以及泵房上部结构的施工要点。

一、基础施工

（一）灰土垫层地基施工要点

(1)施工前应验槽，将积水、淤泥清除干净，待干燥后再铺灰土。

(2)灰土施工时，应适当控制其含水量，以用手紧握土料成团，两指轻捏能碎为宜。当土料水分过多或不足时可以晾干或洒水湿润。灰土应拌和均匀，颜色一致，拌好后应及时铺好夯实。

(3)铺土应分层进行，每层灰土的夯打遍数，应根据设计要求的干密度在现场试验确定。一般夯打或碾压不少于 4 遍。

(4)灰土分段施工时,不得在墙角、柱墩及承重窗间墙下接缝,上下相邻两层灰土的接缝间距不得小于 0.5 m,接缝处的灰土应充分夯实。当灰土垫层地基高度不同时,应做成阶梯形,每阶宽度不少于 0.5 m。

(5)在地下水位以下的基槽、坑内施工时,应采取排水措施,保证在无水状态下施工。入槽的灰土,不得隔日夯。夯实后的灰土 3 日内不得受水浸泡。

(6)灰土打完后,应及时进行基础施工,并及时回填土,否则要做临时遮盖,防止日晒雨淋。刚打完毕或尚未夯实的灰土,如遭受雨淋浸泡,则应将积水及松软灰土除去并补填夯实,受浸湿的灰土,应在晾干后再使用。

(二)重锤夯实地基施工要点

(1)夯实前应进行试夯,选定夯锤重量、底面直径及落距,确定最后下沉量及相应的夯击遍数和总下沉量。最后下沉量指最后 2 击平均每击上面的沉落值,对黏性土和湿陷性黄土取 10~20 mm,对砂土取 5~10 mm。落距一般采用 2.5~4.5 m,夯击遍数由试验确定,层数不少于 2 层,夯击遍数比试夯确定的遍数增加 1~2 遍,一般为 8~12 遍。

(2)夯实前,槽、坑底面应高出设计标高。预留土层的厚度,可为试夯时的总下沉量且再加 50~100 mm。

(3)夯实时,地基土含水量应控制在最优含水量范围内。简易测定方法是以手捏紧后,松手不散,易变形而不挤出水,抛在地上即呈碎裂为宜;如表层含水量过大,可采取铺撒干土、碎砖、碎石、生石灰等;如过低,应适当洒水。

(4)大面积基坑或条形基槽内夯实时,应一夯挨一夯顺序进行,在一次循环中间同一夯位应连夯两下,下一循环的夯位应与前一循环错开 1/2 锤底直径,落锤应平衡、夯位应准确。在独立柱基夯打时,采用先周边后中间或先外后里的跳打法。

(5)基底标高不同时,应按先深后浅的顺序逐层挖土夯实,夯打应做到落距正确、落锤平稳、夯位准确。基坑的夯实密度应比基坑每边宽 0.2~0.3 m。

(6)重锤夯实分层填土地基时,每层的虚铺厚度以相当于锤底直径为宜,夯实完后,应将基坑从(槽)表面修正至设计标高。

(三)灰土挤密桩地基施工要点

(1)施工前应在现场进行成孔、夯填工艺和挤密效果试验,以确定分层填料厚度、夯击次数和夯实后干密度等要求。

(2)桩的成孔方法,可选用沉管法、爆扩法、冲击法或洛阳铲成孔法等。一般多采用 0.6 t 或 1.8 t 柴油打桩机将与桩同直径钢管打入土中,拔管成孔。桩管顶设桩帽,下端做成锥形,约成 60°角,桩尖可以上下活动,以减小拔管阻力,避免坍孔。

(3)桩施工顺序应先外排后里排,间排内应间隔 1~2 孔,以免因振动挤压造成相邻孔缩孔或坍孔。

(4)桩孔应分层回填夯实,每次回填厚度为 350~400 mm。人工夯实用重 25 kg 带长柄的混凝土锤;机械夯实用简易夯实机,一般落锤高不小于 2 m,每层夯击不少于 10 锤。桩顶高出设计标高 150 mm,挖土时,将高出部分铲除。

(四)砂桩、砂井地基施工要点

(1)打砂桩、砂井可用振功沉桩机,振动力以30~70 kN为宜,亦可用汽锤、落锤、柴油机、打桩机,另配一台起重机拔管,施工工艺与混凝土灌注桩基本相同。

(2)打砂桩、砂井,先打入外径为砂桩直径、下端装有自由脱落的混凝土桩靴或带活瓣式桩靴的桩管活瓣,当将桩管沉入到要求深度后,即吊起桩锤在桩管中灌入砂子,然后利用桩架上的卷扬机及振动箱或汽锤的上下锤击,将桩管徐徐拔出,桩管速度控制在1~1.5 m/mm,使砂子借助振动留于桩孔中形成密实的砂桩或砂井,亦可二次打入桩管灌砂形成扩大砂桩。

(3)打砂桩顺序应从外围或两侧向中间进行,砂井间距较大可递排进行。打桩后基坑表层会产生松动或隆起,应进行压实或在开挖基坑时,预留0.5~1.0 m厚的土层,打完桩后再挖除。

(4)灌砂的含水量应加以控制,对饱和水的土层,砂可采用饱和状态;对非饱和土或杂填土或能形成直立孔的土层,含水量采用7%~9%。

(五)振冲地基施工要点

1.振冲试验

施工前应先在现场进行振冲试验,以确定其施工参数,如振冲孔间距、达到土体密实度时的密实电流值、成孔速度、留振时间、填料量等。

2.制桩

碎石桩成桩施工过程包括定位、成孔、清孔和振密等。

(1)定位。振冲前,应按设计图定出冲孔中心位置并编号。

(2)成孔。振冲器用履带式起重机或卷扬机悬吊,对准桩位,打开下喷水口,启动振冲器。水压可用200~400 N/mm^2,水量可用200~400 L/min。此时,振冲器以其自身重量和在振动喷水作用下,以1~2 m/min的速度徐徐沉入土中,每沉入0.5~1.0 m,宜留振5~10 s进行扩孔,待孔内泥浆溢出时再继续沉入,直达设计深度为止。在黏性土中应重复成孔1~2次,使孔内泥浆变稀,然后将振冲器提出孔口,形成直径0.8~1.2 m的孔洞。

(3)清孔。当下沉达设计深度时,振冲器应在孔底适当留振并关闭下喷口,打开上喷水口减小射水压力,以便排除泥浆进行清孔。

(4)振密。将振冲器提出孔口,向孔内倒入一批填料,约1 m堆高,将振冲器下降至填料中进行振密,待密实电流达到规定的数值,将振冲器提出孔口。如此自下而上反复进行直至孔口,成桩操作即告完成。

3.排泥

在施工场地上应事先开设排泥水沟系统,将成桩过程中产生的泥水集中引入沉淀池。定期将沉淀池底部的厚泥浆挖出,运送至预先安排的存放地点。沉淀池上部较清的水可重复使用。

4.成桩顺序

桩的施工顺序一般采用“由里向外”或“一边推向另一边”的方式,因为这种方式有利于挤走部分软土。对抗剪强度很低的软黏土地基,为减少制桩时对原土的扰动,宜用间隔打的方式施工。

5.振冲地基表面的处理

振冲地基表面 0.1～1.0 m 内密实度较差，一般应予挖除，否则应加填碎石进行夯实或用压路机碾压密实。

（六）深层搅拌地基施工要点

（1）定位：起重机（塔架）悬吊深层搅拌机到达指定桩位，对中。当地面起伏不平时，应使起吊设备保持水平。

（2）预搅下沉：待深层搅拌机的冷却水循环正常后，启动搅拌机电机，放松起重机钢丝绳，使搅拌机沿导向架搅拌切土下沉，下沉速度可由电机的电流监测表控制。工作电流不应大于 70 A。如果下沉速度太慢，可从输浆系统补给清水以利钻进。

（3）制备水泥浆：待深层搅拌机下沉到一定深度时，即开始按设计确定的配合比拌制水泥浆，在压浆前将水泥浆倒入集料斗中。

（4）喷浆、搅拌和提升：深层搅拌机下沉到达设计深度后，开启灰浆泵将水泥浆压入地基中，并且边喷浆、边旋转，同时严格按照设计确定的提升速度提升深层搅拌机。

（5）重复上、下搅拌：深层搅拌机提升至设计加固深度的顶面标高时，集料斗中的水泥浆应正好排空。为使软土和水泥浆搅拌均匀，可再次将搅拌机边旋转边沉入土中，至设计加固深度后再将搅拌机提升出地面。

（6）清洗：向集料斗中注入适量清水，开启灰浆泵，清洗全部管路中残存的水泥浆，直至基本干净，并将黏附在搅拌头的软土清洗干净。

（7）移位：重复上述步骤（1）～（6），进行下一根桩的施工。考虑到搅拌桩顶部与上部结构的基础或承台接触部分受力较大，因此通常还可对桩顶 1.0～1.5 m 范围内再增加一次输浆，以提高其强度。

（七）旋喷地基施工要点

（1）钻机就位：使钻杆对准孔位中心，并使钻杆轴线垂直对准钻孔中心位置，其倾斜度不得大于 1.5%。

（2）钻孔：钻孔方法视地基的地质情况、旋喷深度、机具设备等条件而定。通常，单管旋喷多用 70 型或 76 旋转震动钻机，钻进深度可达 30 m 以上，适用于标准贯入度小于 40 mm/10 击的砂类土和黏性土，当遇到比较坚硬的地层时，宜用地质钻机钻孔。

（3）插管：使用 70 型、76 型震动钻机钻孔时，插管与钻孔两道工序合二为一。使用地质钻机钻孔完毕，必须拔出岩芯管，再将旋喷管插入到预定深度。在插管过程中，为防止泥沙堵塞喷嘴，可边射水、边插管，水压力一般不超过 1.0 N/mm^2。如压力过高，则易将孔壁射塌。

（4）喷射：喷射使用的参数根据试验确定。当浆液初凝时间超过 20 h 时，应及时停止使用该水泥浆（正常时，水灰比 1∶1，初凝时间为 15 h 左右）。

（5）安放钢筋笼：当设计为加筋旋喷桩时，要放钢筋笼。较长、较重的钢筋笼可用卷扬机吊放。旋喷桩喷射完毕，钻机向前移动，让出桩孔位置，向下插放钢筋笼，随时校正中心位置，直至准确放至设计标高。

（6）冲洗施工完毕，应把注浆管等机具设备冲洗干净，管内、机内不得残存水泥浆。通常在管内注水，在地面喷射，以便于把浆液洗净。

二、泵房底板施工

泵房底板地基,必须经过工程验收合格才能进行混凝土施工。施工时,地基面上宜先浇一层素混凝土垫层,其厚度为80~100 mm。混凝土强度不应低于C10,垫层混凝土面积应大于底板的面积,以利于施工,避免搅动地基土。模板制作安装的允许偏差应按有关规定。底板上、下层钢筋骨架网应使用有足够强度和稳定性的柱撑。柱撑可为钢柱或混凝土预制柱。底板应架设与上部结构相连接的插筋,插筋与上部钢筋的接头应错开。混凝土浇筑前应全面检查准备工作,经验收合格后,才能开盘浇筑。

混凝土应分层连续浇筑,不得斜层浇筑。如果浇筑仓面较大,可采用多层阶梯推进法浇筑,其上、下两层前后距离不宜小于1.5 m,同层的接头部位应充分振捣,不得漏振。在斜面基底上浇筑混凝土时,应从低处开始,逐层升高,并采取措施保持水平分层,防止混凝土向低处流动。

混凝土浇筑过程中,应及时清除黏附在模板、钢筋、止水片和预埋件上的灰浆。混凝土表面泌水过多时,应及时采取措施,设法排除仓内积水,但不得带走灰浆。混凝土表面应抹平、压实、收光,认真养护,防止产生干缩裂缝。

三、设备基础施工

在泵站施工中,设备基础精度要求高,技术复杂,施工工序多,交叉作业多,工作面有限,所以必须组织严密,各工种协调配合。

(一)设备基础的施工方案

设备基础施工的先后顺序将影响到结构安装的方法、施工进度和经济效果。设备基础的施工,可以有以下两种方案:

(1)厂房柱基础和厂房结构先施工,设备基础后施工,通常称为封闭式施工。

(2)厂房柱基础和设备基础先施工,厂房结构后施工,通常称为开敞式施工。

两者各有优缺点。封闭式施工的优点是:对构件的预制、拼装、运输和起重机开行都比较方便;设备基础施工不受气候影响;有时还可利用厂房内已安装好的桥式起重机浇捣设备基础混凝土。缺点是:部分土方重复挖填(如靠近柱基处的回填土);设备基础施工时,场地拥挤,开挖土方及浇筑混凝土的施工条件较差,而开敞式施工的优缺点则相反。

两种方案的选择,应根据工期要求、图纸到达时间、土质情况、地下水位、施工设备、基础分布密度、施工地区气候特征和施工季节等具体条件而定。一般来说,如设备基础较大较深,分布密度较大,其挖土范围已与柱基挖土连成一片,或者厂房地区土质不好,往往采用开敞式施工方案。这时,如设备基础有碍结构安装,则起重机的开行,可考虑在设备基础内填砂或铺道木;或者在可能条件下先施工地坪以下的设备基础,待厂房结构安装完成后再施工地坪以上的设备基础。当起重机的起重臂很长,在厂房两侧开行就能解决全部吊装,也可采用开敞式施工。在特殊情况下,当在湿陷性黄土地区采用重锤夯实法进行土壤地基加固时,就只能采用开敞式施工。当设备基础不大,分布密度较小,在结构安装后施工对厂房结构稳定性并无影响时,往往采用封闭式施工方案。有时虽然设备基础较宽、较深,但当采用特殊施工方法(如沉井法)时,也可采用封闭式施工。

设备基础混凝土垫层由于平面较大，浇筑时宜根据基础平面特点及运输、浇筑情况，划分若干作业区，分区分层地浇筑。

（二）设备基础地脚螺栓的固定

地脚螺栓是用来固定机器设备于钢筋混凝土基础上。其位置是否正确与牢固，直接影响机器设备安装的准确性。因此，地脚螺栓的安装是设备基础施工中一件非常重要的工作。

地脚螺栓依其埋设方式，分为活地脚螺栓、死地脚螺栓两种。活地脚螺栓，是在浇筑混凝土前把木板制的方形或圆形壳子放在螺栓所在位置，预留螺栓孔洞，在浇筑混凝土时将螺栓的锚板埋于基础内，再在锚板下装一小铁匣以留出小穴便于安装螺栓头。安装机器时将地脚螺栓通过预留孔洞插入锚板中，旋转90°后，上面用螺母拧紧即可。活地脚螺栓由于施工复杂，应用较少。死地脚螺栓，即将地脚螺栓顶埋在混凝土内。为保证其位置的正确，浇筑混凝土时需用地脚螺栓固定架临时加以固定。其固定架所用钢材，一部分可回收，另一部分即埋在混凝土中。另外，可以采用环氧砂浆黏结地脚螺栓的方法，可省去固定架所需的钢材和预留孔洞的模板，而且缩短工期、减轻劳动强度、保证地脚螺栓的安装精度、降低成本。

（三）设备基础混凝土的浇筑

1.浇筑前的准备工作

浇筑前的准备工作包括：混凝土的运输、浇筑方案的制订，现场道路的铺筑，水、电线路的架设，浇捣机具的准备，以及浇筑前的有关质量检查工作等。

由于设备基础体积较大，一般需要分层浇筑，分层捣实（或分段分层），同时需使每一处的混凝土在初凝前就被上一层的新混凝土覆盖并捣实完毕。

选择浇筑方案时，必须进行具体分析和比较。当厂房内桥式起重机尚未完成时，可采用履带式起重机吊装或混凝土泵泵送；当厂房内桥式起重机已安装好时，可利用它来浇筑较为方便。

混凝土浇筑前的质量检查：首先将设计资料逐一查对，然后进行施工检查，检查设备基础的中心线及标高，地脚螺栓及各种管道的位置、标高、数量和规格，埋设铁件的位置和数量，模板的位置和尺寸，钢筋的形式、规格、数量和间距等，并做好记录备查。

2.设备基础混凝土的浇筑

设备基础的浇筑高度，一般应比设计标高低4~5 cm，待设备安装完毕后，再进行二次浇筑找平。混凝土的浇筑只能停歇在伸缩缝处或预先拟定的施工缝处，以保证基础的整体性。

在地脚螺栓附近，每层混凝土的顶面都应比周围稍高，使混凝土泌水流向四周，不致沿螺栓下渗，以免影响混凝土与螺栓的黏结力。螺栓四周必须振捣密实，振动器离螺栓表面必须保持约20 cm的距离，并垂直插入，以免碰动地脚螺栓。在浇筑混凝土时，地脚螺栓的丝扣应包好，以免沾上水泥浆或碰坏。

设备基础中的管道常密排在一起，且上下数层纵横交错，这些地方的浇筑要特别注意。当管道覆盖宽度在0.8~1.2 m以内，且不超过三层时，可由两侧斜向插入振动器捣实管道下的混凝土。在多层管道交叉部分，采用此法难以保证浇筑质量时，应采用坍落度较大(6~8 cm)的混凝土,并多设串筒。

进行沟道混凝土浇筑,当混凝土浇筑到沟底时,应立即捣实,防止在浇筑沟侧混凝土时水泥浆下渗,使成沟侧产生蜂窝麻面。当浇筑沟侧混凝土时,部分混凝土可能进入沟底,因此在浇筑沟底时,可略低于设计标高,以后补平。

四、泵房上部结构施工

泵房上部混凝土结构施工有现场直接浇筑、预制装配及部分现浇、部分预制等形式。

(一)楼层混凝土结构施工缝的设置

(1)在墩、墙、柱底端的施工缝宜设在底板或基础老混凝土顶面,其上端施工缝宜设在楼板或大梁的下面,中部如有与其嵌固连接的楼层板、梁或附墙楼梯等需要分期浇筑时,其施工缝的位置及插筋、嵌槽应与设计单位商定。

(2)与板连成整体的大断面梁,宜整体浇筑。如需分期浇筑,其施工缝宜设在板底面以下20~30 mm处。当板下有梁托时,应在梁托下面。

(3)有主、次梁的楼板,施工缝应设在次梁跨中1/3范围内。

(4)单向板施工缝宜平行于板的长边。

(5)其他复杂结构的施工缝位置,应按设计要求留置。

(二)现浇混凝土的施工

1.混凝土柱的浇筑

(1)混凝土柱浇筑前,柱底基面应先铺5~10 cm厚与混凝土内砂浆成分相同的水泥砂浆,再分段分层浇筑混凝土。

(2)凡截面在40 cm×40 cm以内或有交叉箍筋的混凝土柱,应在柱模侧面开口装上斜溜槽以便混凝土入仓,每段高度不得大于2 m。当箍筋妨碍溜槽安装时,可将箍筋一端解开提起,待混凝土浇至窗口的下口时,卸掉斜溜槽,将箍筋重新绑扎好,用模板封口,柱箍箍紧,继续浇上段混凝土。采用斜溜槽下料时,可将其轻轻晃动,加快下料速度。采用溜筒下料时,柱混凝土的浇筑高度可不受限制。

(3)当柱高不超过3.5 m、截面大于40 cm×40 cm且无交叉钢筋时,混凝土可由柱模顶直接倒入。当柱高超过3.5 m时,必须分段浇筑混凝土,每段高度不得超过3.5 m。

(4)混凝土的振捣一般需3~4人协同操作,其中2人负责下料,1人负责振捣,另1人负责开关振捣器。

(5)振捣时以混凝土不再塌陷,混凝土表面泛浆,柱模外侧模板拼缝均匀微露砂浆为宜;也可用木槌轻击柱侧模判定,如声音沉实,则表示混凝土已振实。

2.混凝土墙的浇筑

(1)混凝土墙的浇筑应先边角后中部,先外墙后隔墙,以保证外部墙体的垂直度。

(2)高度在3 m以内的外墙和隔墙,混凝土可以从墙顶向模板内卸料,卸料时须在墙顶安装料斗缓冲,以防混凝土发生离析。高度大于3 m的任何截面墙体,均应每隔2 m开洞口,装斜溜槽进料。

(3)墙体上有门窗洞口时,应从两侧同时对称进料,以防将门窗洞口模板挤偏。

(4)墙体混凝土浇筑前,应先铺5~10 cm与混凝土内成分相同的水泥砂浆。

(5)对于截面尺寸较大的墙体,可用插入式振捣器振捣,其方法同柱的振捣。对较窄或钢筋密集的混凝土墙,宜采用在模板外侧悬挂附着式振捣器振捣,其振捣深度约为 25 cm。

(6)对于截面尺寸较大的墙体,可用插入式振捣器振捣,其方法同柱的振捣。

(7)当顶板与墙体整体现浇时,楼顶板端头部分的混凝土应单独浇筑,保证墙体的整体性。

3.梁、板混凝土的浇筑

(1)肋形楼板混凝土的浇筑应顺次梁方向,主次梁同时浇筑。

(2)梁、板混凝土宜同时浇筑。当梁高大于 1 m 时,可先浇筑主次梁,后浇筑板。凡梁高大于 0.4 m、小于 1 m 的,应先分层浇筑梁混凝土,待梁混凝土与楼板底面齐平后,梁、板混凝土同时浇筑。

(3)采用小车或料灌运料时,宜将混凝土料先卸在拌盘上,再用铁锹入仓。在梁的同一位置上,模板两边下料应均衡。浇筑楼板时,可将混凝土料直接卸在楼板上,但应注意不可集中卸在楼板边角或上层钢筋处。楼板混凝土的虚铺高度可高于楼板设计厚度的 2~3 cm。

(4)混凝土梁应采用插入式振捣器振捣,从梁的一端开始,先在起头的一小段内浇一层与混凝土成分相同的水泥砂浆,再分层浇筑混凝土。待浇筑至一定距离后,再往回浇第二层,直至浇捣到梁的另一端。

(5)浇筑梁柱或主次梁结合部位时,由于梁上部的钢筋较密集,普通振捣器无法直接插入振捣,此时可用振捣棒从钢筋空当插入振捣,并辅助人工插捣。

(6)楼板混凝土的捣固宜采用平板振捣器。振捣方向应与浇筑方向垂直。

任务三　泵站机组安装

【学习目标】1.掌握卧式机组的安装方法。
2.掌握立式机组的安装方法。

一、安装基本要求

安装前应收集并准备设备安装图和技术要求、与设备安装有关的建筑结构及管路图、制造商提供的设备与零部件及备件清单、设备及部件装配图、设备安装使用说明书等工程技术资料。

设备安装检测所采用的检测仪器、仪表和设备的精度等级应满足被检测项目的精度要求,并应经过法定计量检定机构检定合格,且在规定的有效期内;使所测数值在其量程的 30%~95%;当检定机构不能检定某些专用检测仪器、仪表或设备时,可采用实验室间接对比的方式校准。

制造商提供的安装专用工器具、备品备件、设备图样及技术资料等应满足安装和运行的要求。

安装前应对设备进行全面的清理和检查。对于安装有关的尺寸和配合公差应进行校核,部件装配应注意标记。多台同型号设备同时安装时,每台设备应用标有同一序列标号的部件进行装配。安装时各金属滑动面应清除毛刺并涂润滑油。

主水泵和主电动机组合面的合缝检查应满足:用0.05 mm塞尺检查合缝间隙,不应通过;当允许有局部间隙时,可用0.10 mm塞尺检查,深度不超过组合面宽度的1/3,总长不应超过周长的20%;精制螺栓、定位销的配合公差应符合设计要求;组合缝处的安装高差不应超过0.10 mm。

承压设备及其连接件的耐压试验应符合下列规定:

(1)强度耐压试验。试验压力应为1.5倍额定工作压力,但最低压力不应小于0.4 MPa,保持压力10 min,无渗漏等现象。

(2)严密性耐压试验。试验压力应为1.25倍额定工作压力,保持压力30 min,无渗漏现象。

(3)主电动机冷却器应按设计要求的试验压力进行耐压试验。如设计无明确要求,则试验压力宜为0.35 MPa,保持压力60 min,无渗漏现象。

油槽等开敞式容器安装前应进行煤油渗漏试验,试验时至少保持4 h,无渗漏现象。容器做完渗漏试验后如再拆卸应重新进行渗漏试验。

各连接部件的销钉、螺栓、螺母,均应按制造商的要求锁定或点焊牢固。有预紧力要求的连接螺栓应测量紧固力矩,并应符合制造商的要求。部件安装定位后,应按制造商的要求安装定位销。

起重运输应满足:对重量大的设备或部件的起重、运输项目,应专门制订详细的操作方案和安全技术措施;对起重机械设备的各项性能,应预先检查、测试,做好记录,并逐一核实;严禁以管道、设备或脚手架、脚手平台等作为起吊重物的承(支)力点;凡利用建筑结构起吊或运输重物件时,应进行验算。

设备涂层应满足:机组各部件及成套设备,均应按设计要求在制造厂内进行表面预处理和涂漆防护;需要在工地喷涂表层面漆的设备或部件(包括工地焊缝)应按设计要求进行;设备或部件表面涂层局部损伤时,应按原涂层的要求进行修补;设备表层的涂层应均匀,无起泡、无皱纹,颜色一致。

设备铭牌、标牌和安全警示牌等应正确、完整、整齐、醒目、耐久。

设备安装前,预留的孔、洞、基础预埋件等应满足设计要求。电气设备安装后,盘柜的尺寸误差、接地等应满足设计及相关标准的要求,有封堵要求的孔、洞应封堵严密。

设备及外协或采购的主要零部件、装置、自动化元件,设备的主要材料,设备安装的装置性材料,设备用油等,应符合设计和产品相关标准的规定,并有检验合格证或出厂合格证。

设备安装后应无漏水、漏气、漏油等现象。

设备安装应做好相关文件、图样和技术资料(含电子版)的整理。

二、卧式机组安装

(一)机组基础和预埋件的安装

1.基础放样

根据设计图纸的要求,在泵房内按机组纵横中心线及基础外形尺寸放样。为保证安装质量，必须控制机组的安装高程和纵横位置的误差；安装基准线的平面位置允许偏差不超过±2 mm，高程允许偏差不宜超过±1 mm，见《泵站设备安装及验收规范》（SL 317—2015）。为便于管路安装，主机组的基础与进出水管（流道）的相互位置和空间尺寸应符合设计要求。

2.基础浇筑

根据机组的大小，基础浇筑分一次浇筑和二次浇筑两种方法。

一次浇筑法多用在20英寸（500 mm）以下的小型或带底座的机组。浇筑前根据地脚螺栓的间距，先将地脚螺栓固定在基础模板顶部的横木上，如图9-1所示。经检查各螺栓的间距和垂直情况没有误差后，将地脚螺栓一次浇入基础内。这种方法可以使地脚螺栓和基础固结得比较牢固，螺栓的抗拉能力比较大。若螺栓固定得不正或混凝土振捣过程中螺栓受撞而变位，将会使机组的地脚螺栓栓孔和已固结的螺栓不能正对，对机组安装造成困难，所以一些中、小型机组常用地脚螺栓沿轨道移动的滑轨法代替一次浇筑法。

二次浇筑法多用于20英寸（500 mm）以上的大型或不带底座的机组。浇筑前在基础模板的横木相应于地脚螺栓的位置预留出地脚螺栓孔，如图9-2所示。待基础混凝土凝固后，取掉预留孔的模板。根据SL 317—2015，地脚螺栓预留孔应符合下列规定：预留孔几何尺寸及位置尺寸应符合安装图的要求，预留孔中心线与基准线的偏差不应大于3 mm，孔壁的垂直偏差不应大于$L/200$（L为地脚螺栓长度，mm）；预留孔内壁应凿毛，孔洞中的积水、杂物应清理干净。

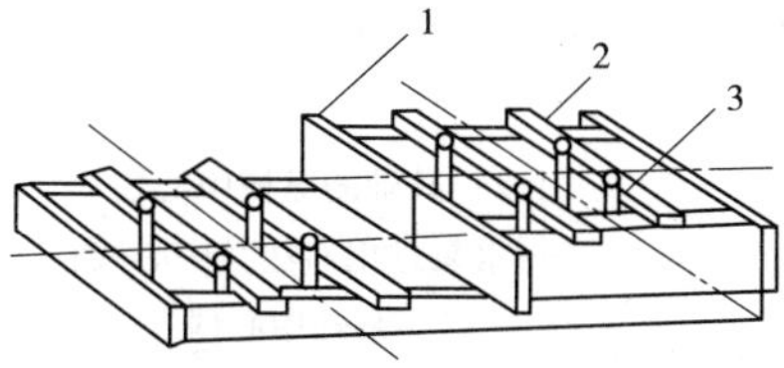

1—基础模板；2—横木；3—地脚螺栓

图9-1 一次浇筑法立模图

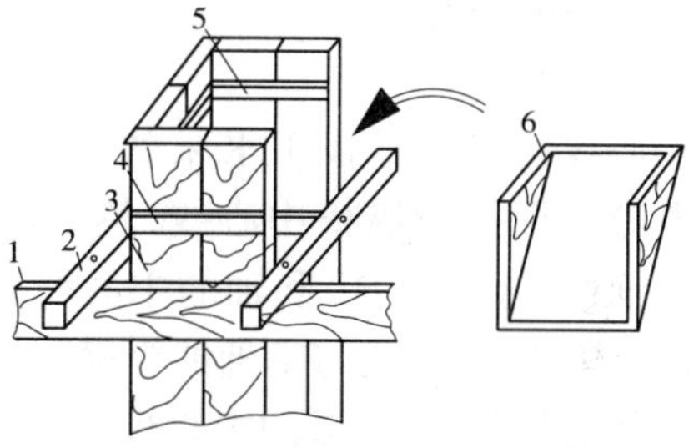

1—基础模板；2—横木；3—预留孔；
4—预留孔外横木；5—内横木；6—楔形模板

图9-2 二次浇筑法立模图

3.预埋件的安装

水泵和电动机基础应比较平整，以便机组的安装与调平找正。常用坐浆法在基础表面或地脚螺栓处埋设垫铁。垫铁顶面的高程要与基础顶面的设计高程一致，允许误差不超过1 mm，且各垫铁顶面要互成水平，误差不允许超过0.02 mm/m。同时，电动机基础表面的垫铁高差应控制在0.5~1 mm以内，否则电动机与水泵基础表面将显得不平，给机组轴线的同心带来困难。另外，在水泵和电动机底座下面一般设调整垫铁，用来承受机组重量，调整机组的高度与水平度。垫铁材料为钢板或铸铁件，斜垫铁的薄边不小于10 mm，斜边坡度为1/10~1/25。斜垫铁尺寸按接触面受力不大于3 kN/cm^{2}来确定，垫铁加工面要平整无毛刺，搭接长度在2/3以上。

（二）卧式水泵机组的安装程序

卧式水泵机组的安装程序如图9-3所示。图中方框表示总安装程序中的每一步的内容，箭头表示过程。

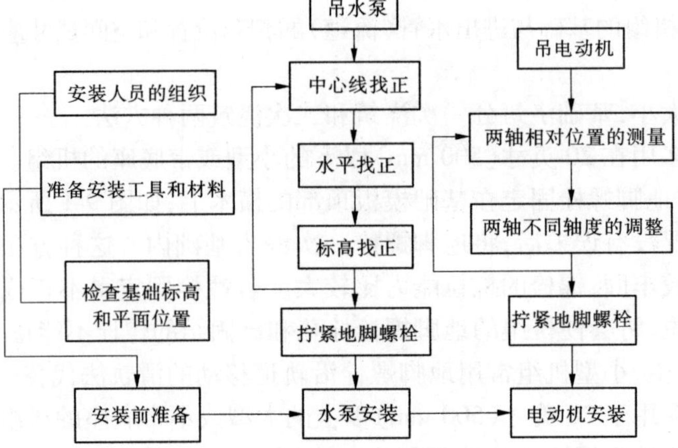

图 9-3　卧式机组安装程序图

(三)卧式水泵的安装

水泵就位前应复查水泵机组基础平面和高程位置。水泵的中心线找正、水平找正和高程找正是安装过程中的关键。

1.中心线找正

中心线找正就是找正水泵的纵横中心线。先定好基础顶面上的纵横中心线，然后在水泵进、出口法兰面(双吸离心泵)和轴的中心线分别吊垂线。调整水泵位置，使垂线与基础的纵横中心线相吻合。图 9-4 为卧式双吸离心泵的中心线找正示意图。

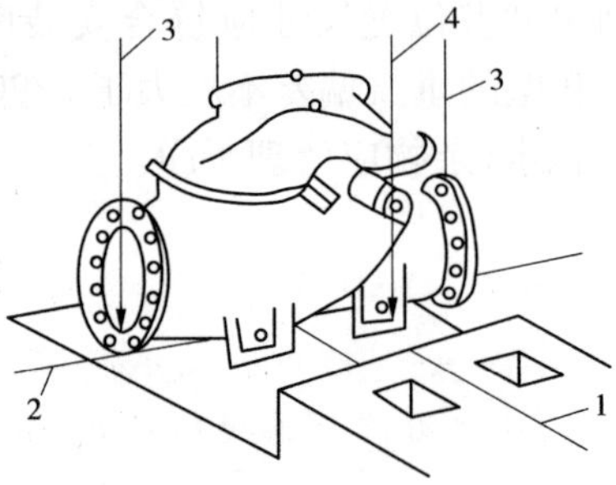

1、2—基础的纵横中心线；
3—水泵进出口法兰中心线；
4—泵轴中心线

图 9-4　水泵中心线找正

2.水平找正

水平找正就是找正水泵纵向和横向水平，一般用水平仪或吊垂线的方法，单级离心泵在泵轴和出口法兰面上测量，如图 9-5 和图 9-6 所示。

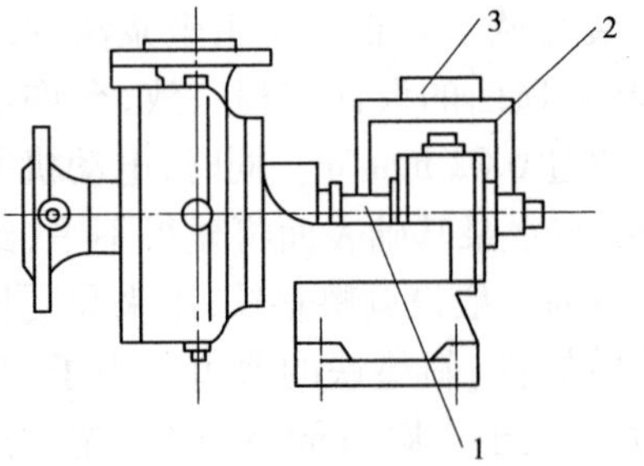

1—水泵轴；2—支架；3—水平仪

图 9-5　纵向水平找正

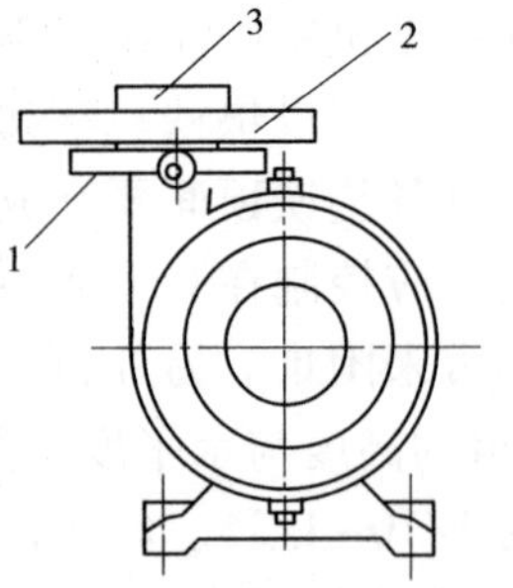

1—水泵出口法兰；2—水平尺；3—水平仪

图 9-6　横向水平找正

用调整垫铁的方法，使水平仪的气泡居中；或使法兰面和联轴器端面至垂线的距离相等或相切，要求水泵纵横方向都水平。SL 317—2015 规定，水泵安装的轴向、径向水平偏差不应超过 0.1 mm/m。

双吸离心泵在水泵进、出口法兰面上进行测量，如图 9-7 所示。调整垫铁，使水平仪的气泡居中；或使法兰面至垂直线的距离相等或与垂线重合。卧式双吸离心泵还可以在泵壳的水平中开面上选择可连成十字形的 4 个点，把水准尺立在这 4 个点上，用水准仪测读各点水准尺的读数，若读数相等，则水泵的纵向和横向水平同时找正。

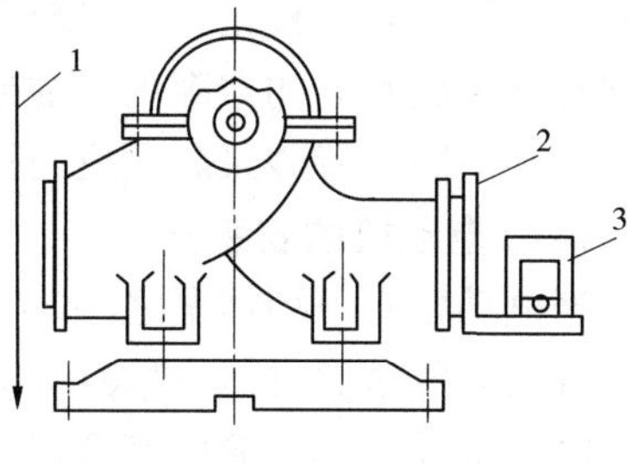

1—垂线；2—专用角尺；3—方框水平仪

图 9-7　用吊垂线或方框水平仪水平找正

3.高程找正

水泵的高程是指水泵轴的安装高程。找正高程的目的是校核水泵安装后的实际高程与设计高程是否相符，一般用水准仪和水准尺进行测量。测量时将一水准尺立于已知水准点高程 H_B上，另一水准尺立于水泵轴上，如图 9-8 所示。用水准仪测出两处水准尺上读数，按下式计算水泵轴心线的高程 H_A：

$$H_A = H_B + L - C - \frac{d}{2} \tag{9-1}$$

式中　H_A——水泵轴心线的高程，m；

H_B——基准点 B 处的高程，m；

L——B 点水准尺的读数，m；

C——泵轴上水准尺的读数，m；

d——泵轴的直径，m。

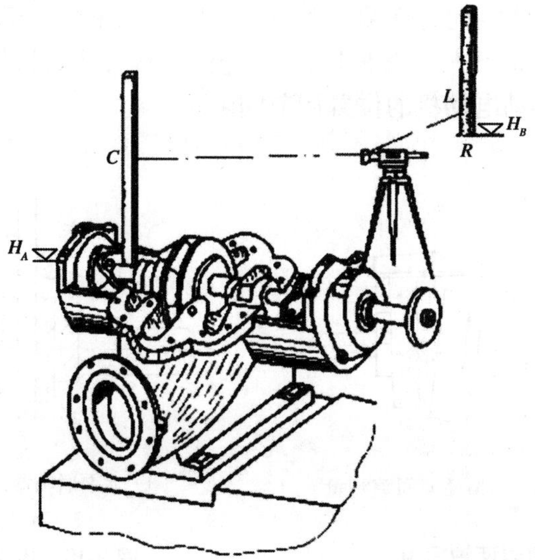

图 9-8　用水准仪找正标高

4. 固定水泵

水泵的中心线校正、水平校正及标高校正经反复校正后，再用水泥砂浆从缝口填塞进基础与泵体底脚间的空隙内。灌浆时为不使水泥浆流出，四周应用木板挡住，并保证内部不得存有空隙。待砂浆凝固后，拧紧地脚螺栓，固定水泵。

（四）电动机的安装

当电动机有下列情况之一时，安装前应进行抽芯检查：①出厂时间超过一年；②经外观检查或电气试验，质量可疑；③有异常情况。

卧式电动机的安装应符合以下要求：①解体检查与安装过程中，应防止杂物等落入定子内部；②不应将钢丝绳直接绑扎在轴径、集电环和换向器上起吊转子，不得碰坏定、转子绕组与铁芯。

卧式水泵与电动机大多数采用联轴器传动，卧式电动机的安装一般以水泵轴为基准轴。调整电动机轴，使其联轴器和已安装好的水泵联轴器平行同心，且保持一定间隙，从而达到两轴同轴线的要求。其同轴度应不大于 0.04 mm，倾斜值应不大于 0.02 mm/m（见 SL 317—2015 规定）。

电动机吊放在基础上和水泵联轴器相连带动水泵旋转时，由于制造和安装方面的因素，可能使两个联轴器的断面和轴心不平行或不同心，这样，运行中就会使轴承发热或引起机组振动。

为了调整两轴位置，以达到同轴线的要求，首先要确定两轴的空间相对位置。测量两轴相对位置的量具主要有直尺、塞尺和百分表等。

用直尺和塞尺测量两轴的相对位置如图 9-9 所示。测量时按上、下、左、右 4 点分别测径向间隙和轴向间隙。用这种方法测量受量具的限制，测量精度不高。

图 9-10 是用两只百分表测量两轴相对位置的简图。百分表的表架安装在电动机轴和水泵轴的半联轴器上。转动两联轴器成 0°、90°、180°、270°，同时用百分表测读径向和轴向间隙 a 与 b 值。要求径向允许偏差即 a_1-a_3 或 a_2-a_4 不能大于表 9-1 的规定。轴向的允许偏差即 b_1-b_3 或 b_2-b_4 不大于表 9-1 中的数值。否则，必须根据具体情况在电动机底座下加减垫片或左右摆动电动机的位置调节间隙。

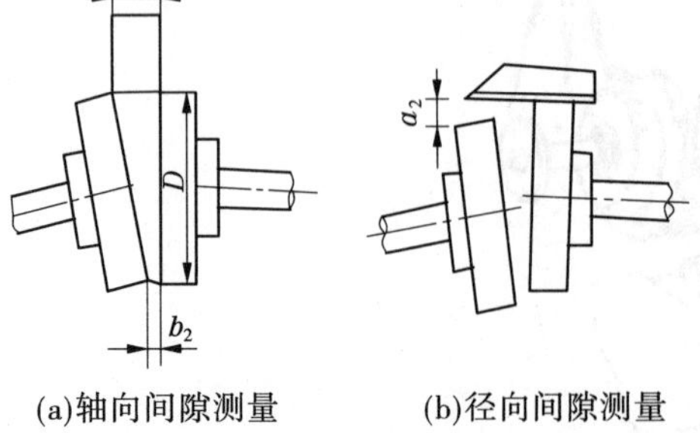

(a)轴向间隙测量　　(b)径向间隙测量

图 9-9　测量机组两轴间隙

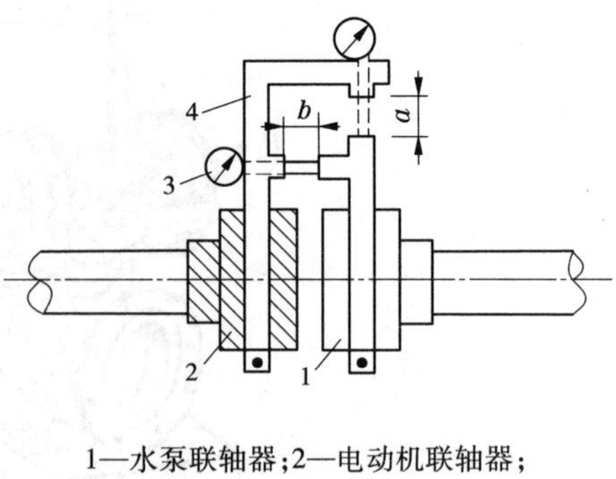

1—水泵联轴器；2—电动机联轴器；3—百分表；4—支架

图 9-10　用百分表测定间隙

表 9-1　联轴器同轴度允许偏差值　（单位：mm）

转速（r/min）	刚性连接		弹性连接	
	径向	轴向	径向	轴向
750～1 500	0.1	0.05	0.12	0.18
500～750	0.12	0.06	0.16	0.1
<500	0.16	0.08	0.24	0.15

轴向间隙调整好后，将两联轴器同时转动，并测量 4 个位置处的径向间隙值。如果 a_1-a_3 或 a_2-a_4 超过允许值，则应在电动机下面加减垫片的厚度，用千斤顶或用撬杠在水平方向稍微调整一下电动机位置，使其满足安装要求。

两轴间隙的测量与调整结束后，应再一次盘车测量，校核间隙是否在允许的范围内，如不在允许范围内，应再次进行调整，直至符合要求。

三、立式机组安装

立式机组安装程序随土建的进度、设备到货的情况、场地的布置、设备的质量、安装的物资条件和技术力量的具体情况的不同而变化。通常，安装过程中应尽量考虑到与土建及机电设备的安装能平行交叉作业，充分利用现场设备和条件，按照计划程序组织安装。安装程序与安装方法有密切关系，要根据机组台数及安装力量的具体状况，实行交叉、平行、流水作业等方法进行安装。现介绍立式机组的一般安装程序。

（一）一般安装程序

立式机组的一般安装程序如图 9-11 所示。

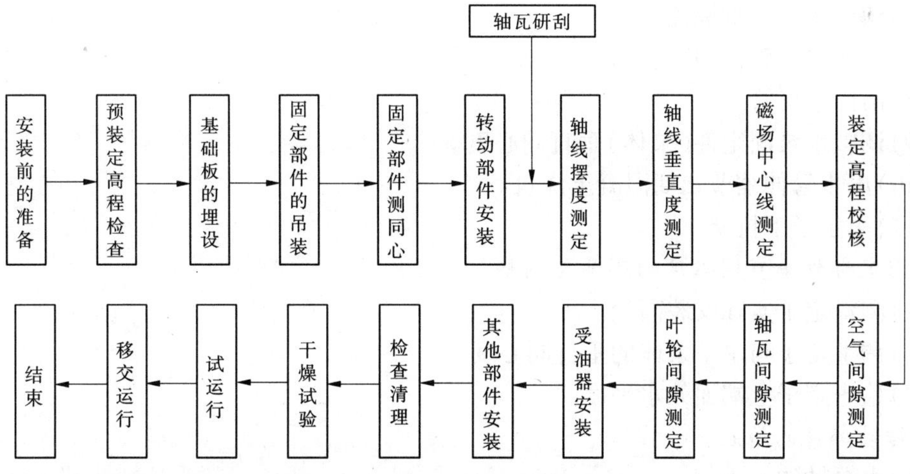

图 9-11　立式机组的一般安装程序

（二）机组安装

1.安装前的准备

（1）检查、清点并保管好到场的设备。

(2)规划、布置安装现场。

(3)组织安装技术力量。

(4)制订详细安装计划或网络图,准备工器具、材料(包括起重工具设备及专用工具制作)。

(5)检查验收土建基础工程。

2.确定主要部件的安装高程

(1)定子、转子、叶轮和泵轴等设备几何尺寸测量检查。

(2)橡胶轴承、填料函安装高程的确定。

(3)电动机基础板安装高程测定。

(4)电动机定子上端面安装高程确定。

(5)安装中的零散件准备,包括轴瓦研刮、冷却器水压试验、上下油槽煤油渗漏试验等。

3.基础板的埋设

(1)基础工程高程,纵横中心十字线和垂直线测放或检查。

(2)基础一期混凝土打毛。

(3)预埋水泵、电机基础板的垫板。

4.固定部件的吊装

(1)吊进水管伸缩节。

(2)吊进叶轮外壳。

(3)吊装叶轮。

(4)吊导叶体。

(5)吊中间连接管基础板。

(6)预埋水泵地脚螺栓。

(7)吊入出水管伸缩节。

(8)吊出水弯管。

(9)调整水泵固定件(泵体)垂直同心度。

(10)出水管伸缩节二期混凝土浇筑。

(11)吊定子下机架。

5.固定部件垂直同心度的测量与调整

(1)测量定子实际安装高程。

(2)调整定子与水泵泵体的垂直同心度。

(3)检查定子上端面处水平度。

6.转动部件的吊装

(1)水泵轴的吊入。

(2)泵轴与转轮连接就位。

(3)电动机转子吊入。

(4)吊装上机架。

(5)推力轴承组装并压推力头。

(6)上导轴承安装。

7.转动部分轴线摇度的测量调整

(1)调水平。

(2)对同步电动机单独盘车。

(3)主轴连接对水泵机组整体盘车。

(4)主轴法兰铰孔装精制螺栓。

(5)复盘车。

8.转动部分中心线垂直度检查

(1)盘车检查轴线垂直度,并使转动部分轴线和固定部分轴线重合。

(2)检查磁场中心。

9.定水泵机组中心线

(1)装上导轴瓦。

(2)装下导轴瓦。

(3)盘车定机组中心线。

10.各部件间隙的测量和调整

(1)调上导轴瓦间隙。

(2)测量同步电动机定子与转子的空气间隙。

(3)测量叶轮间隙。

(4)调下导轴瓦间隙。

(5)调节导轴瓦间隙。

11.其他设备安装

(1)上、下油槽清理。

(2)油冷却器、测温装置试验。

(3)滑环、碳刷安装。

(4)填料函安装。

(5)进水伸缩圈安装。

(6)二期混凝土浇筑。

12.试运行

(1)检查、清理。

(2)同步电动机干燥试验。

(3)试运行及交接。

四、进出水管安装

管道系统根据其工作位置不同分为埋设管道和明设管道,根据管道的材料可分为钢管、铸铁管、不锈钢管和硬质塑料管等。不同的管道系统各有其不同的安装特点,现简述如下。

(一)埋设管道安装

埋设管道安装是一项十分慎重而细致的工作,若发生漏埋、错埋、堵塞、泄漏等问题,会造成难以弥补的损失。管道埋设是根据审核无误的图纸，将预制好的管道安装在工作位置上，其安装顺序如下。

1.确定安装基准

管道安装基准包括标高和中心位置。标高根据测量部门标在墙壁上的标高点换算，也可以根据已安装好的水泵埋件（如座环）的标高进行换算。有时在厂外安装管道还需要里程桩号，它由测量部门提供，并有文字根据。

2.根据安装基准和图纸尺寸焊接管道支架

管道支架由型钢焊接而成，有足够的强度与刚度，防止管道安装后及混凝土浇捣过程中位置发生变化。

3.管道吊装找正和固定

根据安装基准和图纸尺寸精心调整管道中心、标高和水平，特别是露出混凝土外的管口位置必须准确，水平部分不许有倒坡。位置调好后，将管子固牢，防止浇筑混凝土时变形。

4.耐压试验和封堵

管道焊接后，为了检查焊接和连接质量，以管道工作压力的 1.5~2 倍水压进行耐压试验，保持压力 15 min 应无渗漏。合格后，将管口封堵，防止混凝土灰浆灌入管内。

（二）明管安装

1.明管安装的基本要求

明管安装是在混凝土模板拆除或设备安装固定之后进行的。安装中要符合以下要求：

(1)管的排列要整齐美观、横平竖直，要按管径大小顺序排列，细的在上边，粗的在下边，排管转弯时，各管的弯曲中心都必须在一个公共点上。

(2)几根并排管的中心距离要符合要求，照图施工。

(3)所有自制管件要符合标准，使用要合理。

(4)紧固螺栓长度要合适，一般要露出螺母 2~3 扣为宜，垫片和涂料要根据管内不同通流介质，合理使用。

(5)安装各种阀件时，注意方向不要装反，以免堵塞或发生事故。

(6)管架强度与刚度要足够，形式要实用美观。

(7)管道安装位置与设计值的偏差，在室内应不大于 10 mm，在室外不大于 15 mm，自流排水（油）管的坡度宜为 0.2%~0.3%。

(8)水平管弯曲的允许偏差宜不超过 1.5‰，最大不超过 20 mm，立管垂直度允许偏差宜不超过 2‰，最大不超过 15 mm。

(9)成排管在同一平面上的允许偏差不宜超过 5 mm，间距允许偏差值宜为 0~5 mm。

2.明设管道安装

1)管道支架安装

管道支架形式有吊架、托架和管卡等，根据图纸和管架形式，首先在安装位置画线，确定管架位置，然后把管架焊接在预埋的铁板上或打孔埋设。埋设的管架一定要在混凝土能承重时才允许在上面安装管道。为加快工程进度，最好用预埋铁板的办法，这样既快又准,质量又好。有些管线短且走向复杂的管道,根据具体情况,可待管子装配好后,再装管架。

2)管道预装

管道预装是把预制好的管段和管件照图纸版序连接起来。一般在管道实际工作位置上进行,这样使找正方便、准确,接头严密。

法兰连接的管道预装工作要在管道安装位置上的管段端部进行法兰盘找正,然后将法兰盘点焊在管端固定。考虑到法兰间垫片厚度,在法兰两面间夹上和垫片厚度相当的铁丝。待整套管道系统预装好,在每对法兰盘上打上记号,并在每个管段上编号,然后拆下来焊接。在焊接工艺上要保证不使法兰产生变形。管道焊接完成后,要进行水压试验,最后清理管道内壁,准备正式安装。

螺纹连接管路的预装,实际是管道配制过程。根据图纸并结合实际情况要逐节顺序下料、套扣。螺纹的松紧一般以用手能拧进 3~4 扣为宜。必须用管钳拧紧前一节管段后,才能量尺寸下后一节的料。全部安装完毕,把管段编号,在阳螺丝和阴螺丝的对应部位打上记号,再拆下来进行清理,然后按顺序安装,螺纹要拧到原来位置。

对铜管和薄壁不锈钢管这类管道的预装也是在管道实际工作位置上进行管道配制,即根据图纸并结合实际情况下料,焊接活接头或法兰。装配合格后,再拆下来清理。它多用于泵站液压操作系统、压缩空气系统和水力量测系统。

3)管道正式安装

管道正式安装是按预制时打的记号装上垫片和涂料,再次装到工作位置。管段和管件安装前,要严格检查管内是否有杂物。若正式安装中发现某段管变形,影响美观或组合不严,必须进行处理。管道系统全部装好后,要除锈、涂漆,第一层涂防锈底漆,第二层根据管道作用和通流介质不同,按表 9-2 规定涂不同颜色的漆。

表 9-2 管道涂漆规定

涂漆部位	油漆种类		颜色	备注
	第一层	第二层		
压力油管、供油管、净油管	防锈底漆	调和漆或磁漆	红	
排油管、溢油管、污油管	防锈底漆	调和漆或磁漆	黄	
工业及生活供水管	防锈底漆	调和漆或磁漆	天蓝	
消防水管	防锈底漆	调和漆或磁漆	橙黄	
工业用水排水管	防锈底漆	调和漆或磁漆	绿	
污水管及一般下水管	沥青或磁漆		黑	
压缩空气管	防锈底漆	调和漆或磁漆	白	
阀门	调和漆或磁漆		黑	手轮红色
管道及设备附件	防锈底漆	调和漆或磁漆	蓝灰	不锈钢件不涂色
水泵、空压机及各种容器	防锈底漆	调和漆或磁漆	蓝灰	

项目小结

本项目设置了三项任务,主要讲述了泵站施工的内容、机组安装和管道安装的基本要求与方法。

泵站施工准备工作是为了保证工程顺利开工和施工活动正常进行所必须事先做好的各项准备工作。泵站设备基础精度要求高、技术复杂、施工工序多、交叉作业多、工作面有限,所以必须组织严密,各工种协调配合。泵房从结构上可以分为下部结构和上部结构。下部结构多为现浇钢筋混凝土,上部结构多为预制钢筋混凝土。泵房内部的机墩、隔板、楼板、柱、墙外启闭台、导水墙等,可分期浇筑。

水泵安装应按照一定的程序,安装质量应符合要求。首先是基础检验,符合要求后,将水泵放置在基础上。用水平仪、线坠和经纬仪等对水泵中心线、水平及安装高程进行量测和调整,并整体安装。

水泵站的进水管常为明管,即露天式设置。出水管可以采用明管,也可以采用暗管。管线位置、管材类型按照布置形式、铺设方式等生产要求而定,质量符合有关标准。

复习思考题

1.泵站施工技术准备的内容有哪些?

2.泵房施工的内容有哪些?

3.卧式和立式机组安装的步骤有哪些?

4.机组安装时应注意哪些问题?

5.机组的同心度如何校正?

6.管道安装一般有哪些要求?

项目十 泵站运行与管理

任务一 水泵的运行

【学习目标】1.熟悉水泵运行前的检查内容。
2.掌握水泵运行中的维护内容。

水泵的运行一般包括启动前检查、机组启动与停机、运行中检查及故障排除等内容。

运行管理人员要熟悉机组的特性,正确地进行操作,加强对机组的监视,确保机组正常安全运行,并合理地根据情况进行水泵工况的调节,降低运行费用,使水泵机组充分发挥效益。

一、水泵运行前检查

为了保证水泵机组的安全运行,水泵启动前应对机组做全面仔细的检查,以便发现问题并及时处理。长期停用或大修后的机组在投入正式作业前,还应进行试运行。水泵运行前主要检查内容如下。

(一)前池和管道部分的检查

(1)在静水压力下,检查检修闸门的启闭情况;检查其密闭性和可靠性。

(2)检查前池是否淤积,并清除池水面的漂浮物,以防开机后漂浮物被吸进水泵堵塞流道或破坏叶轮。

(3)检查管道支撑、管体的完整性以及安全保护设施等情况。

(4)检查流道内是否有残存物,表面是否光滑无损,并着重检查流道的密封性。

(5)检查管道上的阀门启闭是否灵活,并按要求打开或关闭各有关阀门。

(二)水泵部分的检查

(1)检查水泵和动力机的地脚螺栓是否松动和脱落。

(2)用手缓慢盘动联轴器或皮带轮,以检查机组转动是否灵活轻便,泵内是否有不正常的响声和异物。

(3)检查填料压盖的松紧程度是否适合。

(4)检查转轮间隙,并做好记录。转轮间隙力求相等,否则易造成机组径向振动和汽蚀。

(5)全调节泵要做叶片角度调节试验,检查其灵敏度及回复杆最大行程是否符合设计要求和调节装置渗漏油情况。

(6)做技术供水充水试验,检查水封渗漏是否符合规定,油轴承或橡胶轴承通水冷却润滑情况。

(7)检查油轴承转动油盆油位及轴承密封的密封性。

(三)电动机部分的检查

(1)检查电动机空气间隙。用白布条或薄竹(木、塑料)片拉扫,防止杂物,特别是金属导电物掉入间隙内,造成卡阻或电动机短路。

(2)检查转动部分螺栓、螺母类零件是否完全紧固,以防运动时受振松动,造成事故。

(3)检查制动系统手动、自动的灵活性、可靠性,复归是否符合要求;顶起转子 3~5 mm(视不同机组而定),使机组转动部分与固定部分不相接触。

(4)检查转子、下风扇的角度是否一致,以保证电动机本身能提供最大冷却风量。

(5)检查推力轴承及导轴承润滑油位是否符合规定。

(6)送冷却水,检查冷却器的密封性和示流信号器动作的可靠性。

(7)检查碳刷与刷环接触的密合性、刷环的清洁程度及碳刷在刷盒内动作的灵活性。

(8)检查电动机的相序,其转向和水泵的转向是否一致。

(9)检查电动机一次设备的绝缘电阻,做好记录,并记下测量时的环境温度、湿度。

(10)检查核对电气接线,对一次回路和二次回路做模拟操作,并整定好各项电气参数。关于电动机及其配电设备的电气试验,按电气规范进行。

(四)辅助设备的检查与试运行

(1)检查油压槽、回油箱及储油槽油位,同时试验液位计动作反应的正确性。

(2)检查和调整油、气、水系统的信号元件及执行元件动作的可靠性。

(3)检查所有压力表计(包括真空压力表计)、液位计、温度计等反应的正确性。

(4)逐一对辅助设备进行单机运行操作,再进行联合运行操作,检查全系统的协联关系和各自的运行特点。

二、水泵运行中的维护

(一)水泵机组启动

1.灌水或抽真空引水

离心泵在充水前应将出水管上的闸阀关闭。进水管直径小于或等于 300 mm 的水泵,可采用人工灌水启动,也可采用真空泵抽真空引水;进水管直径大于 300 mm 的,宜采用真空泵抽真空引水。不管采用哪种方式引水,都应先打开泵壳顶上阀门,然后进行引水。发现水泵顶端水标管已显示有水,则表示水泵和进水管已充满水,关闭阀门,停止真空泵工作,此时可以启动水泵。

2.机组启动

充水完成后,关上排气阀,先开补偿器,再合上电源,机组启动。打开压力表,压力表显示适当的压力后,打开真空表,观察压力表、真空表、电流表是否正常。若无异常情况,逐渐打开出水管阀门直至进入正常运行状态。

轴流泵和深井泵的启动比较容易,准备工作完成后,只要加水润滑上橡胶轴承,即可启动;动力机达到额定转速后,停止加水,此时可用水泵抽上来的压力水进行润滑。

3.启动后的检查

机组启动后,应对水泵填料函、轴承、各类仪表、电气设备等做一次检查,发现问题应及时进行处理;若一切正常,则机组启动过程结束。

(二)运行中的检查

在水泵运行过程中,应注意检查以下事项:

(1)注意机组有无不正常的响声和振动。水泵在正常运行时,机组平稳、声音正常连续而不间断。不正常的响声和振动往往是故障发生的前兆。遇此情况,应立即停机检查,排除隐患。

(2)注意轴承温度和油量的检查。水泵运行中应经常用温度表或半导体点温计测量轴承的温度,并查看润滑油是否足够。一般滑动轴承的最大允许温度为 70 ℃,滚动轴承的最大允许温度为 95 ℃。在实际工作中,如没有温度表或半导体点温计,也可以用手触摸轴承座,如果感到烫手,则说明温度过高,必须停机检查。

(3)检查动力机的温度,如果温度过高,必须立即停机检查。

(4)注意仪表指针的变化。一般泵站都装有电流表、电压表和功率表,有的泵站还装有真空表和压力表。在运行正常的情况下,仪表指针应基本稳定在一个位置上。如果仪表指针有剧烈变化和跳动,应立即查明原因。对于电动机,应注意电流表的读数是否超出额定值。一般不允许电动机长期超载运行。

(5)在运行中,应注意进水位的变化,如进水池水位低于最低设计水位,水泵应停止工作,以免发生汽蚀,损坏叶轮和其他零部件;注意调整进水流态,使进水池的水流平稳均匀,不产生旋涡,避免水中夹气进入叶轮,引起汽蚀。对轴流泵可调整叶片安装高度,使工作点转移到汽蚀余量较少的区域等。

(6)进水池的防污和清淤。及时清除水泵进水口或进水池拦污栅前的杂草等漂浮物,以防止吸入水泵,使水泵效率下降,甚至击碎叶片。进水池中的淤泥,会使进水流态发生变化,影响水泵效率,应及时清淤,使水流畅通,流态均匀。对于多机组共用的进水池,运行时,要合理调度,对称开机运行,以减少池内泥沙的淤积。

(7)做好泵站运行记录。泵站运行记录数据是泵站经济运行或进行经济分析的重要依据,对判断泵站技术状况以及做出相应的决策都有着重要意义。所以,泵站值班人员必须认真做好运行记录,把出水量、压力表、真空表、电流表、电压表等技术数据准确地记录下来。对于机组的异常情况,还应增加记录内容,以便分析原因,及时排除。

(三)水泵停机

水泵的类型不同,停机的操作方法和步骤也有所不同。

(1)离心泵停机时,先缓慢关闭出水管上的闸阀,然后切断电源,停止电动机转动。停泵后,将真空表、压力表及冷却水管阀门关闭,再做好泵体清洁卫生和保养工作。

(2)轴流泵在停机时,可直接切断电源,使电动机停止运转,水即停止运行,然后关闭冷却水及轴承润滑管上的阀门。

(3)若为多台机组,应逐台停机。

(4)水轮泵停机时,闸门或活动导水叶要关严,以免漏水时水轮泵继续低速运转,烧毁橡胶轴承。

(5)深井泵停机后不能立即再次启动,以防产生水流冲击,一般间隔 5 min 后再启动。对于长期停止运行的深井泵,最好每隔几天运行一次,以防零部件的锈死。

(6)冬季长时间停机时,应将泵壳下部螺丝打开,放空泵内的余水,以防止冻裂。

任务二　水泵的故障与排除

【学习目标】1.理解水泵故障的现象、原因以及排除方法。

2.掌握水泵的检修。

一、水泵的故障

水泵的故障通常是由于选型与安装不合理、操作维护不当、长期使用水泵零件磨损与损坏,或产品质量有问题等所引起的。发生故障后,影响正常运行,应及时排除,否则有可能造成事故。

水泵常见的故障大体上可分为水力故障和机械故障两类。现将叶片泵可能发生的故障、产生的原因及其排除方法列表介绍如下,见表10-1、表10-2。

表10-1　离心泵、混流泵的故障原因与排除方法

故障现象	故障原因	排除方法
水泵不转或使电动机堵转	1.叶轮与泵体之间被杂物卡住或堵塞 2.泵轴弯曲 3.泵轴或轴承锈住 4.轴承损坏 5.填料太紧 6.叶轮与密封环锈住,或间隙太小 7.安装不符合要求,使转动部分与固定部分失去间隙 8.电动机负荷太大,功率不配套 9.电动机有故障或电压太低 10.水泵停机时未放水,或放水未尽而结冰	1.拆开泵体,清除杂物 2.校正或更换泵轴 3.拆开清洗、加润滑油 4.更换轴承 5.放松填料,进水冷却 6.拆开除锈或更换密封环 7.重新装配 8.降低转速或更换电动机 9.排除故障或待电压正常再开机 10.加热化冰后再启动,注意停机后放水
水泵不出水	1.充水不足或真空泵未将泵内空气抽尽 2.进水口悬空或接近水面或进水管漏气严重 3.泵体及填料函处严重漏气 4.底阀锈住或被杂物卡住或被污泥淤堵 5.装置扬程超过泵的总扬程,水泵转速太低 6.装置吸程太高 7.水泵反转 8.水泵叶轮损坏严重 9.叶轮螺母及键脱出 10.叶轮装反 11.进水管安装位置不正确,内有气囊存在	1.排除故障,继续充水或抽气 2.吸水口应下落至动水位以下或处理进水管漏气 3.检查泵体连接处,压紧或更换填料 4.针对故障排除 5.更换水泵或适当提高转速 6.降低水泵安装高程 7.改变转向 8.更换新叶轮 9.修理紧固 10.重装叶轮 11.改装进水管道,消除隆起部分

续表 10-1

故障现象	故障原因	排除方法
水泵出水量不足	1.进水管淹没深度不够,空气吸入泵内	1.增加淹没深度或在进水管附近水面上铺放木板,阻止空气进入
	2.进水管路接头处或填料函漏气	2.堵塞漏气处,调整填料
	3.进水管路的滤网或叶轮缠有水草杂物	3.清除杂物
	4.底阀、逆止阀、闸阀开启度不够	4.清除故障,使其正常开启
	5.管路太细,底阀或进水口太小,增加损失	5.更换适当的管道或底阀
	6.装置吸程或装置总扬程超高	6.降低安装高程,减小管路损失等
	7.功率不足,使原转速下降	7.加大动力,升高至额定电压
	8.配套转速偏低	8.调整到额定转速
	9.口环或叶轮磨损间隙大或局部损失	9.更换口环或叶轮
	10.几个进水管排列过密,水面有漩涡,吸入空气	10.加大排列间距,或采用办法破坏旋涡
水泵耗用功率大	1.水泵转速偏高	1.调整传动比,降低转速
	2.泵轴弯曲	2.校正泵轴
	3.填料压得太紧	3.旋转压盖螺丝或调整填料
	4.流量或扬程超过使用范围(离心泵扬程低)	4.调整流量、扬程或关小出水闸阀,降低轴功率
	5.直联两轴不同心或皮带较紧	5.校正机泵同心度,适当放松皮带
	6.叶轮螺母松脱,叶轮与泵有摩擦声	6.拧紧螺母
	7.泵内有泥沙和杂物	7.清除泥沙或杂物
	8.轴承磨损过重或损坏	8.更换轴承
	9.转动部件有摩擦	9.调整、修理或更换摩擦件
	10.泵轴转动部位有锈	10.拆泵,除锈
水泵有杂声和振动	1.水泵基础不稳固或地脚螺栓松动	1.加固基础,拧紧地脚螺栓
	2.联轴器不同心或结合不好	2.校正调准
	3.轴弯曲或轴承磨损较重	3.校直或更换轴,更换轴承
	4.转动部件松动或破裂	4.消除松动,更换破裂件
	5.泵转子平衡性差	5.进行静平衡试验调整
	6.闸阀阀片活动	6.整修后,正确安装
	7.吸程过高,吸水管有空气渗入	7.降低安装位置,堵塞漏气
	8.进水管路淹没深度不够,产生汽蚀	8.增加淹没深度
	9.管路不牢,支撑不稳	9.紧固管路,稳定支架
	10.泵流量过大	10.适当关闭闸阀

续表 10-1

故障现象	故障原因	排除方法
轴承发热	1.润滑油量不足,轴承干磨或油不清洁 2.润滑油失效或加得太多 3.轴承装配不正确或间隙不适当 4.轴承损坏 5.联轴器不同心或轴弯曲 6.轴向推力过大 7.轴承压盖压得过紧 8.轴承已磨损或松动 9.皮带太紧 10.水漏到轴承盒内把油冲掉	1.加油或换油保养 2.换新润滑油,油量要适度 3.检查后正确安装 4.更换轴承 5.调整同心度,更换泵轴 6.检查并消除推力大的原因 7.调整到一定的间隙(0.5~1 mm) 8.检修或更换轴承 9.调整松紧程度或另设皮带轮支架(如S、Sh 型泵) 10.加填料密封,换新油
填料函发热或漏水过多	1.填料压得太紧或太松 2.水封环位置不对,填料函不进水,发生干磨 3.填料磨损过多或轴套磨损 4.填料材质不符合要求或变质老化 5.填料缠法不对 6.轴弯曲或摆动 7.轴或轴套表面有损伤 8.轴承磨损大,泵轴振动	1.调整压盖的松紧程度 2.调整水封环位置,使其正好对准水封管口 3.更换填料或轴套 4.填料为棉质方形,浸入牛油中煮透,外面涂上黑铅粉 5.取出,按正确方法缠绕 6.校直或更换泵轴 7.修理损伤处 8.更换轴承

表 10-2　轴流泵的故障原因与排除方法

故障现象	故障原因	排除方法
电动机超负荷	1.装置扬程过高,出水管有堵塞或管路拍门未全部开启 2.水泵超转速 3.橡胶轴承磨损,泵轴弯曲,叶片外缘与泵壳摩擦 4.叶片缠有杂草、杂物 5.进水池不符合要求,两泵抢水造成漩涡 6.水源含沙量大,增加了水泵的轴功率 7.叶片安装角度超过扬程 8.水泵流量偏大,扬程偏高,配套不当	1.增加动力,清理出水管路或在拍门后设置平衡锤 2.转速降至额定值 3.更换橡胶轴承,检查叶片磨损程度,重新调整安装 4.清除杂物,进水口加做拦污栅 5.改造进水池,注意水位不能降低过大 6.含沙量超过 12%时,则不宜抽水 7.调整叶片安装角度 8.适当降低转速,更换配套的动力机

续表 10-2

故障现象	故障原因	排除方法
水泵出水量减少	1.叶片外圆磨损或部分被打磨 2.装置扬程超高或水管阻塞 3.叶轮淹没深度不够 4.水泵转速低 5.叶片安装角度太小 6.叶片缠绕杂草杂物 7.进水池过小,水补给慢,水位降低较大 8.多台机抢水,水泵进口离池底或池壁太紧 9.进水喇叭口被淤泥堵塞	1.修理或更换 2.减小装置扬程,清除堵塞物 3.降低水泵安装高程 4.适当提高转速或更换动力机 5.调整叶片安装角度 6.清除杂草杂物 7.适当加大进水池 8.机组安装距离要符合规定尺寸 9.清理淤泥
水泵运转有杂音或震动	1.叶片外缘与进水喇叭口有摩擦 2.泵轴与传动轴弯曲或安装不同心 3.水泵或传动装置地脚螺栓松动 4.水泵部分叶片击碎或脱落 5.水泵叶片缠有杂草杂物 6.叶片安装角度不一致 7.水泵层大梁震动大 8.进水流态不稳,产生旋涡 9.刚性联轴器四周间隙不一,不同心 10.轴承损坏或缺油 11.橡胶轴承紧固螺栓松动或脱落 12.叶轮螺母松动或联轴器销钉松动 13.几台水泵排列不当 14.平皮带接口不正确 15.产生汽蚀	1.检查并调整叶轮部件和泵轴垂直度 2.校正泵轴垂直度,调整同心度 3.加固基础,拧紧螺帽 4.调换或安装叶片 5.停车回水冲杂物,进口加装拦污栅 6.调整安装角度,使其一致 7.正确安装水泵,加固大梁 8.降低安装高程,后墙和各泵之间加隔板消除旋涡 9.调整泵安装位置 10.更换轴承或加油 11.及时修理 12.拧紧松动螺母或更换销钉 13.采取防震措施或重新排列 14.按正确方法连接 15.改善吸水条件、调节工况点
水泵不出水	1.水泵反转 2.水泵转速太低或不转 3.水泵叶片装反 4.叶片断裂或松动 5.叶轮叶片缠绕大量杂草杂物 6.叶轮淹没深度不够	1.改正旋转方向 2.提高转速,排除不转因素 3.重新正确安装 4.调整或更换叶片 5.停车回水冲杂草杂物或人工去除 6.降低安装高程

二、水泵的检修

通过维护修理,可及时发现问题,消除隐患,预防事故,保证机组运行的稳定性、可靠性,提高设备的完好率和利用率,并延长使用寿命。

(一)定期检修

水泵机组检修一般分为日常维护和定期检修两大类。日常维护是经常性的工作,一般在机组运行中,随时发现,及时处理。而定期检修是计划管理的一个重要组成部分,是解决运行中出现的且需要一定时间和资金方可修复的问题,或者尚未出现问题,但按规定必须检查检修的项目。

定期检修是为避免让小缺陷变成大缺陷、小问题变成大问题,从而造成事故。为了延长机组使用寿命、提高设备完好率和节约能源,必须认真地、有计划地进行定期检修。

定期检修又分局部性检修、机组解体大修和扩大性大修三种。

1.局部性检修

局部性检修是指运行人员对直接接触的部件,如传动部分、自动化元件及保护设备等进行的检修。局部性检修一般安排在检修周期内、运行间隙中有计划地进行,为安全运行创造条件,为进行不同性质的检修提供依据。因此,检查要仔细,检修要认真,记录要完备。至于检修的间隔时间,可根据不同内容和运行中发生的问题来确定。

2.机组解体大修

机组解体大修就是通常说的机组大修。通过机组大修能够消除设备的重大缺陷,以恢复机组各项指标。大修是一项需要消耗一定人力、物力、财力的繁重复杂的工作,它包括解体(拆卸)、处理(测量、记录、分析、修理)和再安装三个环节。因此,大修时要拆卸机组哪些部件和机构、拆除量的大小,要视机组设备的损坏程度确定。

机组大修是一项有计划地对水泵机组各个部件进行分解、检查、处理,更换易损件、修复磨损件的工作,必要时还要对机组的水平、摆度、同心度等进行调整。

3.扩大性大修

扩大性大修是指由于泵房不均匀沉陷或地震引起机组轴线偏移、垂直同心度发生变化,甚至固定部件也受到影响,埋藏着严重的事故隐患,或者零部件严重磨损、损坏,导致整个机组性能及技术经济指标严重下降,必须进行的整机(包括固定部分)全部解体,重新修复、更换、调整并进行部分改造,必要时还要对水工部分进行修补。

(二)主机组检修周期

根据《泵站技术管理规程》(SL 255—2000)规定,主机组检修周期应根据机组的技术状况和零部件的磨损、腐蚀、老化程度以及运行维护条件来确定,可按表 10-3 的规定取值,亦可根据具体情况提前或推后。

表 10-3 主机组检修周期

设备名称	大修		小修	
	日历时间(年)	运行时间(h)	日历时间(年)	运行时间(h)
主水泵	3~5	2 500~15 000	1	1 000
主电动机	3~8	3 000~20 000	1~2	2 000

在确定大修周期和工作量时,应掌握以下原则:

(1)如果没有特殊情况,应尽量避免拆卸技术性能良好的部件和机构,因为在拆卸和装配的过程中可能会造成损坏或不能满足安装精度的要求。

(2)应尽量延长检修周期。要根据零部件的磨损情况、类似设备的运行经验、设备运行中的性能指标等确定检修周期。当有充分把握保证机组正常运行时,就不安排大修;也不能片面地追求延长大修周期,而不顾零部件的超常磨损。因此,大修要有针对性地进行,以保证机组正常效益的发挥。

(3)尽量避免全面分解、拆卸机组的零部件或机构,特别是那些精度、光洁度、配合要求高的部件和机构。

任务三　泵站的技术经济指标与管理

【学习目标】1.理解泵站的技术经济指标。
2.掌握泵站的节能措施。

泵站技术管理包括机电设备运行管理、机电设备检修管理、工程管理、调度管理、安全管理及科学试验和技术档案管理等方面,根据水利部发布的《泵站技术管理规程》(GB/T 30948—2014)的规定,泵站技术管理的基本内容如下:

(1)根据《泵站技术管理规程》(GB/T 30948—2014)和国家有关规定,制定泵站运行、维护检修、调度及安全等规程及规章制度。

(2)完善管理机构,明确职责范围,建立健全岗位责任制。

(3)做好泵站设备和建筑物的运行及维护检修、运用调度、安全环境、信息等管理工作。

(4)认真总结经验,开展更新改造和技术创新,采用和推广新技术、新设备、新材料、新工艺。

(5)按照泵站技术经济指标,考核泵站技术管理工作。

一、泵站的技术经济指标

泵站的技术经济指标是衡量泵站工程与设备的技术性能、选型的合理性、工程设计水平、配套程度、用(排)水技术、管理水平等的综合指标。泵站的技术经济指标一般有以下几项。

(一)工程完好率

泵站工程包括主泵房及进出水建筑物、流道(管道)、闸涵等。工程完好率 K_{jz}(%)可由下式计算:

$$K_{jz}=\frac{N_{wj}}{N_j}\times 100\% \tag{10-1}$$

式中　K_{jz}——建筑物完好率,即完好的建筑物数与建筑物总数的百分比;

N_{wj}——完好的建筑物数;

N_j——建筑物总数。

建筑物完好率应达到85%以上,其中主要建筑物的等级不低于二类建筑物标准。完好建筑物是指建筑物评级达到一类标准或二类标准。

(二)设备完好率

泵站主要设备包括主水泵、主电动机、主变压器、高压开关设备、低压电器、励磁装置、直流装置、保护和自动装置、辅助设备、压力钢管、真空破坏阀、闸门、拍门及启闭设备等。

设备完好率是反映泵站主要设备技术状态好坏的重要指标。水泵机组技术状态良好的标准是:各种设备性能良好,在灌溉排涝季节,主辅机及附属设备可随时投入运行,运行状态和技术性能良好。设备完好率 K_{sb} 可按下式计算:

$$K_{sb} = \frac{N_{ws}}{N_s} \times 100\% \tag{10-2}$$

式中 K_{sb}——设备完好率,即泵站机组完好的台套数与总台套数的百分比;

N_{ws}——机组完好的台套数;

N_s——机组总台套数。

设备完好率不应低于90%,其中主要设备的等级不应低于二类建筑物标准。对于长期连续运行的泵站,备用机组投入运行后能满足泵站提排水要求的,计算设备完好率时,机组总台套数中可扣除轮修机组数量。完好设备是指设备评级达到一类标准或二类标准。

(三)泵站效率

泵站效率为泵站输出的有效功率与泵站输入功率的比值。泵站效率可按下列公式计算。

测试单台机组:

$$\eta_{bz} = \frac{\rho g Q_b H_{bz}}{1\,000 P} \times 100\% \tag{10-3}$$

式中 η_{bz}——泵站效率(%);

ρ——水的密度,kg/m^3;

g——重力加速度,m/s^2;

Q_b——水泵流量,m^3/s;

H_{bz}——泵站净扬程,m;

P——电动机输入功率,kW。

测试整个泵站:

$$\eta_{bz} = \frac{\rho g Q_z H_{bz}}{1\,000 \sum P_i} \times 100\% \tag{10-4}$$

式中 η_{bz}——泵站效率(%);

ρ——水的密度,kg/m^3;

g——重力加速度,m/s^2;

Q_z——水泵流量,m^3/s;

H_{bz}——泵站净扬程,m;

P_i——第 i 台电动机输入功率,kW。

泵站效率应根据泵型、泵站设计扬程或平均净扬程以及水源的含沙量情况，符合表 10-4的规定。

表 10-4 泵站效率规定值

泵站类型		泵站效率(%)
轴流泵站或导叶式混流泵站	净扬程小于 3 m	≥55
	净扬程为 3~5 m(不含 5 m)	≥60
	净扬程为 5~7 m(不含 7 m)	≥64
	净扬程 7 m 及以上	≥68
离心泵站或蜗壳式混流泵站	输送清水	≥60
	输送含沙水	≥55

(四)能源单耗

泵站的能源单耗是指泵站每提水 1 000 t、扬高 1 m 所消耗的能量。其计算公式为

$$e = \frac{\sum E_i}{3.6\rho \sum Q_{zi} H_{bzi} t_i} \tag{10-5}$$

式中 e——能源单耗，kW · h/(kt · m)(电)或 kg/(kt · m)(燃油)；

E_i——泵站第 i 时段消耗的总能量，kW · h(电能)或 kg(燃油量)；

Q_{zi}——泵站第 i 时段运行时的总流量，m^3/s；

H_{bzi}——第 i 时段泵站平均净扬程，m；

t_i——第 i 时段的运行历时，h。

能源单耗具体反映了泵站的机泵配套、设备效率、水头损失和水泵机组的运行工况等综合的装置效率，是一项重要的技术经济指标。能源单耗越低，泵站的效率越高，二者呈反比关系。

水泵以电动机为动力时
$$\eta_{bz} = \frac{2.72}{e} \times 100\% \tag{10-6}$$

水泵以柴油机为动力时
$$\eta_{bz} = \frac{0.6}{e} \times 100\% \tag{10-7}$$

(五)供排水成本

供排水成本是指正常供排水生产过程中所耗费的物化劳动和活劳动之和。供排水成本包括电费或燃油费、水资源费、工资、管理费、维修费、固定资产折旧费和大修理费等。供排水成本的核算有三种方法，各泵站可根据具体情况选定适合的核算方法，分别按以下公式计算。

(1)按单位面积核算：

$$U = \frac{f\sum E + \sum C}{\sum A} \quad (元/hm^2) \tag{10-8}$$

(2)按单位水量核算：

$$U = \frac{f\sum E + \sum C}{\sum V} \quad (元/m^3) \tag{10-9}$$

(3)按单位重量、单位高度核算：

$$U = \frac{1\,000(f\sum E + \sum C)}{\sum VH_{bz}} \quad [元/(kt \cdot m)] \tag{10-10}$$

式中　U——供排水成本；

f——电单价，元/(kW·h)或燃油单价，元/kg；

$\sum E$——供排水作业消耗的总电量，kW·h或燃油量，kg；

$\sum C$——除电费或燃油费外的其他总费用，元；

$\sum A$——供排水的实际受益面积，hm^2；

$\sum V$——供排水期间的总提水量，m^3；

H_{bz}——供排水期间的泵站平均扬程，m。

供排水成本宜在同类泵站间比较。

(六)供排水量

供排水量是指某一时段泵站出口供水或排水总量，可以通过测得泵站平均流量和运行时间来计算，其计算式为

$$V = \sum Q_{zi} t_i \tag{10-11}$$

式中　V——供排水量，m^3；

Q_{zi}、t_i——泵站第 i 时段的平均流量，m^3/s 和第 i 时段的历时，s。

(七)安全运行率

安全运行率是泵站机组安全运行台时数与包括机组因设备和工程事故停机在内的总台时数之比，其计算式为

$$K_a = \frac{t_a}{t_a + t_s} \times 100\% \tag{10-12}$$

式中　K_a——安全运行率(%)；

t_a——主机组安全运行台时数，h；

t_s——因设备和工程事故，主机组停机台时数，h。

泵站安全运行率应分别符合下列规定：

(1)电力泵站不应低于98%；

(2)内燃机泵站不应低于90%。

对于长期连续运行的泵站，备用机组投入运行后能满足泵站提排水要求的，计算安全运行率时，主机组停机台时数中可扣除轮修机组的停机台时数。

(八)财务收支平衡率

财务收支平衡率是泵站年度内财务收入与运行支出费用的比值。泵站财务收入包括国家、地方财政补贴，水费，综合经营收入等；运行支出费用包括电费、油费、工程及设备维修保养费、大修费、职工工资及福利费等。财务收支平衡率可按下式计算：

$$K_{cw} = \frac{M_j}{M_c} \tag{10-13}$$

式中 K_{cw}——财务收支平衡率；

M_j——资金总流入量，万元；

M_c——资金总流出量，万元。

财务收支平衡率指标 K_{cw} 不应低于 1.0。

二、泵站节能与技术改造

由于设备条件、规划设计以及其他历史因素，在已建的泵站中普遍存在着选型配套不合理、装置效率低或设备陈旧落后、质量不高的问题，有的泵站还由于经济管理差、渠系水利用系数低、渗漏和浪费严重，能源消耗大大增加。从技术上和组织上采取各种措施来节约能源，对现有装置效率低的泵站进行技术改造，以挖掘设备潜力，提高工程效益，是十分重要的工作。

(一)水泵机组的技术改造

水泵选型不合理或水泵已属更新换代的低档产品都会使水泵装置的效率降低，影响泵站的八项技术经济指标。同时，应对水泵装置运行工况进行测试，检查水泵是否运行在高效区内，水泵及动力机的产品质量及运行特性是否符合厂家给定的技术指标。对于那些选型不合理或因设备陈旧使能源消耗大幅度增加、单位能耗高的水泵装置，应进行调整、技术改造或更新换代，常采用的技术改造措施有以下几种。

1.调节水泵的运行工况点

对于由于选型不合理的水泵应首先考虑采用水泵调节的技术措施，使水泵的运行效率提高。

1)车削调节

对于选择水泵的扬程高于装置需要扬程的离心泵，可采用车削调节的方法，降低水泵的扬程，提高水泵的效率。这种方法最简便，不需要增加新的设备。

2)变速调节

对于泵站扬程变化较大，而且多年平均扬程与水泵扬程相差甚远，无法采用车削叶轮的方法(由于车削量超过了最大允许车削量)进行调节时，可以采用变速调节的方法进行技术改造。此外，混流泵和轴流泵无法进行车削调节，变速调节提高水泵效率也是行之有效的。

3)变角调节

轴流泵常用变角调节的方法来适应泵站扬程和流量的变化。水泵出厂时，其叶片角度一般安放 0°。当水泵的工作扬程和额定扬程相差较大时，水泵工作在低效区，装置效率低，水力性能差，可调节水泵的安装角，适应泵站的扬程变化，提高水泵运行的效率。

2.改善水泵的运行条件，提高水泵的效率

由于加工和安装质量往往影响水泵的效率，使水泵不能充分发挥其效益。通过监测，发现水泵的工作特性与设计值相差较大时，应对水泵的运行条件、加工精度、安装质量进行全面检查，改善水泵的运行条件，提高其运行效率，一般有以下技术措施：

(1)保证和提高水泵过流部分的光洁度。对叶轮叶片表面进行检查，用手提砂轮磨去叶片表面的铸造粗粒，再用油石粗磨，提高其光洁度。

(2)降低水泵的安装高程。若水泵的安装高度高于允许高度，水泵将产生汽蚀现象，使水泵的流量、扬程、效率都大幅度降低，长期运行还会导致水泵外壳内壁和叶片蚀坏，使水泵的运行条件恶化，因此应降低水泵的安装高程，确保水泵的吸程小于允许吸程，轴流泵应有足够的淹没深度。

(3)旧泵定期检查、修补或更换旧损零件。水泵长期运行后，可能发生轴承偏磨、减漏环磨损或水泵叶轮蚀坏等，增加水泵的泄漏损失，应立即修补或更换旧损零部件，恢复水泵的性能。

3.更新陈旧、低效的水泵

对于运行多年、设备陈旧、无法修复使其恢复性能和工厂粗制滥造的低档产品，通过试验确认效率很低，能源浪费很大，可以考虑更新换代。更新换代的水泵应通过技术经济比较后才能进行，不要草率行事。

4.对动力机进行技术改造

动力机和水泵不配套，不同程度地存在着“大马拉小车”或“小马拉大车”的现象，也是目前泵站装置效率低的主要原因之一。当电动机的负载率(运行功率与额定功率之比)小于0.7时，应设法调整。电动机的负载率为0.4时，电动机的效率要下降7%左右，因此这既不能充分发挥设备的效益，又大量地浪费了能源，应立即予以更换。

(二)管道的节能与技术改造

管道效率的高低直接影响到水泵的能源消耗，因此管道的节能与技术改造也是泵站技术改造、提高装置效率的重要方面。

1.选配经济管径的管道更换旧管道

如果泵站设计时选择的管径偏小，将导致管路效率显著下降，对于这种情况，可以结合泵站技术改造，进行扩管，更换经济管径的管路。但由于更换管道需要增加工程投资，其中包括管路材料费、安装费、旧管的拆卸费等，因此更换管道应进行技术经济分析。首先选配经济管径，然后分别计算出更换管道前后的水泵装置效率和能源单耗，并将工程投资用折旧率折算成年成本，若扩管的节能效益大于改造的成本费则可认为是经济的，其差额越大越经济。

2.减小进出水管的水力损失

减小管道的水力损失可以提高管路效率，其主要措施有：减少弯头数目，缩短管道的长度；减少不必要的阀件，在有条件的地方，尽可能地取消三阀(底阀、闸阀、逆止阀)，更换年久锈蚀的管道，改用糙率小、内壁光滑、阻力损失小的管道。确保管道不漏水、漏气，密封性能良好。当管道法兰连接不好，或管道破裂，使管道的密封性能变坏时，在负压处(如进水管和虹吸式出水管的驼峰部分)就会进入空气，在正压处就会造成漏水损失。

进水管进入空气，不仅会增大进水管的水力损失，而且会使水泵效率大大降低，严重的甚至使水泵完全停水。虹吸式出水管进入空气，会破坏虹吸的形成，增加水泵的工作扬程，或由于虹吸管中形成气囊，使管道中压力不稳定，导致水泵运行状态的不稳定，影响水泵的效率。泵站工作人员应定期检查管路系统，及时地修补或更换管道，加固或填充管道连接处,防止漏水、漏气。

(三)进、出水池的技术改造

在已建的泵站,由于进水流态不好,影响水泵的吸水条件,降低水泵的效率,增加能源消耗,甚至使机组产生强烈的振动和噪声;出水形式不好,增加出水损失,降低水泵的装置效率。因此,对已建泵站进行技术改造时,应提高进水池和出水池的效率。一般有以下技术措施:

(1)选择合理的进水池形式和尺寸,使水流平顺地进入水泵;进水池入口的流速应尽量减慢,一般应在 0.6 m/s 以下,水泵进水管入口的行近流速约以 0.3 m/s 为宜。

(2)防止回流和漩涡的发生。对于侧向进水的泵站,应通过水力模型试验设置导流墩。当发现水泵进水池产生空气吸入涡或附壁式漩涡时,可设置纵横隔板、底台、十字栅、锥形台等,防止漩涡的发生。

(3)减少拦污栅的能量损耗。进口拦污栅设计不合理,或杂草堆积太多,不仅使进水池的水位下降,增加水泵的工作扬程,而且会使进水条件变坏,增加进水池的行近流速,影响水泵的性能。有些泵站采用圆钢做拦污栅,应该用 6~12 mm 的扁钢制作,拦污栅应有一定的倾角,以便清除杂草等污物。

(4)改变“高射炮式”的出流方式。已建的中、小型泵站中,“高射炮式”的出流方式屡见不鲜。由于其管道出口的高程高于出水池的水位,使水泵增加了两者之间高差这部分净扬程,因而降低了装置的效率。对于这类泵站,可以将管道出口改为虹吸式出流,或者将出水池改建延伸,拆除“高射炮”部分的管道,改为淹没式出流的方式,管路出口改装拍门,以防止停泵后水流倒泄。尽管拍门也会有一定的阻力损失,但一般比这种“高射炮式”的损失小得多,从而提高了水泵的装置效率。

三、泵站管理

泵站管理是泵站安全、高效运行的重要保证。加强泵站的科学管理,不断提高泵站管理水平,能使机电设备和水工建筑物长时间保持良好的运行状态,延长泵站设备及建筑物的使用寿命,降低运行费用,充分发挥设备的综合效益。

(一)管理任务和内容

泵站管理的内容一般包括组织管理、工程管理、设备管理、用水管理、财务管理等。

1.组织管理

建立健全精干的管理组织,制定合理的规章制度是避免事故、实行安全生产、提高运行水平的重要保证。由于泵站的性质、规模不同,所以管理人员的组成也不相同。一般的灌排泵站通常应设站长、技术员、运行班长与值班员四个职位,建立严格的岗位责任制。泵站管理人员应各负其责,相互配合,协调工作。

2.工程管理

工程管理的任务是搞好工程的控制运用、配套更新,以保证工程完好,确保工程安全,延长使用寿命,充分发挥效益。工程管理的主要内容是泵站建筑物的管理与运用、渠道及其建筑物的管理与运用。

3.设备管理

水泵机组安装投入运行后,要建立设备管理档案,可根据管理档案进行定期检查与维护。管理档案中要明确记载水泵机组的购入时间、制造厂名、主要工作参数以及检查、修理等情况。泵站要有运行日志,记录开机、停机时间,电力或油料消耗,流量与扬程的变化,机组维修保养等情况。通过对运行日志记录情况进行分析,有助于做好泵站的设备管理。

4.用水管理

为提高用水管理水平,做到科学调度、节约能源,充分发挥机电设备效益,泵站要制定合理的用水管理制度,实施计划用水。

5.财务管理

泵站财务管理的目的是利用经济手段,搞好财务核算,提高经营管理水平,努力降低成本,并结合实际开展多种经营,多途径合理组织收入,保证泵站有一定的盈利水平。

(二)管理制度

建立健全科学合理的管理制度是充分发挥泵站抽水作用和提高泵站经济效益的必要举措。管理制度的合理与否,主要取决于制度是否切实可行,是否有利于管理、有利于安全生产。制定泵站管理制度,要做好调查研究,而且要从生产实际出发。对于中、小型泵站,要结合设备的具体情况和运行特点,制定必要的交接班制度和安全生产制度等。

1.运行维修制度

运行维修制度包括开停机制度、值班巡视制度、检查维修制度等。开停机制度主要包括机组的开机程序、停机程序与临时停机程序,以及有关的规定和要求等。值班巡视制度主要包括机组开机后,值班人员应尽的职责和必须遵守的各项工作制度等。检查维修制度主要包括对机组进行经常检查及维修时应遵循的规定和要求等。

2.定期检查制度

定期检查制度主要包括以下内容:

(1)每天检查轴承温度、水泵进出口的压力、动力机的输入功率及运行状态、填料函的渗漏、声音是否正常、振动和噪声等。

(2)每月检查一次泵与动力机传动设备的状态、润滑油是否变质、填料和轴套的情况等。

(3)每年检查一次机组转动部分的磨损状态、密封环等转动部位的间隙、泵壳内部和叶轮的汽蚀状况、底阀和逆止阀是否完好等。

3.交接班制度

建立交接班制度主要是为了增强泵站工作人员的组织性、纪律性和责任心。交接班制度主要包括交接班的时间、交接班时的工作转接要求、对接班人员的要求、对交班人员的要求等。

4.安全生产制度

建立安全生产制度是保证泵站安全运行的前提条件,泵站所有工作人员都应严格遵守。其内容主要包括限制无关人员随意进入泵房;带电和转动部分的保护;高压电气设备的安全操作与保护;开关控制设备的正确操作顺序与要求;值班人员的身心健康等。

项目小结

本项目设置了三项任务，主要讲述了水泵机组的运行、维护、故障、检修以及泵站的技术经济指标与管理。

水泵机组在运行前要对设备进行检查，运行的过程中要正确地进行操作，并加强对机组的巡视检查，出现故障及时排除。通过维护修理，可及时发现问题，消除隐患，预防事故，保证机组运行的稳定性、可靠性，提高设备的完好率和利用率。

泵站八项技术经济指标是：工程完好率、设备完好率、泵站效率、能源单耗、供排水成本、供排水量、安全运行率和财务收支平衡率。泵站中普遍存在着装置效率低的问题，可从技术上和组织上采取各种措施来节约能源，对现有装置效率低的泵站进行技术改造，提高工程效益。

泵站管理的内容一般包括组织管理、工程管理、设备管理、用水管理、财务管理等。通过对泵站进行科学管理，可以使泵站高效安全运行，充分发挥设备的综合效益。

复习思考题

1.水泵机组运行中的检查内容有哪些？
2.离心泵运行时有杂声和振动，其主要原因有哪些？
3.离心泵运行时轴承发热的主要原因有哪些？
4.离心泵启动后不出水的主要原因是什么？
5.水泵机组检修的目的是什么？
6.泵站的技术经济指标有哪些？
7.泵站的节能措施有哪些？
8.泵站管理的目的和内容是什么？

项目十一　泵站设计实例

任务一　泵站基本资料

一、气象资料

某地区建设一座明渠引水灌溉站，当地灌溉季节最高气温 39 ℃，最高水温 25 ℃。冬季最低气温-8 ℃，冻土层厚度 0.3 m。主导风向夏季为东南风，冬季为东北风。

二、工程地质与水文资料

灌溉站站址处土壤为黏壤土，干容重 12.74~16.66 kN/m^3，湿容重 17.64 kN/m^3，黏结力 19.6 kN/m^2，土壤内摩擦角 25°，地基允许承载力$[P]=215.6\ kN/m^2$。水源边有南北向公路经过，路旁有 10 kV 高压线，供电容量足够。当地主要有石料、黄砂等建筑材料可供使用。

灌溉站设计流量为 1.6 m^3/s，渠底比降 $i=1/6\ 000$，底宽 b 为 2.1 m，边坡系数 $m=1.5$，糙率 $n=0.025$，最高运行水位 192.7 m，最低运行水位 191.7 m。进水池设计水位 192.18 m，最高运行水位 192.58 m，最低运行水位 191.58 m。出水池设计水位 217.48 m，最低运行水位 217.18 m。

三、工程等级及地震设防标准

灌溉站设计等别为Ⅳ等，规模为小(1)型，主要建筑物为 4 级，次要建筑物为 5 级。建筑物抗震设防烈度为Ⅷ度。

任务二　泵站设计

一、水泵选型与设备配套

(一)水泵选型

根据水泵选型原则按下列顺序进行。

1.确定设计流量

设计流量 $Q=1.6\ m^3/s$。

2.确定设计扬程

设计扬程 $H=H_{净}+h_{损}$。式中 $H_{净}$为进出水池设计水位差，即 $217.48-192.18=25.3$(m)，$h_{损}$为管路水头损失，按 $0.2H_{净}$估算，则 $H=25.3+0.2\times25.3=25.3+5.06=30.36$(m)。

3.确定泵型方案

依据泵站设计流量 1.6 m^3/s 和设计扬程 30.36 m,决定选用双吸离心泵。查水泵资料中的水泵性能表得 14Sh-19 与 20Sh-13A 两种泵型均符合要求,进行方案比较,它们的性能如表 11-1 所示。

表 11-1 泵型方案性能比较

方案	型号	流量 Q (L/s)	扬程 H (m)	转速 n (r/min)	功率 P		效率 η (%)	允许吸上真空高度 H_{sa}(m)	质量 (kg)
					轴功率 (kW)	电机功率 (kW)			
Ⅰ	14Sh-19	270 350 400	32 26 22	1 450	99.7 102 105	125	85 88 82	3.5	898
Ⅱ	20Sh-13A	417 520 621	34.4 31 25.8	970	164 186 197	220	82 85 79	4.0	2 330

4.确定台数及方案比较

依据泵站设计流量 1.6 m^3/s,主泵台数宜为 3~9 台。用关系式 $i=Q_{站}/Q_{泵}$ 确定两种泵型所需台数。14Sh-19 型泵 $i=1.6/0.35=4.6$(台),取 5 台;20Sh-13A 型泵 $i=1.6/0.52=3.1$(台),取 3 台。两种泵型方案比较见表 11-1。

经过比较,选用 5 台 14Sh-19 型泵方案,虽然台数较多,基建投资较大,且安装高度小,对泵房的通风散热有不利影响,但它的机组质量轻,便于维护和检修,台数较多,流量发生变化时,适应性较强,供水可靠性好,灌溉保证率高。两相比较,各有利弊。本设计决定选用 5 台 14Sh-19 型泵这一方案。

(二)动力机配套

动力机配套包括动力类型选择与电动机型号确定。

1.动力类型选定

利用站址附近 10 kV 电力线路,采用直接传动的电动机。

2.电动机型号确定

由水泵厂成套供应或根据水泵额定转速为 1 450 r/min 和配套功率 125 kW 查电机资料选择,采用型号为 JS-116-4 型防护式双鼠笼型异步电动机 5 台,其技术性能如表 11-2 所示。

表 11-2 JS-116-4 型电动机性能

额定功率 (kW)	额定电压 (V)	额定时				启动电流/额定电流	启动转矩/额定转矩	最大转矩/额定转矩	质量 (kg)
		转速 (r/min)	电流 (A)	效率 (%)	功率因数 $\cos\varphi$				
155	380	1 470	285	92.0	0.89	6.3	1.6	2.0	1 090

(三)管路配套

管路配套包括吸出水管路的管材、管径及附件选配等内容。

1.吸水管路及附件选配

管材:铸铁耐久性好,又有一定强度,拟选用法兰式铸铁管。

管径:依据经济流速确定。

$$D_{进} = \sqrt{\frac{4Q}{\pi v}} \tag{11-1}$$

式中 Q——管路中通过的流量,本设计采用水泵铭牌流量 0.35 m^3/s;

v——管内控制流速,凭经验,进口喇叭管处取 1.2 m/s,管道内取 1.8 m/s。

则进口喇叭管直径 $D_{进} = \sqrt{\frac{4\times0.35}{3.14\times1.2}} = 0.61(m)$;管道直径 $D = \sqrt{\frac{4\times0.35}{3.14\times1.8}} = 0.49(m)$。

查资料取标准值:进口喇叭管直径 630 mm,吸水管路直径 500 mm。

管道长度:凭经验暂拟 11.0 m。

附件:查资料得:①喇叭管大头直径 630 mm,小头直径 500 mm,长度 310 mm;②双法兰 90°弯头考虑用挡土墙式进水池,选用 $R = 700$ mm,内径 500 mm,中心线长度 1 183 mm;③偏心渐缩接头小头直径 350 mm,大头直径 500 mm,长度 890 mm;④真空表一只。

2.出水管路及附件选配

出水管路及附件选配包括管径与管路附件确定。

出水管路直径依据经济流速确定,计算公式为

$$D_{出} = \sqrt{\frac{4Q}{\pi v}} \tag{11-2}$$

式中 Q——出水管路通过流量,取水泵铭牌流量 0.35 m^3/s;

v——管内经济流速,凭经验取 2.0 m/s。

则 $D_{出} = \sqrt{\frac{4\times0.35}{3.14\times2.0}} = 0.472(m)$。

本设计出水管路直径取 0.5 m。

管路附件包括水泵出口渐扩管、闸阀、管路出口渐扩管和拍门等。

(1)水泵出口渐扩管:水泵出口直径 0.3 m,出水管路直径 0.5 m,查资料选用长度 690 mm、小头直径 300 mm、大头直径 500 mm 的标准正心铸铁渐扩管;

(2)闸阀:选用内径 500 mm、长度 700 mm、公称压力 100 N/cm^2 的 Z48T-10 型闸阀;

(3)拍门:停机时用拍门防止池水倒流,查资料选用内径 550 mm 的拍门;

(4)管路出口渐扩管:在拍门与管路间设置正心渐扩管,以降低出口流速,回收动能,扩散段锥角按经验取 12°,管段长度 $L_{扩} = \frac{D_{大} - D_{小}}{2\tan\frac{\alpha}{2}} = \frac{550-500}{2\tan\frac{12°}{2}} = 238(mm)$,取 0.24 m,该渐扩管无标准现货供应,要定制;

(5)压力表:一只。

二、泵站各部位高程

泵站设计需要确定各部位高程，主要包括：

(1)水泵安装高程；

(2)主机间地面、主通道地面与房顶等控制高程；

(3)进水池池底、池顶高程；

(4)出水池池底、池顶高程等。

本节主要介绍水泵安装高程，其他高程详见各部位设计部分。

(一)水泵安装高程确定

1.吸水管路水头损失

吸水管路水头损失按沿程水头损失和局部水头损失分别计算后相加而得。

(1)沿程水头损失。

$$h_{沿} = 10.29n^2\frac{L}{D^{5.33}}Q^2 \tag{11-3}$$

式中　n——管道的糙率，查资料铸铁为0.013；

L——管道长度，暂拟11.0 m。

则 $h_{沿}=10.29\times0.013^2\times\frac{11}{0.5^{5.33}}\times0.35^2=0.094(\text{m})$。

(2)局部水头损失。

$$h_{局} = 0.083\sum\frac{\zeta}{D^4}Q^2 \tag{11-4}$$

式中　ζ——管路局部阻力系数，查资料得：$\zeta_{进}=0.2$，$\zeta_{90°}=0.64$，$\zeta_{缩}=0.2$；

D——局部阻力处管径，查资料得：$D_{进}=0.63$ m，$D_{缩}=0.35$ m。

则 $h_{局}=0.083\times(\frac{0.2}{0.63^4}+\frac{0.64}{0.5^4}+\frac{0.2}{0.35^4})\times0.35^2=0.25(\text{m})$。

(3)吸水管路水头损失。

$$h_{吸}=h_{沿}+h_{局}=0.094+0.25=0.34(\text{m})$$

2.水泵安装高度

水泵安装高度用下式计算：

$$H_{允吸} = H'_{sa} - h_{吸} - \frac{v_s^2}{2g} \tag{11-5}$$

式中　H'_{sa}——修正后的允许吸上真空高度，本设计工作水温与水面大气压均超过标准值，用公式 $H'_{sa}=H_{sa}-\left(10.33-\frac{P_a}{\rho g}\right)-(\frac{P_{汽}}{\rho g}-0.24)$ 修正，$H'_{sa}=3.5-(10.33-10.1)-(0.355-0.24)=3.155(\text{m})$，取3.16 m，$H_{sa}$为水泵允许吸上真空高度，为3.5 m，$\frac{P_a}{\rho g}$为水泵安装处水面大气压，本设计海拔200 m，查资料得

10.1 m，$\frac{P_{汽}}{\rho g}$ 为工作水温为 25 ℃时的饱和蒸汽压力，查资料得 0.355 m；

v_s——水泵进口处流速，$v_s=\frac{4Q}{\pi D^2}=\frac{4\times0.35}{3.14\times0.35^2}=3.64(\text{m/s})$，$\frac{v_s^2}{2g}=\frac{3.64^2}{19.62}=0.68(\text{m})$。

则 $H_{允吸}=3.16-0.34-0.68=2.14(\text{m})$。

3.水泵安装高程∇_a

水泵安装高程用下式计算：

$$\nabla_a=\nabla_{min}+H_{允吸}-K \tag{11-6}$$

式中 ∇_{min}——进水池最低运行水位 191.58 m；

K——安全值，取 0.2 m。

则$\nabla_a=191.58+2.14-0.2=193.52(\text{m})$，取 193.5 m，如图 11-1 所示。

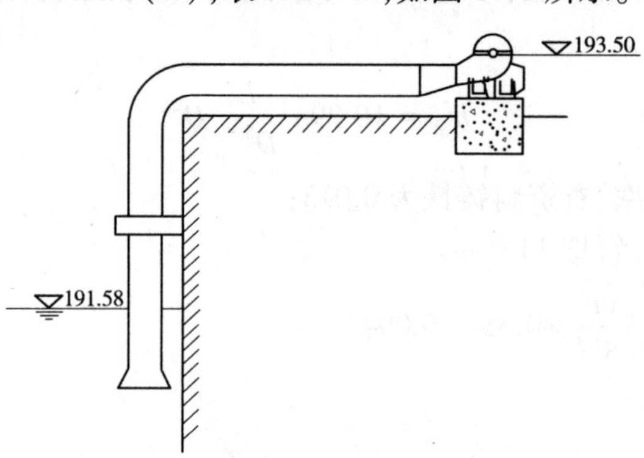

图 11-1 水泵安装高程示意图 （单位：m）

（二）真空泵选型

1.抽气体积计算

充水段体积用公式 $V=L\pi D^2/4$ 分段计算。

（1）渐缩接管体积 V_1：D 取平均值$\frac{0.5+0.35}{2}=0.425(\text{m})$，$L_{缩}=0.89$ m，则 $V_1=0.89\times\frac{3.14\times0.425^2}{4}=0.13(\text{m}^3)$。

（2）渐扩接管体积 V_2：D 取平均值$\frac{0.5+0.3}{2}=0.4(\text{m})$，$L_{扩}=0.69$ m，则 $V_2=0.69\times\frac{3.14\times0.4^2}{4}=0.09(\text{m}^3)$。

（3）管路段体积 V_3：D 为 0.5 m，L 值包括竖直段、水平段、90°弯头段，暂估 13 m，则 $V_3=\frac{3.14\times0.5^2}{4}\times13=2.55(\text{m}^3)$。

闸阀前抽气充水管段总体积为 $V_{管}=V_1+V_2+V_3=0.13+0.09+2.55=2.77(\text{m}^3)$。

（4）泵壳体积 $V_{泵}$：$V_{泵}=\frac{3.14\times0.35^2}{4}\times1.1=0.11(\text{m}^3)$。

1 台套机组需抽气体积 $V=2.77+0.11=2.88(m^3)$。

2.真空泵抽气量

真空泵抽气量用下式计算：

$$Q_{气} = K\frac{VH_a}{T(H_a - H_s)} \quad (m^3/min) \tag{11-7}$$

式中　$Q_{气}$——抽气量，m^3/min；

V——抽气体积，取 2.88 m^3；

T——抽气时间，取 4 min；

K——漏气系数，取 1.1；

H_a——水泵安装处大气压，海拔 200.0 m，查资料得 10.1 m H_2O；

H_s——进水池最低水位至泵顶间垂直距离，查资料得 $193.5-191.58+0.511=2.43$ (m)。

则 $Q_{气}=1.1\times\frac{2.88\times10.1}{4\times(10.1-2.43)}=1.04(m^3/min)$。

5 台套机组抽气量 $\sum Q_{气}=5\times1.04=5.2(m^3/min)$。

3.真空度确定

真空度 $H_s=\frac{1.92\times1\ 000}{13.6}=141.18(mmHg)$。

4.真空泵选型

根据 5 台套机组的抽气总量为 5.2 m^3/min 和真空度为 141.18 mmHg，查资料选取 SZ-3 型水环式真空泵 2 台，其中 1 台为备用泵。其性能如表 11-3 所示。

表 11-3　水环式真空泵性能

型号	抽气量 (m^3/min)	真空度 (mmHg)	转数 (r/min)	配套电机功率 (kW)	质量 (kg)
SZ-3	11.5 0.5	76 760	1 450	30	463

三、泵房内部布置及尺寸确定

(一)确定泵房结构形式

卧式离心泵泵房形式取决于水泵有效吸程、水源水位变幅和地下水埋深等因素。

1.水泵有效吸程 $H_{效吸}$ 值计算

水泵有效吸程 $H_{效吸}$ 用下式计算

$$H_{效吸} = \nabla_a - Z_1 - Z_2 - \nabla_{min} \tag{11-8}$$

式中　Z_1——水泵基准面至底座间距离，查资料得 0.56 m；

Z_2——水泵基础高出机坑地面高度，取 0.1 m。

则 $H_{效吸}=193.50-0.56-0.1-191.58=1.26(m)$。

2.水源水位变幅 ΔH

水源最高运行水位 192.70 m,最低运行水位 191.70 m,水位变幅 $\Delta H = 192.70 - 191.70 = 1.0(\text{m}) < H_{效吸} = 1.26\ \text{m}$。

3.泵房结构形式确定

经简单计算,水泵有效吸程大于水源水位变幅,地下水位较低,决定选用挡土墙式分基型泵房。

(二)内部设备布置

内部设备布置包括主机组、配电设备及其他辅助设施的布置。泵房内部设备的布置主要取决于主机组的布置形式。

为减小泵房长度与进水池宽度,从而减少工程量,5 台套机组采用双列交错布置。查资料得机组基础平面尺寸如下:轴向总长度 2.555 m,水泵进出口间距 1.1 m,水泵轴向长度 1.271 m,管路中心线稍偏一侧 0.58 m,如图 11-2 所示。查资料得:设备顶端至墙面净距 0.7 m,设备顶端间净距 0.8 m,平行设备间净距 1.0 m,本设计纵横净间距一律取 1.0 m。主机组布置如图 11-3 所示。主机组间总长为 2.555×5+0.8×4+2×0.7 = 17.375(m),取 17.5 m。进出水管路平行布置。

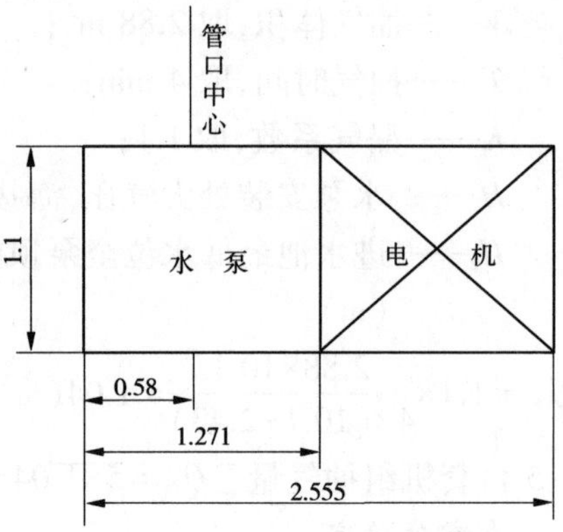

图 11-2　主机组外形平面尺寸示意图　(单位:m)

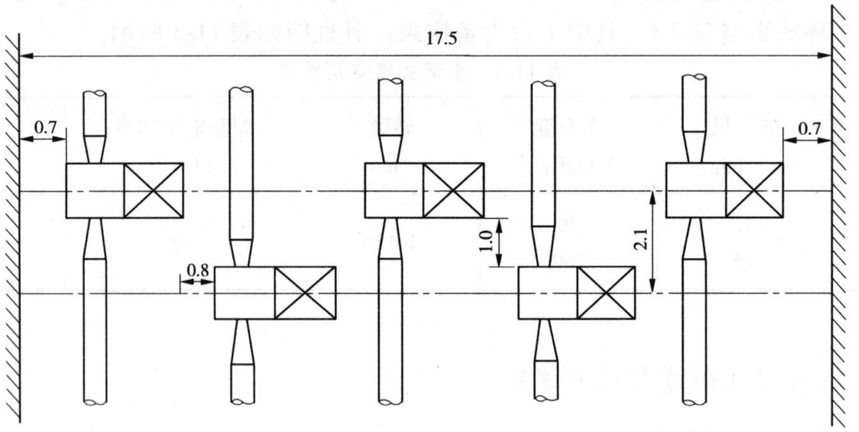

图 11-3　主机组平面布置示意图　(单位:m)

四、泵房辅助设备选择

泵房辅助设备布置包括配电间、检修间、电缆沟、排水槽、充水设备、交通道、起重设备等设施的布置。

(1)配电间。本设计拟配备 7 块(其中主机组 5 块、照明与真空泵机组 1 块、总盘 1 块)BSL-1 型低压成套不靠墙配电柜。标准尺寸为柜宽 0.9 m、柜厚 0.6 m、柜高 2.14 m。

为不增加泵房跨度，不影响主机间通风采光，配电间布置于泵房进线一端，沿泵房跨度方向一排布置。柜后留 0.8 m 检修空间，柜前留 1.5 m 运行操作空间，两侧各留 0.8 m 通道，则配电间所需跨度 $B=7\times0.9+2\times0.8=7.9$(m)。所需开间 $L_{电}=0.8+0.6+1.5=2.9$(m)，配电间平面尺寸如图 11-4 所示。

(2)检修间。检修场地布置在泵房内相对于配电间的另一端，其面积以能放下并拆卸一台电动机为原则。电动机拆装所需轴向长度为 $(2.55-1.271)\times2=2.57$(m)，在四周留 0.7 m 空当，便于活动，其实际所需面积为 $(2.57+2\times0.7)^2=15.76(m^2)$。

(3)电缆沟。室内动力用线路均暗敷于地面加盖沟槽中，以不占用泵房面积为原则。本设计电缆沟布置在泵房出水侧的主通道下，沟槽至电机间的线路用埋地钢管敷设。沟槽截面按 15 根电缆数设计，其尺寸如图 11-5 所示。

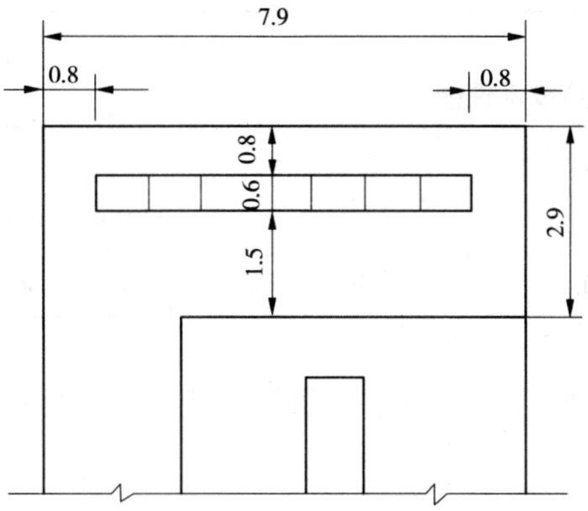

图 11-4　配电间平面尺寸示意图　（单位：m）

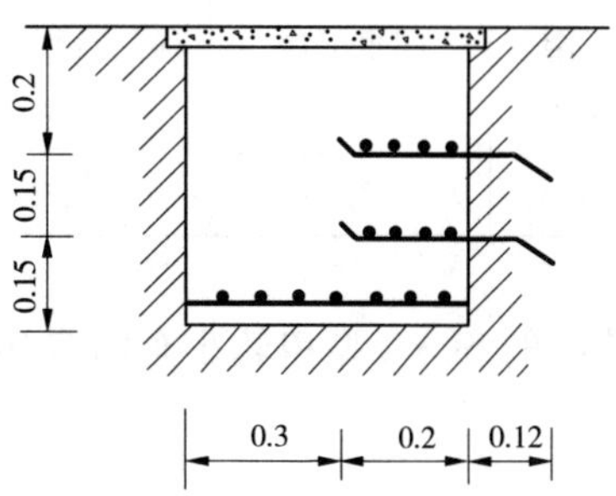

图 11-5　电缆沟截面尺寸示意图　（单位：m）

(4)排水槽。为保持泵房机坑地面干燥，需及时排除主泵运行时填料函滴水和闸阀漏水，拟设置地面明沟排水系统。其中，断面稍大的明沟沿泵房纵向布置于进水侧墙边，底坡 3%，坡向泵房一端；断面稍小的明沟沿各主管线绕主机组基础布置，以 1%的底坡坡向大沟槽，布置形式与沟槽断面尺寸如图 11-6 所示。

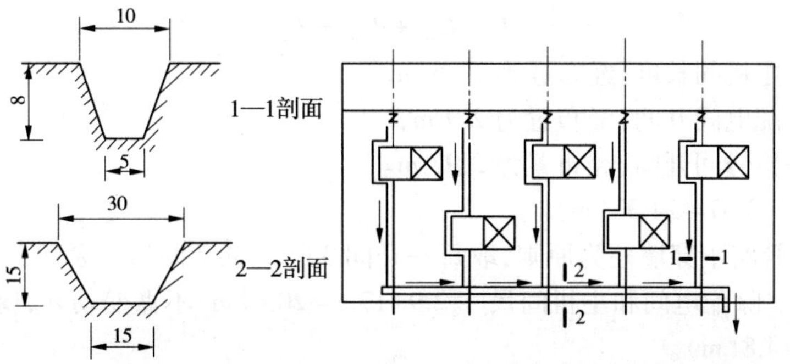

图 11-6　机坑排水沟槽尺寸与布置　（单位：m）

(5)充水设备。本设计采用 2 台(套)水环式真空泵装置，供启动抽气充水时用。真空泵机组布置于主机组间进水侧两端的空地上，不占泵房面积。基础离墙 0.5 m，抽气管线贴地面沿主泵管线布置,排气口通至布置于机组旁的贮水箱。

(6)交通道。泵房内主通道宽 1.8 m,布置于泵房的出水侧,与泵房两端的配电间、检修间接通;工作便道宽 0.7 m,布置于泵房的进水侧,与配电间、检修间用踏步梯连接。

(7)起重设备。本设计较大的单件设备是电机 1 090 kg,其次是水泵 898 kg。安装检修拟选用手动单轨小车进行。查资料以选用 SG-2 型单轨小车为宜,其技术性能如表 11-4 所示。另选用 14.7 kN 的手动葫芦与之配套,其技术性能如表 11-5 所示。

表 11-4　SG-2 型单轨小车技术性能

起重量 (kN)	提升高度 (m)	运行速度 (m/min)	手拉力 (kN)	I 型钢型号	总质量 (kg)
19.6	3~10	4.5	0.147	30a	58

表 11-5　手动葫芦技术性能

起重量 (kN)	起重高度 (m)	起重链直径 (mm)	起重拉力 (kN)	毛重 (kg)	尺寸 (mm×mm×mm)
14.7	2.5	7.5	0.4	36	43×33×24

选配的 SG-2 型单轨小车沿泵房纵向平行布置于两列主机组轴线上方,设两套起重设备。

五、泵房设计

确定泵房形式、内部设备布置后,即可进一步开展泵房初步设计,拟定泵房尺寸,并进行泵房结构设计。

泵房尺寸包括平面尺寸、立面尺寸与主要构件细部尺寸。

(一)泵房平面尺寸

(1)长度 L。用下式计算:

$$L = L_{主} + L_{电} + L_{检} \tag{11-9}$$

式中　$L_{主}$——主机间长度,经布置为 17.5 m;

$L_{电}$——配电间开间,经布置为 2.9 m;

$L_{检}$——检修间开间,经布置为 3.97 m。

则 $L=17.5+2.9+3.97=24.37$(m)。

以进出水管路不穿墙柱为原则,取每一开间 3.6 m,共 7 间房。泵房总长度调整为 $7\times3.6=25.2$(m)。除配电间和主机间尺寸 $2.9+17.5=20.4$(m)不做变动外,检修间实际长度为 $25.2-20.4=4.8$(m)。

(2)跨度 B。用下式计算:

$$B = b_0 + b_1 + b_2 + b_3 + b_4 + b_5 + b_6 + b_7 \tag{11-10}$$

式中　b_0——一列主泵进口至另一列主泵出口的距离,经布置为 $1.1+1.0+1.1=3.2$(m);

b_1——偏心渐缩接管长 0.89 m;

b_2——工作通道宽 0.7 m；

b_3——排水沟槽宽 0.3 m；

b_4——正心渐扩接管长 0.69 m；

b_5——渐扩接管与闸阀间短管长 0.5 m；

b_6——闸阀长度 0.7 m；

b_7——主通道宽 1.8 m。

则 $B=3.2+0.89+0.7+0.3+0.69+0.5+0.7+1.8=8.78$(m)，取 9.0 m。主通道宽度调整为 2.02 m，其余尺寸不变。泵房跨度尺寸示意图如图 11-7 所示。泵房平面尺寸示意图如图 11-8 所示。

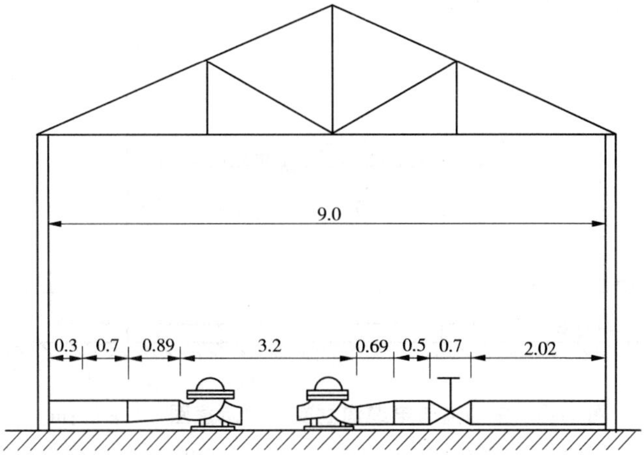

图 11-7　泵房跨度尺寸示意图　（单位：m）

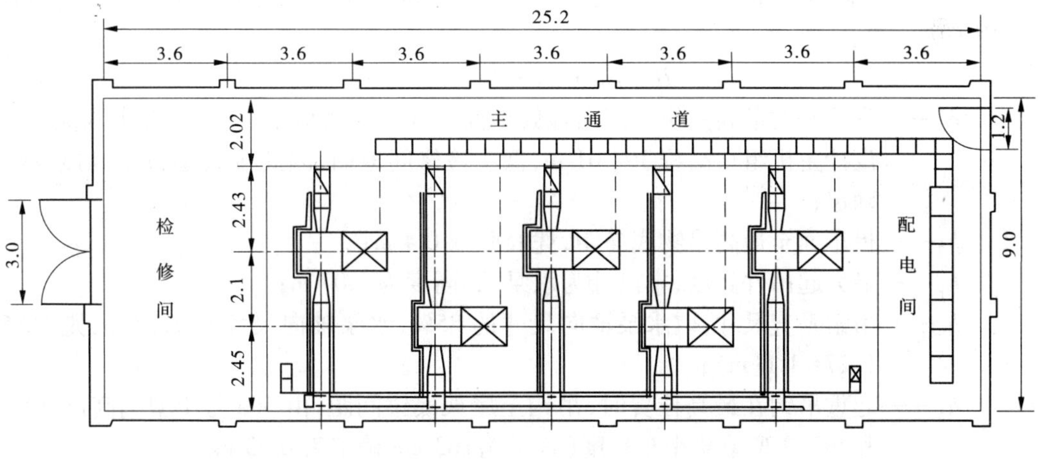

图 11-8　泵房平面尺寸示意图　（单位：m）

（二）泵房立面尺寸

泵房立面尺寸包括主机间地面、主通道地面与房顶等控制高程。

（1）主机间地面高程$\nabla_{主}$。用下式计算：

$$\nabla_{主}=\nabla_a-Z_1-Z_2=193.50-0.56-0.1=192.84(\text{m})$$

(2)主通道地面高程$\nabla_{道}$。与配电间、检修间地面齐平。由出水管路与电缆沟立交控制,用下式计算:

$$\nabla_{道} = \nabla_{管} + h' + h'' + D/2 \quad (11\text{-}11)$$

式中 $\nabla_{管}$——水泵出水口中心高程,查资料为 193.19 m;

h'——电缆沟与出水管立交净间距,取 0.15 m;

h''——电缆沟高度,考虑壁厚 5 cm,取 0.55 m;

D——出水管路直径 0.5 m。

则$\nabla_{道}$ = 193.19+0.15+0.55+0.5/2 = 194.14(m),考虑管壁厚度等因素,取 194.20 m。主通道与电缆沟立交尺寸示意图如图 11-9 所示。

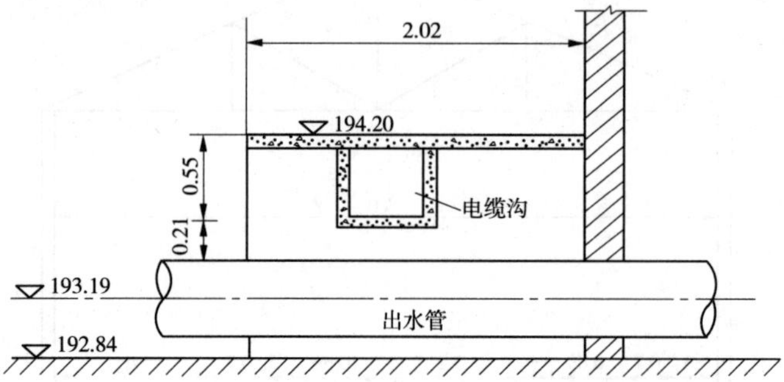

图 11-9 主通道与电缆沟立交尺寸示意图 (单位:m)

(3)泵房外地面高程。出水侧室外地面高程与主机间地面齐平,其余三边室外地面高程整修成低于室内主通道地面 0.2 m,即 194.20−0.2 = 194(m)。

(4)泵房顶高程。由检修间地面至房顶间净高度确定。泵房高度 H 由起重设备控制,用下式计算:

$$H = h_1 + h_2 + h_3 + h_4 + h_5 \quad (11\text{-}12)$$

式中 h_1——安装好的最高主机组高出检修地面尺寸或大型板车高度,两者中取大值,本设计主机组顶高程 194.01 m,低于检修间地面,因此按大型板车高度 0.8 m 确定;

h_2——板车面至最高吊物底净距,凭经验取 0.4 m;

h_3——最大起吊件高度,本设计为水泵,其高度为 1.07 m;

h_4——吊索垂直尺寸,取水泵轴向尺寸的 85%,水泵轴向尺寸为 1.27 m,则 0.85×1.27 = 1.1(m);

h_5——起重吊钩在最高位置时,吊钩至屋架底梁间距,由 30a 号 I 型钢高度 30 cm 和 SG-2 型单轨小车高度(含吊钩)63 cm 确定为 0.93 m。

则 H = 0.8+0.4+1.07+1.1+0.93 = 4.3(m),取 4.5 m。板车面至吊物底净空为 0.60 m,如图 11-10所示。

(三)主要构件细部尺寸

主要构件细部尺寸包括墙体、门窗和屋盖等房围护结构。

(1)墙体。泵房采用砖砌墙体,墙厚为一砖 0.24 m,墙柱尺寸为 0.5 m×0.5 m,墙垛突出在室外。

(2)墙基。采用砖砌大放脚基础,顶部设钢筋混凝土底梁,墙体砌筑其上。

(3)过梁与圈梁。在门窗洞上方设置钢筋混凝土过梁,宽与墙体厚相等,梁高为 0.2 m,长度超过门窗宽 0.8 m。在檐口处设置钢筋混凝土圈梁。宽度与过梁相同,梁高取 0.3 m。

(4)门。泵房设大、小门各一扇,其中大门为宽 3.0 m、高 3.0 m 的木质双扇外开门,布置于检修间一端的山墙上;小门为宽 1.2 m、高 2.4 m 的单扇木质内开门,布置于配电间一端的山墙上,与主通道成一直线。

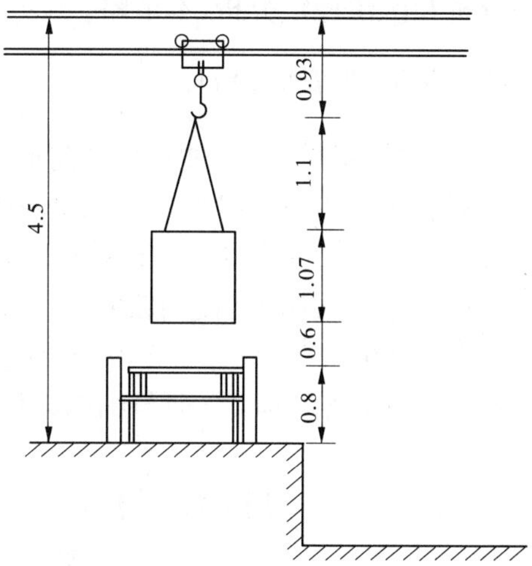

图 11-10　泵房高度确定示意图　(单位:m)

(5)窗。为满足采光、通风和散热等要求,在泵房进出水两侧墙体上,每间房各设上下两层式窗户,上层为对流窗户,宽 2.1 m、高 0.7 m;下层为采光窗户,宽 2.1 m、高 1.4 m,共高 2.1 m。窗户底离检修间地面 1.0 m。

$$\frac{窗户面积}{泵房面积}=\frac{2.1\times2.1\times14}{25.2\times9}=\frac{61.74}{226.8}=0.272\ 2=27.22\%>20\%,符合要求。$$

(6)屋盖。本设计采用双坡面斜屋盖,屋面坡角取 25°,屋架为桁架结构,其高度为 tan25°×9.5/2=2.2(m)。泵房立面尺寸如图 11-11 所示。

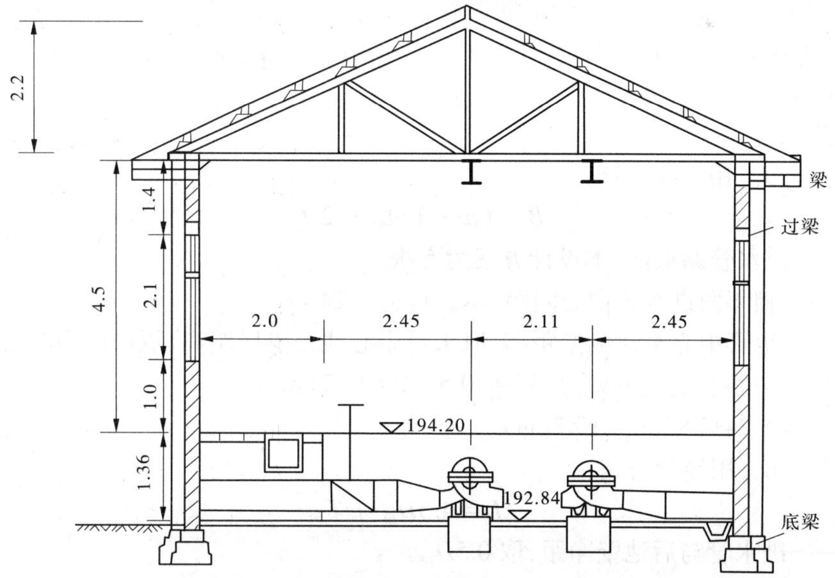

图 11-11　泵房立面尺寸示意图　(单位:m)

(四)泵房整体稳定分析

泵房整体稳定分析主要包括泵房荷载组合计算、抗滑稳定分析、抗浮稳定分析、地基稳定分析和抗渗稳定分析,本节略。

六、进水建筑物设计

进水建筑物设计包括进水池与前池两部分。

(一)进水池

1.形式

采用半开敞式挡土墙进水池。

2.尺寸确定

尺寸确定包括平面、立面与细部结构等尺寸。

1)立面尺寸

(1)池底高$\nabla_{底}$。用下式计算:

$$\nabla_{底} = \nabla_{min} - h_1 - h_2 \tag{11-13}$$

式中 ∇_{min}——进水池最低运行水位 191.58 m;

h_1——进水管端喇叭口悬空高度,取 $0.8D_{进} = 0.8\times0.63 = 0.504$(m),取 0.5 m;

h_2——进水管端喇叭口最小淹没深度,取 $1.5D_{进} = 1.5\times0.63 = 0.945$(m),取 0.9 m。

则$\nabla_{底} = 191.58-0.5-0.9 = 190.18$(m)。

(2)池顶高程$\nabla_{顶}$。取泵房外地面高程。本设计为 194.00 m,进水池立面尺寸如图 11-12所示。

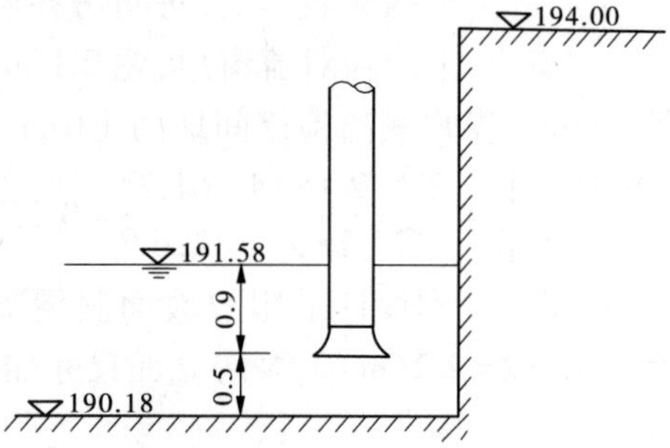

图 11-12 进水池立面尺寸示意图 (单位:m)

2)平面尺寸

(1)池宽 B。用下式计算:

$$B = (n-1)L_0 + 2L_1 \tag{11-14}$$

式中 n——进水管路根数,本设计方案为 5 根;

L_0——相邻两进水管中心间距,本设计为 3.24 m;

L_1——边管中心至池侧壁距离,取水管中心线至隔墩距离,隔墩厚为 0.5 m,则边管中心至池壁距离为(3.24−0.5)/2 = 1.37(m)。

则 $B = (5-1)\times3.24+2\times1.37 = 15.7$(m)。

(2)池长 L。用经验公式:

$$L = 4.5D_{进} + T$$

式中 T——进水管与后池壁净距,取 $0.5D_{进}$。

则 $L = 4.5\times0.63+0.5\times0.63 = 3.15$(m),取 3.2 m。进水池平面尺寸如图 11-13 所示。

3.细部构件尺寸

水池三边挡土一边临水,挡土面为浆砌块石重力式墙,其断面尺寸如图 11-14 所示。护底用 M5 砂浆砌石,厚 0.4 m,喇叭管附近护底厚增至 0.6 m,并在其顶面现浇 0.1 m 混凝

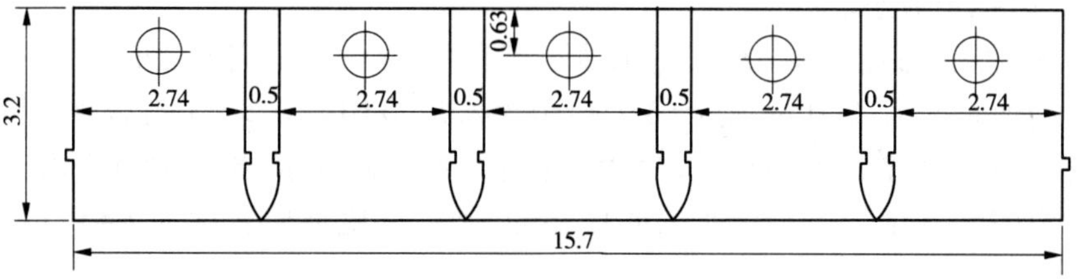

图 11-13　进水池平面尺寸示意图　（单位：m）

土，防止块石因吸水而松动。池后壁至泵房外墙间距离，考虑施工时泵房大放脚要建在原状土上的原则，假定开挖线坡度为 1∶1，并留有必要的余地，确定挡土后墙与泵房外墙间净距为 5.0 m。

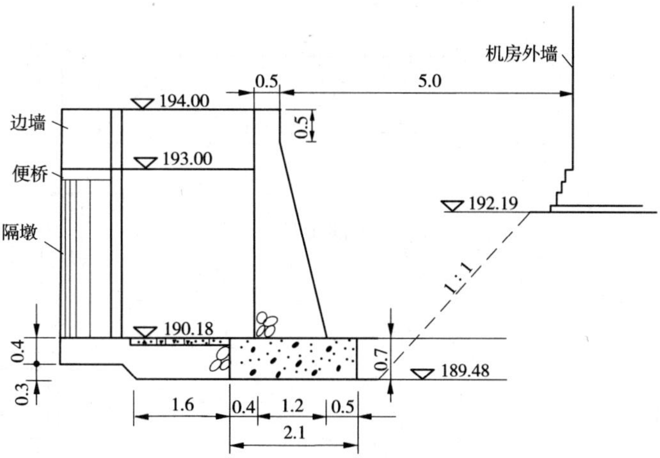

图 11-14　进水池细部构造尺寸示意图　（单位：m）

（二）前池

前池是引水渠与进水池连接的过渡段，其设计要考虑平面、立面平顺扩散。

1.平面扩散

池长取决于扩散角 α 值和底坡 i 值的大小。本设计采用倾斜池壁，池长用下式计算：

$$K=\frac{(B-b)/2}{\tan\frac{\alpha}{2}} \tag{11-15}$$

式中　B——进水池宽度 15.7 m；

b——引渠底宽 2.1 m，

α——平面扩散角，取经验值 30°。

则 $L=\dfrac{(15.7-2.1)/2}{\tan\frac{30^\circ}{2}}=25.37(\mathrm{m})$，取 25.0 m。

2.立面扩散

池长取决于引渠和进水池的池底高程与前池长度。要求前池靠近进水池一段的底坡为 0. 2~0.3,以稳定流态。

引水渠末端渠底高程 190.53 m,进水池池底高程 190.18 m,高差 $\Delta H = 190.53 - 190.18 = 0.35$(m)。前池长度为 25.0 m,则 $i = \Delta H/L = 0.35/25 = 0.014 < 0.2$。不符合规定要求。

在不改变平面扩散角的前提下,为满足前池对底坡的要求,拟在靠近进水池一段做成标准底坡 $i = 0.25$,其余池段与引水渠底坡相同,则标准底坡段长度为 $L = 0.35/0.25 = 1.4$(m)。

3.细部构造尺寸

前池的坡面与进水池壁面间用八字形重力式翼墙连接,翼墙轴线与水流方向间夹角取 45°。翼墙断面为渐变形。护底与护坡均采用 M5 砂浆砌石,厚度 0.4 m,下设 0.1 m 厚砂石垫层。

进水建筑物形式与尺寸如图 11-15 所示。

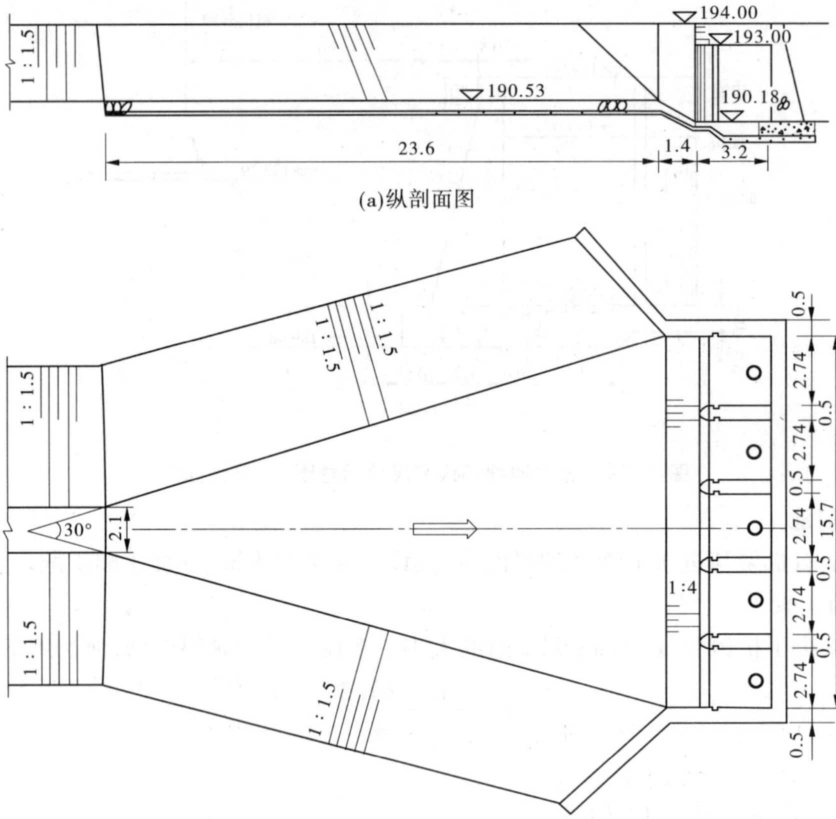

图 11-15　进水建筑物形式与尺寸图　(单位:m)

七、出水建筑物设计

出水建筑物布置包括出水池、输水渠及出水管路的设计等内容。

(一)出水池

1.形式

根据站址地形,本设计采用开敞式侧向出水池,用出口拍门阻止池水倒泄。

2.尺寸确定

1)立面尺寸

(1)池顶高$\nabla_{顶}$。用下式确定:

$$\nabla_{顶} = \nabla_{max} + h_{超} \tag{11-16}$$

式中　∇_{max}——出水池最高水位,本设计为 217.48 m;

$h_{超}$——安全超高,查资料取 0.5 m。

则$\nabla_{顶}$ = 217.48+0.5 = 217.98(m),取 218.00 m。

(2)池底高程$\nabla_{底}$。用下式确定:

$$\nabla_{底} = \nabla_{min} - (h_{淹} + D_{出} + P) \tag{11-17}$$

式中　∇_{min}——出水池最低运行水位,本设计为 217.18 m;

$D_{出}$——出水管渐扩出口直径,本设计为 0.55 m;

P——出水管渐扩出口下缘至池底净距,取 0.2 m;

$h_{淹}$——出水管渐扩出口上缘最小淹没深度,要求不小于 2 倍出口流速水头,本设计取 3 倍出口流速水头,$h_{淹} = 3\times\dfrac{\left(\dfrac{4Q}{\pi D_{出}^2}\right)^2}{2g} = 3\times\dfrac{\left(\dfrac{4\times0.35}{3.14\times0.55^2}\right)^2}{19.62} = 0.33$(m)。

则$\nabla_{底}$ = 217.18 − (0.33 + 0.55 + 0.2) = 216.10(m)。

出水池立面尺寸如图 11-16 所示。

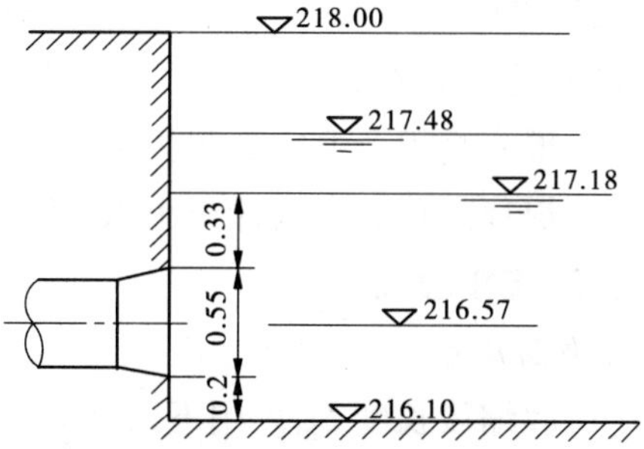

图 11-16　出水池立面尺寸示意图　(单位:m)

2)平面尺寸

(1)池长 L。用下式确定:

$$L = nD_{出} + (n-1)S + L_2 + (5\sim6)D_{出} \tag{11-18}$$

式中　n——入池出水管路根数,本设计为 5 根;

S——出水管口净间距,即 2 倍管口直径,2×0.55 = 1.1(m);

L_2——边管口至池侧壁间净距,取一个出水管口直径,即 0.55 m。

则 L = 5×0.55+(5−1)×1.1+0.55+(5~6)×0.55 = 10.45~11.0(m),取 11.0 m。

(2)池宽 B。用下式确定:

$$B = B_1 + (n-1)D_{出} \tag{11-19}$$

式中　B_1——边管出口处池宽,拟取 $4D_{出}$ = 4×0.55 = 2.2(m)。

则 B = 2.2+(5−1)×0.55 = 4.4(m)。

出水池平面尺寸如图 11-17 所示。

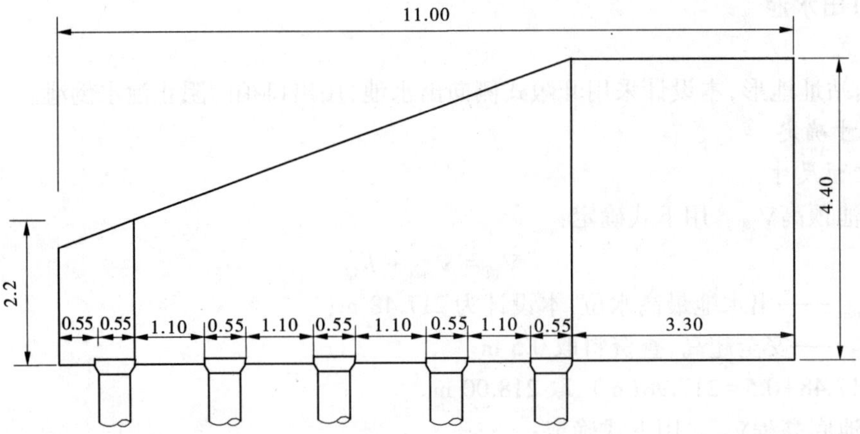

图 11-17　出水池平面尺寸示意图　（单位:m）

(二)输水干渠断面设计

(1)按明渠均匀流设计。黏土边坡系数 m 取 1.5;渠床糙率 n 取 0.025;底坡 i 取 1/3 500。

用试算法确定渠道设计水深 h 和渠底宽 b 分别为 $h=1.05$ m, $b=1.8$ m。(计算从略)

(2)设计水位及最低运行水位。出水池与输水干渠用过渡段连接,过渡段水头损失估算为 0.1 m,则输水干渠水位为

设计水位:　　217.48−0.1=217.38(m)

最低运行水位:　　217.18−0.1=217.08(m)

(3)渠底高程。渠底高程为 217.38−1.05=216.33(m)。

(4)堤顶高程。本设计与出水池顶齐平,取 218.0 m。

(三)连接段设计

1.平面尺寸

(1)收缩段长度 $L_{缩}$。用下式计算:

$$L_{缩} = \frac{(B-b)/2}{\tan\frac{\alpha}{2}} \tag{11-20}$$

式中　B——出水池宽度 4.4 m;

b——输水干渠底宽 1.8 m;

α——平面收缩角,凭经验取 45°。

则 $L_{缩}=\frac{(4.4-1.8)/2}{\tan\frac{45^\circ}{2}}=3.14$(m),取 3.1 m。

(2)干渠护砌段长度 $L_{护}$。根据经验,本设计取 5 倍渠道设计水深,即 $L_{护}=5\times1.05=$ 5.25(m)。

2.立面尺寸

池底高程为 216.10 m,渠首底部高程为 216.33 m,高差 ΔH =216.33-216.10=0.23 (m)。拟在出水池尾部(收缩段首部)设置 0.23 m 的垂直坎,作为立面连接设计,如图 11-18所示。

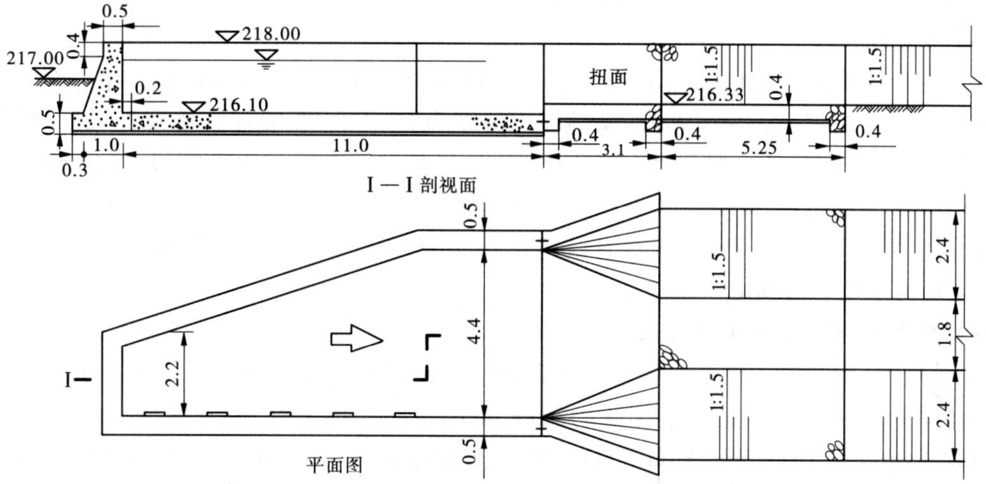

图 11-18　出水建筑物整体结构示意图　(单位:m)

(四)细部构造设计

出水建筑物修建在半填半挖的坡地上,因土质较好,故出水池池壁采用 C15 混凝土重力式结构。与出水管接触部位设置宽 0.2 m 的阻水环,防止渗水。每根水管上方留直径为 50 mm 的通气孔,能使管中空气自由出入。池底用 C15 混凝土浇筑,与挡水墙分离,界缝处设置止水片。出水池挡水墙断面各部尺寸如图 11-19 所示。

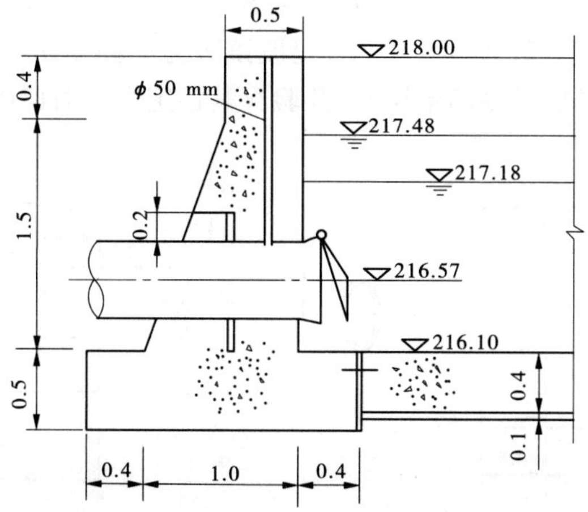

图 11-19　出水池挡水墙断面尺寸示意图　(单位:m)

收缩段边坡做成浆砌块石扭曲面结构。护底厚 0.4 m,底下砂石垫层厚 0.1 m。护砌段采用 0.3 m 厚的干砌块石护坡护底。砂石垫层取 0.1 m 厚。

(五)出水管路设计

出水管路设计包括管线布置、管道长度、管材与承压能力确定和镇墩尺寸等内容。

1.出水管线布置

根据出水池和泵房设计,出水管线拟采用收缩式布置。管线平行出泵房经起坡镇墩后,在坡面上收缩,经坡顶镇墩后再平行入出水池。

2.出水管线长度

按实地布置确定。经计算出水管口中心线标高为216.57 m,出水管进口中心线(水泵吐出口中心线)标高为193.19 m。实地坡面坡度为1∶2.4。管坡拟修整为1∶2.5,则坡面管段长度为(216.57−193.19)×2.5=58.45(m)。过坡顶镇墩后的水平管段,考虑出水池挡水墙不宜太靠近坡口,故取10.0 m。坡脚处起坡镇墩前水平管段,考虑泵房室内外布置及施工场地等因素,取13.0 m。出水管线总长度为58.45+10.0+13.0=81.45(m)。

3.管材与承压能力确定

管材根据管路实际承压状况选定。

(1)水锤压力估算。出水管路上不设置逆止阀,水泵处管段承受的水锤压力可按正常工作压力的50%估算。正常工作压力按静水头的1.15倍估算,则正常工作压力 $H=1.15\times(217.48-193.19)=27.93(\mathrm{mH_2O})$(279.3 kPa),水锤压力 $\Delta H=0.5H=0.5\times27.93=13.97(\mathrm{mH_2O})$(139.7 kPa)。

(2)总工作压力。水泵处出水管段最大工作总压力为正常工作压力与事故停泵水锤压力之和,即 $H_{总}=H+\Delta H=27.93+13.97=41.90(\mathrm{mH_2O})$(419.0 kPa)。

(3)管材与管路规格。本设计管路最大内水压力为419.0 kPa,查资料选用DG500的低压铸铁管,其公称压力为441 kPa。起坡镇墩与顶坡镇墩间用承插式管,其余处用法兰式管。

4.镇墩尺寸

根据管路流量、管径、内压状况及管坡等因素,查资料得起坡镇墩尺寸如图11-20所示。顶坡镇墩尺寸如图11-21所示。其中,起坡镇墩为单独镇墩,顶坡镇墩为联合镇墩。须知,对初拟墩体经计算后最终确定尺寸,并验算其稳定性。对此内容本设计从略。

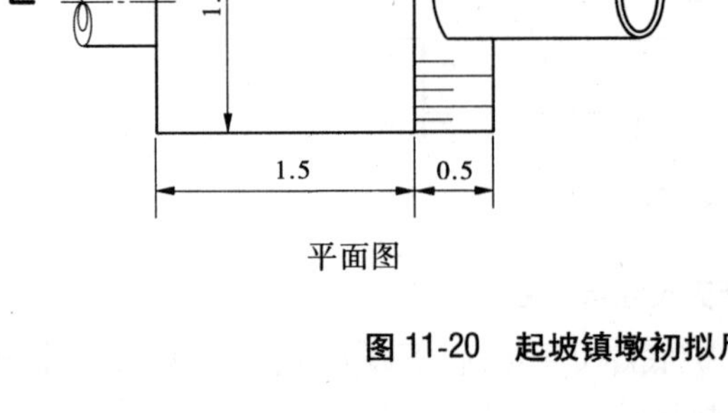

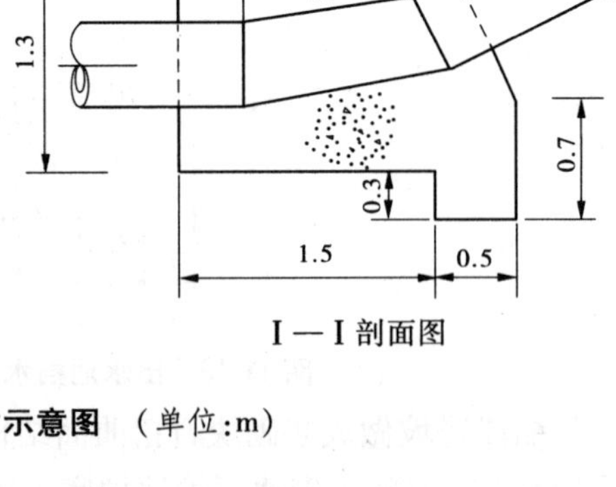

图11-20　起坡镇墩初拟尺寸示意图　(单位:m)

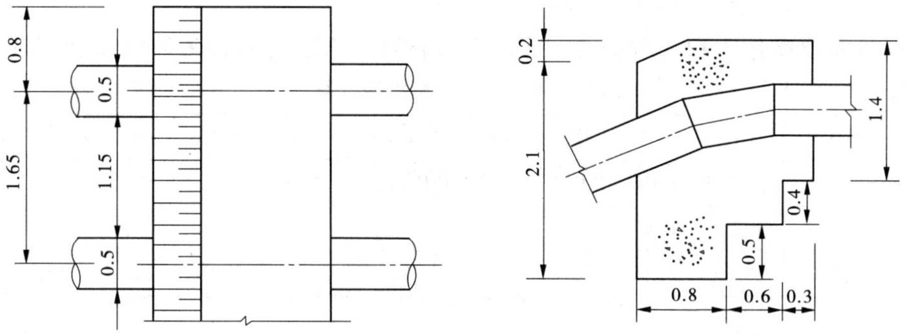

图 11-21 顶坡镇墩初拟尺寸示意图 （单位:m）

八、水泵运行工况分析

水泵运行工况分析包括用图解法推求水泵运行工作点、核校泵站总流量及估算泵站效率等内容。

（一）水泵运行工作点推求

1.装置性能参数($H_{需}$、Q)计算

$$H_{需} = H_{净} + SQ^2 = H_{净} + (S_{沿} + S_{局})Q^2 \tag{11-21}$$

$$S_{沿} = 10.29n^2L/D^{5.33}$$

$$S_{局} = 0.083\sum(\zeta/D_{局}^4)$$

式中 $H_{净}$——泵站净扬程,本设计为 25.3 m;

$S_{沿}$——管路沿程阻力参数;

$S_{局}$——管路局部阻力参数;

Q——通过管路的流量,m^3/s;

n——管路材料糙率,查资料得铸铁管为 0.013;

D——管路直径 0.5 m;

L——管线长度,经计算进水管路为 11.64 m,出水管路为 81.45 m;

ζ——管路局部阻力系数,查资料得进水管路系统为 $\zeta_{进口}=0.2$、$\zeta_{90°}=0.64$、$\zeta_{缩}=0.2$,出水管路系统为 $\zeta_{扩}=0.2$、$\zeta_{阀}=0.1$(全开)、$\zeta_{22°}=0.26$、$\zeta_{出}=0.2$、$\zeta_{拍}=1.5$;

$D_{局}$——局部阻力系数相应流速处管径,其中渐缩接管为 0.35 m,渐扩接管为 0.3 m,进口喇叭管为 0.63 m,拍门处为 0.55 m,其余各处为 0.5 m。

则

$$S_{沿}=10.29\times0.013^2\times\frac{11.64+81.45}{0.5^{5.33}}=6.51(s^2/m^5)$$

$$S_{局}=0.083\times\left(\frac{0.2}{0.3^4}+\frac{0.2}{0.35^4}+\frac{0.2}{0.63^4}+\frac{1.5}{0.55^4}+\frac{0.64+0.1+2\times0.26+0.2}{0.5^4}\right)$$

$$=0.083\times(24.69+13.33+1.27+16.39+23.36)=0.083\times79.04$$

$$=6.56(s^2/m^5)$$

$$S=S_{沿}+S_{局}=6.51+6.56=13.07(s^2/m^5)$$

装置性能参数按方程式 $H_{需}=25.3+13.07Q^2$ 列表计算(见表 11-6)。

表 11-6　装置性能参数计算

$Q(m^3/s)$	0.1	0.15	0.2	0.25	0.3	0.35	0.4	0.45	0.5	0.55	0.6
Q^2	0.01	0.022 5	0.04	0.062 5	0.09	0.122 5	0.16	0.202 5	0.25	0.302 5	0.36
SQ^2(m)	0.13	0.29	0.52	0.82	1.18	1.60	2.09	2.64	3.27	3.95	4.71
$H_{需}$(m)	25.43	25.59	25.82	26.12	26.48	26.90	27.39	27.94	28.57	29.25	30.01

2.水泵性能参数

由水泵资料查取 14Sh-19 型泵性能曲线,如图 11-22 所示。

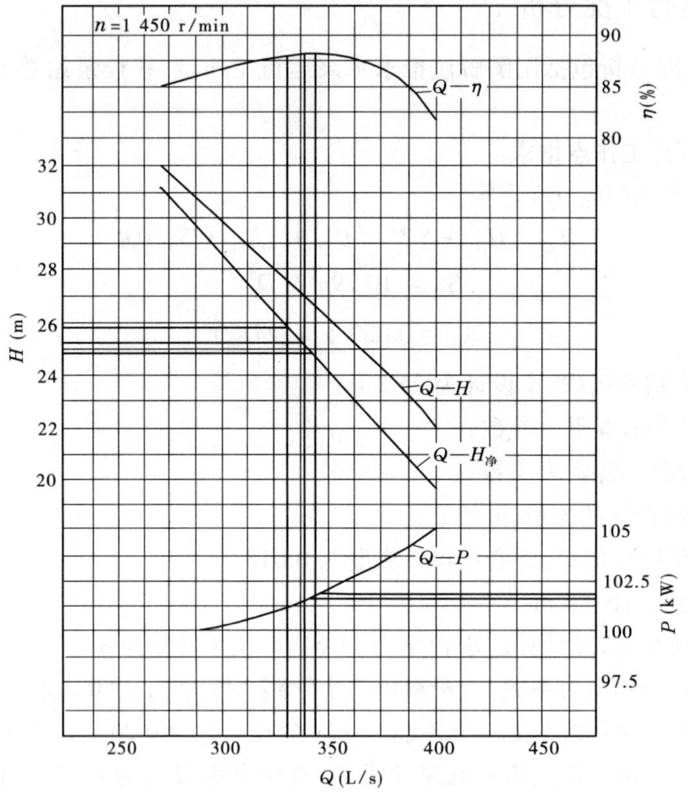

图 11-22　14Sh-19 型泵装置工作点推求图

3.水泵工作点推求

用图解法将水泵性能曲线与装置特性曲线用同一比例尺绘制于同一直角坐标内,两曲线交点即为工作点,或者用扣损法在水泵流量—扬程(Q—H)曲线上减去相应流量值下的 SQ^2 值得流量—净扬程(Q—$H_{净}$)曲线,根据净扬程即可直接查出工作点下的流量,再往上找出相应流量下的水泵扬程。这样,也可求出水泵工作点。本设计采用后者方法推求,如图 11-22 所示。各水位组合下水泵装置运行工作点参数如表 11-7 所示。

表 11-7　14Sh-19 型泵装置运行工况

出水池水位(m)	217.48			217.18		
进水池水位(m)	192.58	192.18	191.58	192.58	192.18	191.58
净扬程(m)	24.9	25.3	25.9	24.6	25.0	25.6
总扬程(m)	26.5	26.9	27.4	27.35	26.65	27.15
流量(L/s)	345	340	332.5	346.5	342.5	335
轴功率(kW)	101.75	101.63	101.25	101.88	101.25	101.20
效率(%)	88	87.5	87	88	87.5	87

(二)泵站总流量校核

从水泵运行工况表可知：最大净扬程 25.9 m 时流量值最小为 332.5 L/s，则泵站最小总流量为 5×332.5＝1 662.5(L/s)>1.6 m^3/s，符合要求。

计算表明：在任何水位组合下，泵站总流量均能满足灌溉所需，水泵工作点始终在高效范围内运行，设计完全符合要求。

(三)泵站效率估算

泵站效率用下式计算：

$$\eta_{站} = \eta_{泵}\eta_{机}\eta_{传}\eta_{管}\eta_{池} \tag{11-22}$$

式中　$\eta_{泵}$——水泵运行效率，在设计净扬程下查表 11-7 得 87.5%；

$\eta_{机}$——电动机运行效率，查资料得电机负载运行效率为 92.6%，本设计电机负载率为 101.63/115.0＝0.884>0.75，原效率可不折减；

$\eta_{传}$——机组间传动效率，本设计为弹性联轴器直接传动，查资料取 0.995；

$\eta_{管}$——管路运行效率，查表 11-7 得设计净扬程下为 25.3/26.9＝0.94；

$\eta_{池}$——水池运行效率，干渠首与水源水位差为 217.38－192.3＝25.08(m)，泵站设计净扬程为 25.3 m，水池效率为 25.08/25.3＝0.99。

则 $\eta_{站}$＝0.875×0.926×0.995×0.94×0.99＝0.75×100%＝75%>54.4%，符合规定指标要求。

九、机组基础尺寸

(一)平面尺寸

1.基础长度 L

基础长度 L 用下式确定：

$$L \geqslant l + C + T + 0.5\ \text{m} \tag{11-23}$$

式中　l——水泵轴向地脚螺孔中心距，查资料 14Sh-19 型泵为 0.48 m；

C——电机轴向地脚螺孔中心距，查资料 JS-114-4 型电机为 0.59 m；

T——机组轴向相邻两地脚螺孔中心距，查资料本设计为 0.917 m(含弹性联轴器轴向间隙 4 mm)。

则 L＝0.48+0.59+0.917+0.5＝2.478(m)，取 2.5 m。

2.基础宽度 B

基础宽度 B 用下式确定：

$$B = E + 0.5\ \text{m} \tag{11-24}$$

式中　E——电机或水泵垂直轴向地脚螺孔中心距，取两值中较大者，查资料本设计取 0.62 m。

则 $B=0.62+0.5=1.12(\text{m})$。

（二）立面尺寸

1.水泵基础高度 H

水泵基础高度 H 用下式确定：

$$H = L_{栓} + t - 0.08\ \text{m} \tag{11-25}$$

式中　$L_{栓}$——水泵地脚螺栓长度，本设计取 $20d$；

t——地脚螺栓下端至基础底面距离，本设计取 0.15 m；

d——水泵地脚螺栓直径，比地脚螺孔直径小 3 mm，查资料 14Sh-19 型泵地脚螺孔直径为 34 mm，则 $d=34-3=31(\text{mm})$。

则 $H=20\times0.031+0.15-0.08=0.69(\text{m})$。

2.电机基础高度 H'

电机基础高度 H' 用下式确定：

$$H' = H + h - h' \tag{11-26}$$

式中　H——水泵基础高度 0.69 m；

h——水泵轴心线至地脚面距离，查资料得 14Sh-19 型泵为 0.56 m；

h'——电机轴心线至地脚面距离，查资料得 JS-116-4 型电机为 0.375 m。

则 $H'=0.69+0.56-0.375=0.875(\text{m})$。基础平面、立面尺寸如图 11-23 所示。

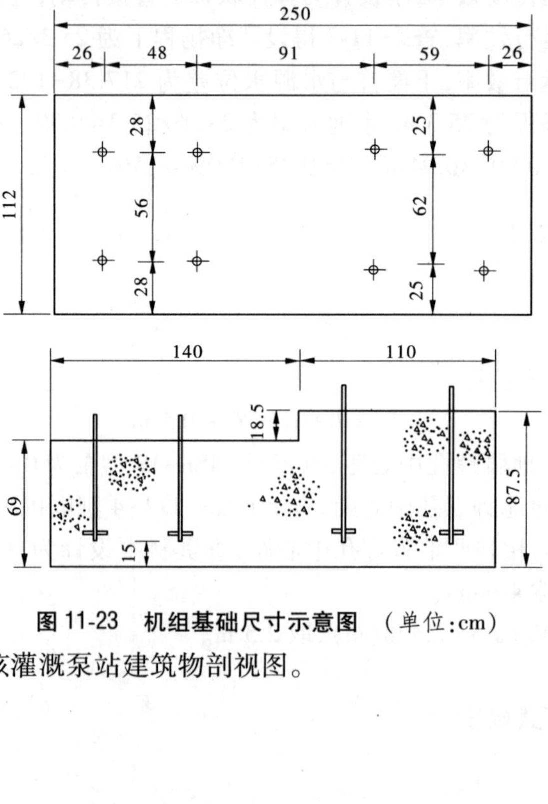

图 11-23　机组基础尺寸示意图　（单位：cm）

图 11-24 所示为该灌溉泵站建筑物剖视图。